森林經營

生態／復育／永續

林業實務專業叢書

目 錄 CONTENT

CHAPTER 1 ｜ 森林經營演變

CHAPTER 2 ｜ 森林及林地的定義

CHAPTER 3 ｜ 森林資源調查

CHAPTER 4 ｜ 森林測計

CHAPTER 5 | 森林生長與競爭

CHAPTER 6 | 森林作業規劃

CHAPTER 7 | 森林經營資訊

CHAPTER 8 | 森林永續經營

CHAPTER 9 | 參與式經營

CHAPTER 10 | 森林經營評估與干擾管理

CHAPTER 11 ｜ 森林認（驗）證制度

CHAPTER 12 ｜ 森林經營與地景生態系

CHAPTER 13 ｜ 整合式森林經營與里山倡議

圖目錄 LIST OF FIGURES

圖目錄　LIST OF FIGURES

表目錄 LIST OF TABLES

CHAPTER

01 森林經營演變

撰寫人：邱祈榮　審查人：羅紹麟

1.1 森林經營範疇

從人類發展的角度而言，整個人類發展史，實際上是人類與自然的互動史。森林的變遷，反映著人類進化與演變的過程。早期人類經濟活動以第一級產業（直接取自大自然的產業，如農業、林業及漁業等）為主，透過連結土地，直接生產出人類生活所需的食物或用品，亦即著重於生態系供給服務的提供。然而，由於人類恐懼將來木材生產不足，影響國計民生，由此誕生森林的經營管理，形成森林經營學（Forest management）；其中木材永續生產乃成為最早期森林經營的核心目標。

自從蒸氣機發明之後，社會生產力有驚人的進步，人類進入新的時代，物質生活的慾望增強，促使第二級產業（加工業，如木材加工廠、製糖工業及手工業等）迅速茁壯成長，成為國民經濟發展的主要動力。此一時期，隨著不同木材供應及需求的快速變化，讓森林經營思想邁入結合木材市場的決策機制，期能達到最適的木材生產力。經濟發展水準達到較高階段時，農業生產力提高，其所釋放出來的勞動力大部分轉向第三級產業（服務業，如森林遊樂、餐飲業及金融業等），同時對於森林生態系提供之產品與服務的期待亦更多元化，這也讓森林經營的思想產生重大的改變。

古典林業與林學起源於德國，早在中世紀時代的政治及社會體制下，已有林學的思維及林業的管理。但真正形成有系統的學術制度與管理體系，則起始於柯塔（Heinrich von Cotta, 1763-1844）、哈爾第希（Georg Ludwig Hartig, 1764-1827）及洪德斯哈根（Johann Christian Hundeshagen, 1783-1834）等人的努力，逐步建立森林經營管理制度、森林學與林業教育的基礎。柯塔所建立的森林學，其主要內容有：造林、森林副產品利用、森林保護、森林收穫規整與森林法規等。哈爾第希的森林學內容則有：林木保育、森林保護、森林經理、森林利用與森林行政等。至於洪德斯哈根則提出更完整的林業科學體系，分成一般性的準備及輔助科學，如數學、生物學、法律預備知識與經濟學預備知識等，以及專業的主科學，如一般林業學與一般林業行政學。另外德國森林學家恩德雷斯（M. Endres），修改洪德斯哈根的森林學體系，分成林業生產學、林業經營學與林政、森林管理及森林法律等三部分，其中林業經營學細分為森林經理（含森林收穫規整）、林木測計與林價算法及林業較利。由此可見，傳統上「森林經理」與「森

林經營」常被混用；若依據恩德雷斯的森林學體系，森林經理應包含於森林經營範圍內，也較符合國內目前對於森林經營的認知。

針對森林經理學部分，日本森林計劃學會 2002 年 8 月 30 日發行《森林經理學》一書，由南雲秀次郎及岡和夫兩位教授撰寫。內容包括古典森林經理學及實踐森林經理學兩部分。古典森林經理學主要包括森林指導原則、法正林、生產體制秩序化、林木蓄積組織化、森林區劃、收穫規整、預備林、小規模森林經理等，跟一般的森林經理學概略相同。實踐森林經理學則主要包括林齡遷移確率論、法正林狀態的新理論、地區林業之人工林生產預測法、個體施業計畫理論，以及擇伐林作業理論等。其中之個體施業計畫中，特別將數學規劃及模糊線型規劃引進，就現實林之經營實績，探討其在森林經理上之應用可能性。由此可以看出日本在森林經理的定義上，仍以傳統的木材生產為主。

若從森林經營的角度，現代森林經營範圍擴大，除了要使森林生產在時間與空間上秩序化之外，還要提供環境保育、野生動物庇護、水土保持、森林遊樂及文化教育場所等服務。因此我們所討論的森林經營學，不能僅以木材生產為目的，必須從整體生態系觀點，包含相關知識與技術。簡言之，隨著時代變遷，社會對森林有不同的生態系服務需求，因此如何透過森林經營的生產與服務，達成符合社會需求的所有計畫與評價，即為森林經營的實質內涵。

若要更嚴謹定義森林經營的範疇，首先可以參照維基百科對於森林經營學（英文：forest management，亦稱森林經理學或森林管理）的定義：「是林業科學的一個分支，內容涵蓋行政、經濟、法律與社會層面，以造林、育林、森林保育、森林規劃等森林相關之基本理論與技術為主；其他如森林美學、森林育樂、城市價值、集水區治理、棲地保育、魚類生態、野生動物、林產物、特產物、遺傳資源等，也屬於森林經營的範圍」。再參照美國森林學會對於森林經營的定義為「應用商業模式及林業技術原理於森林資產作業當中。」，從而可以歸納出森林經營範圍應包含資源、需求與經營三大面向。

森林生態系為重要陸域生態系之一環，森林生態系服務亦提供人類活動之基本需求，因此自古以來森林一直是各種生物及人類存續所仰賴的自然資源。森林資源若過度利用，將很快面臨資源耗竭的情況，唯有透過適當的經營管理，方能確保森林資源可永續利用。早在西元前三世紀，孟子見梁惠王談仁政說到：「不違農時，穀不可勝食也，數罟不入洿池，魚鱉不可勝食也，斧斤以時入山林，材木不可勝用也，穀與魚鱉不可勝食，材木不可勝用，是使民養生喪死無憾也。養生喪死無憾，王道之始也。」（《孟子 · 梁惠王》），指出如果砍伐樹木有一定的時間，木材也會用不完了。另外荀子王制篇亦提到：「聖王之制也：草木榮華滋碩之時，則斧斤不入山林，不夭其生，不絕其長也。」指出草木開花生長之時，不能進山林砍伐，不能戕害幼苗，不能斷絕它們的生長。荀子認為「養長時，則六畜育；殺生時，則草木殖」，只有因時制宜，才能使萬物繁盛，只有「取之有時、用之有節」，才能確保資源永不匱乏。這些論述均表明森林資源不可濫用，而應體認到在時間上的調整，讓森林資源得以生生不息、永續利用。

當資源未透過經營者的合理經營，而任憑需求者無限制地濫用，將造成資源的快速枯竭；反之，若能透過適當的經營技術，不但可以提供資源的各式服務與產品，更能達到資源永續供應的目標。因此，經營者所扮演的角色，即在透過各種作業及管理技術，配合資源本身所具有的潛力，決定資源提供的種類、品質與數量（包括時間及地域之分布）給不同的使用者，滿足其需求，亦即調節資源供需的暢通，使資源有效而適當的提供給需求者。

就實務面的運作而言，經營者透過資源調查，掌握資源狀態；同時，透過民眾意向或社會需求的調查，瞭解資源需求者對資源的期望。當經營者掌握前述兩者的相關資訊後，即可透過適當的經營決策程序，擬訂出不同的經營管理措施，讓資源提供適當的服務與產品來滿足社會的期望。此一程序反覆進行，即構成資源經營的基本運作體系。隨著調適性經營 (adaptive management) 概念的興起，資源經過經營施業之後，透過監測系統的建立，讓經營者能掌握資源變動的情形，以及民眾對資源所提供之服務與產品的滿意程度，讓經營者明瞭其經營成效，做為調整經營技術的參考 (如圖 1-1)。

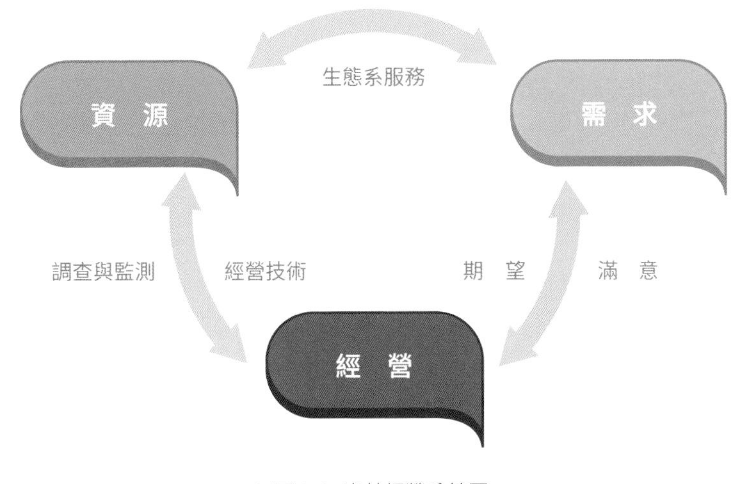

▲圖 1-1　森林經營系統圖

一、資源

以森林生態系為主體，包括森林生物、森林環境及其交互作用。生物資源包含各類高等與低等動物、植物、微生物，並以生產者、消費者與分解者等不同角色，透過食物鏈連結，完成能量流轉與物質循環，以維繫生物生生不息。在森林環境方面，則從地下 (岩圈如地質、土壤)、地表 (地形、地景) 到空中 (氣圈如空氣與氣象) 的各種環境資源，配合生物資源完成水循環、碳循環等物質循環。生物與環境的交互作用，影響較大的如森林對水循環的影響，以及溫度與降雨對植物或動物分布之影響；另外，環境對生物生長週期的物候變化，亦是典型的生物與環境的交互作用。

二、需求

生態系服務是指人類能從生態系獲得的益處，因此人類對於森林生態系的需求，著眼於森林生態系對人類所能提供之各種產品與服務。依據 2005 年千禧年生態系評估 (Millennium Ecosystem Assessment, 2005)，生態系服務可分為四大類別：

供給服務 (provisioning services)：由生態系直接提供物質，例如提供食物、淡水、木材及原料等資源。

調節服務 (regulating services)：由生態系提供的調節服務，例如避免土地退化、減緩洪水及控制疫情等。

支持服務 (supporting services)：對於維護生態系的其它功能有重要作用，是鞏固健全生態系的基礎，例如土壤形成、養分循環、生物多樣性維持等。

文化服務 (cultural services)：其它精神上、非物質方面的效益，例如休閒娛樂、教育、美學欣賞及療癒等。

上述不同類型的生態系服務已包含社會對森林生態系的各種需求，只是這些需求會隨著不同時代而有所改變。例如，1960 年代以前對於森林生態系的需求，主要著重於木材供給，但進入 21 世紀後，對支持、調節與文化的服務功能，則是備受重視。

三、經營

經營面向係針對實質經營時所需的法規、組織、人員、預算與相關經營技術，讓經營者能夠在特定組織下，依據相關法規及預算支持，讓森林經營人員可以掌握資源資訊，進行經營規劃與實質經營作為，終能在確保資源永續之下，適度滿足社會的需求。

◀ 羅東自然教育中心園區景觀
圖片來源：林務局影音資訊平台

1.2 森林經營思想演進

傳統的森林經營思想，在使木材收穫之經濟價值最大化，其思想演進過程大致有法正林與恆續林兩種思維：

一、法正林

森林資源屬於可再生資源，如果經營管理適當，可以使其永續生產，而每年或每定期能供給定量木材的森林，就屬法正林。法正林最早是奧地利皇室林所實施的經營方式，傳入德國後由洪德斯哈根與哈耶 (C. Heyer) 推展，奠定法正林基礎，構成森林資源經營核心的收穫規整法 (yield regulation)，因而調整現實森林使其趨近於法正林，成為森林經理學的理論支柱。

達成法正林之條件，可以具體歸納如下：

❶ 法正齡級配置：森林包含從建造到伐期之各個林齡面積相等的林分。

❷ 法正林分排列：各林分排列關係適當，有利於伐採、更新與保護作業之實施。

❸ 法正蓄積量：各林分具有與其林齡相對應的正常蓄積量。

❹ 法正生長量：各林分具有與其林齡相對應的正常生長量。

根據理論，法正林條件中的法正齡級分配，可利用區劃輪伐法、面積平分法或齡級法進行收穫規整，以調整林齡分配，經過一個輪伐期後，即可達成法正林的法正齡級分配。換言之，法正林為一個理想林齡均等配置的森林狀態，現實林分中幾乎不存在這種森林。然而，法正林實為達成永續林業經營的目標，缺乏永續理念就不能構成法正林；反之，若徒有永續理念而沒有法正林作為實務配套，亦無法落實永續理念。

然而，在純林或同齡林的林分，可以透過皆伐作業以邁向法正林，但在混合林及異齡林分，就未必可行。此外，皆伐作業易使林地衰退，招致病蟲害與風害，因此法正林不能成為經營規範，而僅可視為一個假設性的基準，做為達成終極理想的手段，因此法正林概念仍有其存在的必要。

二、恆續林

德國森林學家莫勒氏 1922 年發表恆續林思想，強調森林永遠存續，且各個因子相互作用健全，為森林經營活動的最高基本原則，期望在此原則下，森林儘可能永續產生最大的純收益，儘可能保有最高蓄積與最大生長量。基本上恆續林概念是一種思想，不規範具體作業法，但需注意：不實行皆伐作業、利用天然更新造成異齡混合林、每年就全林實行單木伐採，且不採取林內枯枝落葉。簡言之，恆續林經營主要著眼於避免森林生態系平衡狀態遭到破壞，僅施行必要的人為經營措施，以提供人類所需的木材，並非絕對不加干擾的極端自然保護。

傳統森林經營思想期發源於 18 世紀中葉，其思想發展背景在於工業化初期，木材為重要的民生與軍事物資，加上長途運輸木材不易，故森林經營以生產當地所需的木材為第一優先，同時要求木材供給穩定，維持當地木材自給自足。因此，木材永續收穫乃成為森林經營的最高原則，進而要求最有利益的收穫量，形成木材穩定供應與木材收穫經濟收益最大化的兩大主要原則。在此原則之下，森林經營者必需透過時間與空間的系統化科學方法，善用蓄積量與生長量，進行永續木材生產規劃。在時間規劃方面，傳統森林經營發展出「輪伐期」理論，依據經營目標，規劃出林木適當的伐採年期，再配合空間規劃，將林地按輪伐期年數分成相同數量的區域，進行分區分年伐採，形成法正林的狀態。

前述的經營思想一直延續到 1960 年代，由於石化產品等多樣化替代品的出現，讓人類對森林的需求不再侷限於木材。此外，大規模採伐森林雖帶來鉅額的財貨，但也伴隨生態惡化的嚴重後果。森林消失後環境惡化的教訓，以及林業科學的發展，使人們認識到森林除了能提供木材和其他森林副產物之外，其他的服務功能亦彌足珍貴，如水源涵養、動物棲地、休閒遊樂等，於是將森林經營的目標轉成多目標利用，希望森林能夠滿足社會多元化需求。

在不同的自然和社會經濟條件下，森林諸多服務的需求程度也不同。因此，森林家開始區分林地，採取不同之經營模式，進而在森林經營規劃時，引入多目標決策的機制，讓森林經營者能夠找到最適化的經營措施，促使森林資源達到平衡、永續的狀態，發揮森林的多目標功能。例如，美國國會於 1960 年制定「森林多目標利用與永續生產法案」，決定森林經營目標包括戶外遊憩、牧場、木材、集水區與野生動物及魚類。臺灣則在 1990 年發布之「臺灣森林經營管理方案」中訂定，國有林事業區之經營管理，應依據永續作業原則，將林地作不同使用之分級，以分別發展森林之經濟、保安、遊樂等功能。

多目標經營的概念一直持續到 1980 年代，隨著生物多樣性保育觀念的興起，對於森林利用的觀點轉變成從「保留自然生物多樣性」和「生態生產力」兩方面來評估森林資源，導入生態林業的思維。生態林業強調自然干擾的型態和過程，Seymour 和 Hunter 1999 年報告指出：「生態林業的中心思想，在於重視森林生態系原有自然干擾型態的限制，讓人為的地景施業能夠與其相融合。這其中的關鍵假設是：本土物種在既有環境下可自然生存，因此，人為經營行動若能維持大區域的相似環境，對於生物多樣性可提供最佳保障。」換言之，森林經營過程應為大量而多數的物種保留其自然棲地。

生態學家定義自然干擾為：任何相對不連接的時間點上，干擾生態、群落、族群結構，和改變資源、基質有效性、物理環境等。常見的重大自然干擾因子有火、風、病蟲害、水災、山崩、冰風暴、土石流、和火山爆發。一般來說，干擾體系可以用三個參數加以描述：

❶ 干擾週期：在一個林分內發生干擾的平均間隔時間。也可以說是一個頻率的倒數。例如一個 100 年的干擾週期，可表示為一年有 1% 的地景會受到干擾。

❷ 嚴重度：干擾的強度。

❸ 空間型態：從林分到地景階層，發生在不同空間尺度的干擾分布。

理論上，大量的干擾會影響林分或森林。然而，卻只有一部分干擾因子扮演改變森林組成與型態的主要角色。生態林業就是以模仿干擾過程的方式和結果，進行森林經營，讓森林經營過程能夠掌握自然干擾的結果，做為森林經營評估的基準，進而了解經營措施對森林的影響。例如，在育林系統的選擇方面，通常以年齡結構為分野，區分為同齡林與異齡林。同齡林的建造，可以視為林地發生嚴重或毀滅性干擾事件時，造成範圍內的樹木幾乎全部死亡，進而重組整個林分結構，形成同齡林。至於異齡林，是當林分發生輕微或局部干擾時，使林分內局部範圍的樹木滅失，產生孔隙進而更新林分，形成異齡林。當然，當林分受到嚴重自然干擾時，仍會殘存若干倖存或是枯損的樹木在林地內，這顯示出自然干擾的不協調性。因此，林木在人為收穫時，若能在林地內留存生立木及枯損木，模擬出干擾是自然發生的，這也是保留多樣物種的一大關鍵。

在此同時，美國自 1970 年代開始，由於西北太平洋林區對花旗松老林分的伐採，威脅到野生斑點梟 (Spotted owl) 的生存，引發環保人士與伐木及木材加工業的衝突。至 1980 年代末期，學者提出以生態觀點經營森林的一連串報告，稱之為「新林業 (New Forestry)」。1993 年，美國總統柯林頓組成了生態系經營評估小組，依最佳技術及科學資訊，以生態系為範疇，發展出調適性經營與育林技術：

❶ 維持並回復生態系多樣性，特別是老林分及演替後期的生態系。

❷ 維持森林生態系的長期生產力。

❸ 維持可更新資源的永續經營，包括木材及其他林產物。

❹ 維持林區內的經濟及社區。

美國林務署將「森林生態系經營」訂定為「利用生態方法，融合人民的需求與環境的價值，以達成國家森林與草原的多目標利用，使國家森林與草原呈現多樣、健康、具生產性及永續性的生態系。」

比較經濟林業與生態林業的差異，大致可以列表如下：

表 1-1 經濟林業與生態林業差異比較表	
經濟林業	生態林業
強調投入與產出	強調狀態與過程
著重我們知道甚麼	著重我們不知道甚麼
重點在相對短期	重點在相對長期
追求目標最大達成	追求目標中度達成並允許不確定性
聚焦於經營目標的可能產出效益	聚焦於干擾歷史的可能產出效益
忽略災難性事件	重視災難性事件
對科技發展有信心	對科技發展與進程存疑

生態林業強調自然演替法則，相對降低人類在生態系的角色，因此逐漸形成不作為的保護思想，未能滿足森林周邊居民與社區的生計，因此亦逐漸加入社區林業理念。社區林業是從人類福祉、社會與社區的觀點來看森林資源，希望在經濟成長過程中，也兼顧偏遠地區的發展。換言之，社區林業的中心思想，在於利用森林資源使其直接有益於人類與社區的福祉。關鍵元素包括森林利益分配、社區調適改變、社會可接受及參與式決策等，讓森林經營能夠透過公眾參與，使社區能適度調整，收益能公平分配，進而使整個經營方式除兼顧生態系平衡外，亦為社會所接受。這也是從傳統森林經營過渡到現代森林經營的重要轉變。臺灣的森林經營也因應世界潮流，自 2002 年開始，不但在國有林進行分區管理以落實永續經營的理念，也積極在各國家森林遊樂區中，發展自然教育中心，並持續推動社區林業計畫，與國際林業發展接軌。

延伸閱讀 / 參考書目

- 羅紹麟 (2005) 認識森林：森林的經推營《科學發展》388:14-19
- 黃裕星 (2010) 森林生態系復育與永續經營 林業研究專訊 17 (5): 1-6

CHAPTER

02 森林及林地的定義

(撰寫人：李桃生　審查人：羅紹麟)

2.1 森林的定義

2.1.1 聯合國糧食及農業組織之定義

聯合國糧食及農業組織 (FAO) 對森林的定義為：「面積在 0.5 公頃以上、樹木高於 5 公尺、樹冠覆蓋率超過 10%；或於原生育地之林木成熟後符合前述條件者。但不包括主要為農業或都市使用之土地。」因此，供農業生產的果樹，或都市中公園、園林、行道樹，即使符合面積達 0.5 公頃、樹高 5 公尺的條件，亦不符合森林的定義。

FAO 對於森林經營利用之分類標準，係依人類干擾的程度、集約化管理的有無及森林隨時間推移所產生的變化等面向，評估及描述森林的天然程度及經營使用情形；共分成 5 類森林，我國第四次森林資源調查即採用其分類法。

2.1.1.1 **原生林** (Primary forest)

沒有明顯的人類活動跡象，生態過程未受重大干擾，且由當地原生樹種所組成的森林。

2.1.1.2 **經改造天然林** (Modified nature forest)

有明顯人類活動跡象，由當地原生樹種自然更新的森林。

2.1.1.3 **半天然林** (Semi-nature forest)

以除草、施肥、疏伐、擇伐等育林方法輔助林分天然更新，達到精緻集約化經營的森林；其更新係由當地原生樹種以天然下種、播種、栽植或萌櫱等輔助性方式完成。

2.1.1.4 **生產性人工林** (Productive forest plantation)

以生產林木或其他非木材產品之價值為目的，由引進種 (或原生種) 所營造之森林。

2.1.1.5 **保護性人工林** (Protective forest plantation)

以提供公益功能為目的，由引進種 (或原生種) 種植或播種所營造之森林。

2.1.2 中華林學會所編林學辭典之定義

森林為由樹木為優勢組成之植生之總稱。森林為林木多而茂盛之地物，在森林與造林學上稱森林為林木集團，常將林地合在一起稱為森林。森林為廣闊面積上密生之喬木，亦稱森林為生物集團總稱，不僅包括樹木。在生態性組成中，森林是景觀上特徵植物，森林也代表了陸地上最大規模之生態系，由多種生物組成。

2.1.3 法律上之定義

我國森林法第 3 條第 1 項，定義森林為：林地及其群生竹、木之總稱。應注意的是，依非都市土地使用管制規則編定之「農牧用地」，都市計畫之一般農地、或其他經林業主管機關認定有實施造林必要之地區，雖非林地，仍得依獎勵輔導造林辦法規定，接受林業主管機關獎勵造林，以為厚植我國森林資源；此類森林，為「科學上的森林」，由於其種植在「非林地」上，屬降限使用，其森林之採伐利用，無森林法第 45 條第 1 項之適用。

司法機關對於「森林」之相關判解，值得行政人員注意。最高法院判決：是否為森林，應就林地整體觀察，凡林地及其群生竹木，皆為森林（最高法院 76 年台上字第 925 號判決）。然而，最高法院亦認為：森林與森林用地不同，雖為林地，但若無群生竹、木存在，仍不能稱為森林（最高法院 85 年台上字第 1453 號、87 年台上字第 4035 號判決）。導致民國 87 年 5 月 27 日修正前森林法第 51 條第 1 項「在他人森林內，擅自墾殖或設置工作物者，處六月以上五年以下有期徒刑，得併科三萬元以下罰金。」之規定，在實務上，如該等行為發生在「未群生竹、木」之林地上（如草生地）者，不能依本條究辦，而須回歸刑法第 320 條第 2 項所定一般竊占罪處理，使森林法第 51 條為刑法第 320 條第 2 項特別規定之設計，無從實踐。職是，經過行政院修正後提經立法院審議通過，於 87 年 5 月 27 日修正公布，將本條文修正為「在他人森林及林地內」。

▲ 鯉魚山步道 / 圖片來源 : 林務局影音資訊平台

依據內政部地籍圖，串接土地登記與編定資料，篩選出符合森林法施行細則第 3 條定義的林地區塊，臺灣全島林地總面積為 1,993,205 公頃。依所有權屬區分，國有林 1,849,818 公頃，占 92.81%；公有林 6,832 公頃，占 0.34%；私有林 136,555 公頃，占 6.85%；在國有林中，林務局經管國有林事業區林地 1,533,811 公頃最多，原住民族委員會所轄原住民保留地 111,454 公頃次之，大專院校實驗林地及林業試驗所試驗用林地有 47,706 公頃。詳如表 2-1。

表 2-1 林地所有權屬面積表

所有權屬	管理機關	林地面積
國有林	林務局國有林事業區	1,533,811
	林務局事業區外林地	82,817
	國有財產署	64,538
	原民會	111,454
	林業試驗所	11,411
	大專院校實驗林地	36,295
	其他	9,492
	小計	1,849,818
公有林	縣市政府	6,832
私有林	-	136,555
總計		1,993,205

資料來源：第四次全國森林資源調查報告（林務局 2016）

2.2 林地之定義

2.2.1 國際通用之定義

在國際林業科學研究上，林地的定義有三種，其一為：土地上至少有 10% 以上面積由任何徑級之林木覆蓋，包含以前已有林木覆蓋，嗣經天然更新或人工造林更新，主要做為生長森林所用之土地。其二為絕對林地，此為技術上、經濟上之概念，指的是：林業本可在農業可利用之土地上經營，也可以在技術上、經濟上無法經營農業的土地上實施；如地勢陡峻、土壤瘠薄之地區，尤其二者併存時，則唯有從事林業，此稱之為絕對林地。然而，隨著科學技術之演進及文化的變遷，絕對林地也有可能轉變為相對林地。其三則為相對林地，係指在技術上、經濟上，均適合林業和農業使用之土地，端視何者較具經濟實益，二種利用方法之間，相互移動，然仍應以土地能承載為限。

檢視上揭國際上對林地之定義，則我國森林法第 21 條所定：「主管機關對於左列林業用地，得指定森林所有人、利害關係人限期完成造林及必要之水土保持處理：

一、沖蝕溝、陡峻裸露地、崩塌地、滑落地、破碎帶、風蝕嚴重地及沙丘散在地。

二、水源地帶、水庫集水區、海岸地帶及河川兩岸。

三、火災跡地、水災沖蝕地。

四、伐木跡地。

五、其他必要水土保持處理之地區。」及依森林法第 22 條編入之保安林地，應從事森林之經營。

2.2.2 法律上之定義及其法律效果

2.2.2.1 法律上之定義

林地為土地，在經濟學上，土地、勞力及資本合稱生產三要素。在政治學上，土地與人民、政府、主權合稱國家構成四要素。土地法第一條規定：「本法所稱土地，謂水陸及天然富源。」依土地使用管制為準，土地可分為都市土地及非都市土地。都市土地指依法發布都市計畫範圍之土地。都市土地之使用，依都市計畫法管制，視實際發展情形，依法定使用分區分別限制其使用；非都市土地，則指都市土地以外之土地，其使用依區域計畫法第 15 條規定，由中央主管機關內政部訂定「非都市土地使用管制規則」管制之。依該規則第 2 條及區域計畫法施行細則第 13 條規定，非都市土地劃定之使用區計有：特定農業、一般農業、工業、鄉村、森林、山坡地保育、風景、國家公園、河川、海域、特定專用等 11 使用分區。依非都市土地使用管制規則第 3 條規定，非都市土地依其使用分區之性質，編定為：甲種建築、乙種建築、丙種建築、丁種建築、農牧、林業、養殖、鹽業、礦業、窯業、交通、水利、遊憩、古蹟保存、生態保護、國土保安、殯葬、海域、特定目的事業等19 種使用地。

森林法施行細則第3條，定義林地為：「本法第三條第一項所稱林地，範圍如下：

一、依非都市土地使用管制規則第三條規定編定為林業用地及非都市土地使用管制規則第七條規定適用林業用地管制之土地。

二、非都市土地範圍內未劃定使用分區及都市計畫保護區、風景區、農業區內，經該直轄市、縣（市）主管機關認定為林地之土地。

三、依本法編入為保安林之土地。

四、依本法第十七條規定設置為森林遊樂區之土地。五、依國家公園法劃定為國家公園區內，由主管機關會商國家公園主管機關認定為林地之土地。」

上揭林地之定義，係盤點各種以群生竹、木為基礎而發揮土地效能之土地予以歸納而成，法條之型態為列舉規定，凡不在列舉之列者，即非森林法所指林地，不能援引比附，蓋森林法為特別法，其使用管制較一般土地為嚴，以為保育。對應土地法令，本條所指林地，依其實際情形，在都市土地使用分區，劃定為農業區及保護區；在非都市土地，其使用地類別為林業、國土保安、生態保護、遊憩或特定目的事業用地。

2.2.2.2 現行使用地編定、管制之法律效果

非都市土地之使用，依非都市土地使用管制規則第 4 條規定，除國家公園區內土地，由國家公園主管機關依法管制外，按其編定使用地之類別，依該規則規定管制之。在法律效果上，行政機關依法所為區域計畫之土地分區使用計畫及土地使用管制決定，係實施土地使用管制之依據，其所編訂各種使用地之結果，自係對土地所有人所有權之使用收益、處分權能之行使，發生公法上使用管制之效力，使其法律上之地位，因管制措施而直接受到影響（最高行政法院 2015 年判字 128 號判決參照）。

使用地之編定，依客觀情勢之變化，在土地可承受之範圍內，非不得依法變更。依非都市土地使用管制規則第 27 條規定，土地使用分區內各種使用地，除依第三章規定辦理使用分區及使用編定變更者外，僅得在原使用分區範圍內申請變更編定，其要件與程序，依第四章規定辦理之。

依森林法第 6 條第 2 項、第 3 項及第 4 項規定：經編為林業用地之土地，不得供其他用途之使用。但經徵得直轄市、縣（市）主管機關同意，報請中央主管機關會同中央地政主管機關核准者，不在此限。前項土地為原住民土地者，除依前項辦理外，並應會同中央原住民族主管機關核准。土地在未編定使用地之類別前，依其他法令適用林業用地管制者，

準用第二項之規定。本條所稱「林業使用」，採目的性限縮之解釋，以非都市土地使用管制規則第 6 條附表「各種使用地容許使用項目及許可使用細目表」之林業設施為限，並應依行政院農業委員會訂定之「申請農業用地作農業設施容許使用審查辦法」之規定辦理。依該辦法第 16 條規定，其項目包括二類，細述如下：第 1 類為林業經營設施：指供竹木育苗、造林、撫育、伐採、集材、搬運、造材、貯放、乾燥、製炭、萃取林木、竹之精油或內含物等林業直接生產、經營管理或加工所需之設施；第 2 類為其他林業設施：指供作森林經營管理，或自產森林主產物、副產物之生產、加工或其他與林業經營有關之設施使用。詳細之申請基準或條件（如面積、容積限制）則依本條所定之附表辦理。依第 15 條規定，申請林業設施之容許使用，其經營計畫應敘明下列事項：設施名稱、設置目的、生產計畫、興建設施之基地地號及興建面積、申請用地之林業使用現況及經營概況、設施建造方式及使用期程、對周邊農業環境之影響、農業事業廢棄物處理及再利用計畫等。依第 17 條規定，林業設施不作為經營管理森林使用時，應恢復作原來造林植生使用。

如依山坡地保育利用條例第 3 條「本條例所稱山坡地，係指國有林事業區、試驗用林地及保安林地以外，經中央或直轄市主管機關參照自然形勢、行政區域或保育、利用之需要，就合於左列情形之一者劃定範圍，報請行政院核定公告之公、私有土地：一、標高在一百公尺以上者。二、標高未滿一百公尺，而其平均坡度在百分之五以上者。」之規定劃定為山坡地，且經主管機關依「山坡地可利用限度分類查定標準」查定為宜林地或加強保育地者，林地之所有人、經營人或使用人（即水土保持法第 4 條所定之水土保持義務人，為行政罰上之狀態責任人），依山坡地保育利用條例第 16 條及水土保持法第 22 條之規定，必須從事林業之使用，不得超限利用，如有違反，依水土保持法同條規定，由直轄市或縣（市）主管機關會同有關機關通知水土保持義務人限期改正；屆期不改正或實施不合水土保持技術規範者，得通知有關機關依下列規定處理：一、放租、放領或登記耕作權之土地屬於公有者，終止或撤銷其承租、承領或耕作權，收回土地，另行處理；其為放領地者，所已繳之地價予以沒入。二、借用、撥用之土地屬於公有者，由原所有或管理機關收回。三、土地為私有者，停止其開發。上列各款之地上物，由經營人、使用人或所有人依限收割或處理；屆期不為者，主管機關得會同土地管理機關逕行清除。其屬國、公有林地之放租者，並依森林法有關規定辦理。

關於山坡地超限利用違規行為之認定，依水土保持法第 22 條之規定，係指從事

農、漁、牧業之墾殖、經營或使用者。其行為時點，如屬水土保持法公布施行前即已存在，且其違規狀態屬「現在仍存在」、「尚未終了」者，即違反水土保持法「不得超限利用」義務，其處罰應依水土保持法予以裁處，尚無「法律不溯及既往」原則之適用；又行政罰法之裁處權應以「行為終了」或「結果發生」為起算之基準，因違規狀態「現在仍存在」，亦無行政罰法第 27 條第 1 項裁處權因 3 年期間經過而消滅之疑慮(2009 年 9 月 2 日行政院農業委員會農水保字第 0981850877 號函參照)。

2.2.2.3 國土計畫法施行後之分區、管制及法律效果

國土計畫法於 2016 年 1 月 6 日制定公布，2016 年 5 月 1 日施行。其立法目的有七大目標：因應氣候變遷；確保國土安全；保育自然環境與人文資產；促進資源與產業合理配置；強化國土整合管理機制；復育環境敏感與國土破壞地區；追求國家永續發展。其實，最主要的立法目的在於：統一並取代都市計畫及區域計畫；協調整合其他部門計畫；保障人民計畫參與的權利。

國土計畫法建立了國土管理由中央與地方分層負責的概念。國土計畫法第 11 條第 1 項規定，全國國土計畫由內政部擬定、審議，報請行政院核定。依既定期程，已於 2018 年 4 月 30 日公告實施，依據第 15 條規定，全國國土計畫公告實施後，直轄市、縣(市)主管機關再依內政部所定期限擬定、審議「直轄市、縣(市)國土計畫」報請內政部核定。

國土計畫法第 3 條第 7 款規定，國土功能分區指基於保育利用及管理之需要，依土地資源特性所劃分之四大分區，為國土保育地區、海洋資源地區、農業發展地區及城鄉發展地區，每個分區下有三個類別。全國土地未來都將依特性與規劃，分成 12 種類型，進行控管。

依據國土計畫法第 20 條規定，國土保育地區之劃設原則為：依據天然資源、自

然生態或景觀、災害及其防治設施分布情形加以劃設，並按環境敏感程度，予以分類。第一類為具豐富資源、重要生態、珍貴景觀或易致災條件，其環境敏感程度較高之地區。第二類為具豐富資源、重要生態、珍貴景觀或易致災條件，其環境敏感程度較低之地區。不屬於前二類者，則列為「其他必要之分類」。農業發展地區之劃設原則為：依據農業生產環境、維持糧食安全功能及曾經投資建設重大農業改良設施之情形加以劃設，並按農地生產資源條件，予以分類。第一類為具優良農業生產環境、維持糧食安全功能或曾經投資建設重大農業改良設施之地區。第二類為具良好農業生產環境、糧食生產功能，為促進農業發展多元化之地區。不屬於前二類者，則列為「其他必要之分類」。

按目前之規劃，未來林地於國土計畫之分布如下：在國有林林地分級分區系統（詳如 2.4 之說明）列為自然保護區及國土保安區、保安林地等劃入國土保育區第 1 類；大專院校實驗林、林業試驗用林地、國有林林地分級分區系統列為森林育樂區、依原區域計畫劃定並扣除上揭國土保育區第 1 類及農業發展區第 3 類之森林區，劃入國土保育地區第 2 類；林地劃入國家公園者，劃入國土保育地區第 3 類；其他國、公、私有林地劃入農業發展地區第 3 類。

未來，林地將依所劃定之國土功能分區，依據國土計畫法第 21 條之規定，進行土地使用管制。在國土保育地區，第 1 類必須維護自然環境狀態，並禁止或限制其他使用。第 2 類必須儘量維護自然環境狀態，允許有條件使用。第 3 類則按環境資源特性給予不同程度之使用管制。農業發展地區第 3 類則按林業資源條件給予不同程度之使用管制。

2.2.2.4 海岸管理法對於林地之規範

早期臺灣海岸防風林的林帶寬度極廣，光復後因沿海居民農業生產所需而陸續解除，近幾年再隨著濱海工業區設置、能源設施用地、港灣建設、遊憩設施開闢、道路拓寬等多種公共需要，海岸林地大量被轉作他用，致海岸林帶不僅逐漸縮減且被切割成零碎分布，影響整體防風及防潮等機能。海岸管理法於 2015 年 4 月 2 日公布施行，其立法目的，在於確保自然海岸零損失、因應氣候變遷、防治海岸災害與環境破壞、保護與復育海岸資源、推動海岸整合管理並促進海岸地區之永續發展。依海岸管理法第 12 條第 1 項第 2、3、4、5、6、8、9 款之規定，珍貴稀有動植物重要棲地及生態廊道、特殊景觀資源及休憩地區、重要濱海陸地、特殊自然地形地貌地區、生物多樣性資源豐富地區、依法劃設之國際級及國家級重要濕地及其他重要之海岸生態系統等，應劃設為一級保護區，並應依整體海岸管理計畫分別訂定海岸保護計畫加以保護管理。基此，內政部依據該法第 8 條之規定，於 2017 年 2 月 6 日公告實施「整體海岸管理計畫」，於第一階段將下列地區劃為海岸保護區並訂定經營管理之原則：依文化資產保存法第 81 條指定公告之自然保留區，依第 86 條規定，禁止改變或破壞其原有狀態；依森林法第 22 條、第 23 條編入之保安林，依森林法第 24 條規定以社會公益為目的，並依保安林經營準則經營；國有林事業區及試驗用林地，依國有林事業區經營計畫妥為管理經營；依野生動物保育法第 8 條第 4 項公告之野生動物重要棲息環境及依第 10 條第 1 項劃定之野生動物保護區，依各該保育計畫經營管理。

此外，基於鳥類可棲息於各類型環境，部分種類亦是生態系中之高階捕食者，對於環境變遷敏感且容易觀察。若欲監測環境變遷，鳥類為重要之指標性物種，其監測成果亦可同時回饋棲地保育及其決策，並維護許多仰賴同棲地的生物及生態系完整性。國際鳥盟自 1980 年代中期辦理「界定全球重要野鳥棲地 (Important Bird Area/Important Bird and Biodiversity Area， 簡稱 IBA) 計畫」，為生物多樣性保育行動之重要里程碑。其利用鳥類之特性，訂出全球通用的劃設準則，挑選出全球對鳥類保育關鍵意義的地點。經行政院農業委員會補助中華民國野鳥學會配合國際鳥盟，協力劃設 IBA 範圍共 53 處。未來，內政部將評估透過海岸管理法第 12 條第 1 項第 2 款規定，認定符合「珍貴稀有動植物重要棲地及生態廊道」之要件，於第二階段納入海岸潛在保護區。

2.3 森林登記

2.3.1 森林登記與土地總登記之關係及法律效果

森林既包括林地，應依土地法辦理土地登記。土地登記係將土地及建築改良物之所有權與他項權利之得喪變更，依法定程序登載於地政機關掌管之簿冊；其目的在於管理地籍，確定產權。依土地法第 38 條之規定，在已經辦理地籍測量之區域，應即辦理土地總登記。其後，土地權利有得喪變更時，應辦理變更登記。同法第 43 條規定，依土地法所為登記有絕對效力，即將登記事項賦予絕對真實的公信力。依大法官會議釋字第 107 號解釋，已登記不動產所有人之回復請求權，無民法第 125 條消滅時效規定之適用；復依釋字第 164 號解釋，已登記不動產所有人之除去妨害請求權，不在釋字第 107 號解釋範圍之內，但依其性質，亦無民法第 125 條消滅時效規定之適用。因此，國有林地必須完成土地總登記，如遭占用，管理機關基於民法第767條物上請求權之法律關係，代國家請求返還林地時，始不致有請求權罹於15年時效之風險。林務局自89年起，配合內政部辦理國有林班地地籍測量及土地登記工作，於98年完成。惟於2016年清查結果，漏辦682公頃，正由內政部訂定專案計畫辦理中。

然而，土地總登記以土地及建築改良物之權利為標的，並未及於地上群生之竹、木，為建立國有森林之完整基本資訊，作為森林資源調查之基礎，且主管機關對於森林所有人之監督及獎勵，亦須具有法定效力之資訊，始易執行及查考。森林法第39條乃訂定森林登記制度，第1項規定森林所有人，應檢具森林所在地名稱、面積、竹、木種類、數量及計畫，向主管機關申請登記。此為森林所有人之行政法上義務，如未依此項規定辦理登記，經通知仍不辦理者，依森林法第56條之3規定，處一千元以上六萬元以下罰鍰。

行政院農業委員會依據森林法第39條第2項之授權，訂定森林登記規則，明定林地已依土地法及土地登記規則完成總登記者，從其登記；尚未完成總登記者，其土地標示及權利範圍，以林業主管機關之圖簿登載為準。基此，林業主管機關之圖簿與依土地法及土地登記規則所為之登記，應有同一效力，均具有絕對效力，具有絕對真實之公信力（最高法院台上字第1105號判決參照）。

2.3.2 森林登記之事項

森林登記規則第5條規定，管理經營機關自行管理經營之國有林或公有林竹、木，由各該管理經營機關設立簿冊、地圖及經營計畫，登記森林所在地名稱、面積、竹、木種類及數量，經公告一個月，無人提出確實證明文件表示異議後，報請其上級林業主管機關核定，確定竹、木登記，登記事項變更時亦同。委託管理經營之國有林或公有林竹、木，由受託機關比照前項規定辦理。關於私有林及依森林法第4條「以所有竹、木為目的，於他人之土地有地上權、租賃權或其他使用或收益權，視為森林所有人」之規定，視為森林所有人者，其竹、木之登記，依第6條及13條第1項規定，由森林所有人填具申請書，連同土地所有權狀影本，送森林所在地鄉（鎮、市、區）公所初審後，報請直轄市、縣（市）林業主管機關核定登記，發給登記證，登記事項變更時，亦同。申請登記之竹、木，如為合資經營者，應將所立書面契約影本，隨申請書附送。至於承租國有林、公有林地者，依第13條第2項規定，應向出租機關辦理竹、木登記。

森林登記規則第10條規定，已登記之森林，其登記名義人應於其林地四鄰設立永久標誌；第11條規定，已登記之森林享有各種輔導及獎勵。此為宣示規定，實務上，性質屬於給付行政之造林獎勵作為，凡符合獎勵輔導造林辦法要件者，主管機關仍依據人民之申請作成授益的行政處分，並不因森林所有人未完成登記即予駁回，然此際，則可適時輔導森林所有人完成森林登記。

森林登記規則第 12 條規定，私有林竹、木登記名義人終止經營時，應申報原登記之鄉（鎮、市）公所核轉直轄市、縣（市）林業主管機關核定，並繳銷登記證；但經依法編為林業用地或宜林地者，不得為終止之申請。其立法目的當在維持森林之永續經營。

2.4 臺灣之森林區劃及林地分級分區

2.4.1 森林區劃之意義及目的

森林區劃是森林經營重要工作之一，基於自然、地理及人文條件之不同，森林資源具有極高之歧異度，尤其臺灣是生物多樣性非常高的島嶼，為森林之永續經營，必須對於林地之空間秩序進行規劃，劃分為不同之經營單位，始能從生態、經濟及社會面向發揮森林之效能。

森林區劃的目的在於：建立基礎資訊，便於常年之調查、統計、分析，且為森林資源調查的基盤；依據區劃成果，決定各類經營模式；作為建構行政組織如林區管理處、林區工作站之依據；同時，便於各種營林技術及林業經濟之核算。

2.4.2 臺灣的森林區劃

一、區劃原則、源起及法律地位

世界各國之森林區劃各有其特色，多數林業發達國家多分為 4 個層級：施業區、施業分區、林班、小班。臺灣的森林區劃始於 1937 年，從 1925 年起至 1937 年止，歷經 12 年的全臺灣國有林野調查後，臺灣總督府殖產局完成「森林計畫事業報告書」（臺灣總督府殖產局出版第七六九號，1937），內含文山、宜蘭、新港等 29 個事業區施業案綱要。光復後，林務局於民國 37 年恢復檢訂，53 年實施五年擴大檢訂工作，並於 1977 年至 1982 年再度辦理，1985 年配合林區五千分之一像片基本圖測製工作，再度分年實施並依重測成果調整區劃，異動林班。

臺灣森林區劃原則，以能達到森林永續經營之目的所需範圍為原則，依自然、地理條件劃定事業區、林班、小班，並依區劃成果釐訂經營計畫。森林法第 14 條明定，國有林各事業區經營計畫，由各該管理經營機關擬定，層報中央主管機關核定實施。是以，森林之區劃有規範國有林經營者之法律效果。

臺灣目前國有林之森林區劃，計分 37 個事業區，3,699 個林班，面積為 1,533,811 公頃，詳如表 2-2。

表 2-2 國有林事業區林班統計表			
林區管理處	事業區	林班個數	面積（公頃）
羅東處	文山	109	18,428
	大溪	10	2,435
	和平	92	55,689
	南澳	87	29,507
	太平山	119	38,638
	羅東	112	18,051
	宜蘭	82	13,588
	小計	611	176,335
新竹處	烏來	57	31,513
	大溪	162	52,385
	竹東	145	23,027
	南庄	64	9,671
	大湖	73	12,704
	大安溪	57	21,068
	小計	558	150,369
東勢處	大安溪	71	32,558
	八仙山	174	57,046
	大甲溪	84	46,504
	小計	329	136,109
南投處	濁水溪	41	51,114
	埔里	139	32,863
	丹大	40	41,859
	巒大	209	67,510
	阿里山	23	4,535
	小計	452	197,882
嘉義處	阿里山	146	19,701
	玉山	89	49,622
	大埔	232	42,235
	玉井	108	22,527
	小計	575	134,084
屏東處	旗山	113	59,195
	荖濃溪	123	47,731
	屏東	47	36,804
	潮州	45	32,177
	恆春	60	18,117
	小計	388	194,023

臺東處	大武	49	44,332
	台東	51	31,395
	延平	42	57,918
	關山	55	64,007
	成功	56	28,747
	小計	253	226,398
花蓮處	玉里	103	57,704
	秀姑巒	79	69,915
	林田山	151	66,449
	木瓜山	100	46,846
	立霧溪	100	77,697
	小計	533	318,611
總計	3,699	1,533,811	

資料來源：第四次全國森林資源調查報告（林務局 2016）

2.4.2.2 **區劃之原理及注意事項**

一、事業區

事業區為森林經營之獨立單位，亦為經營計畫編定之範圍，需配合集水區境界劃定區域，係固定之森林經營單位。其面積以能獨立合理經營之大小為原則，與其他國有或公、私有地交界者，需查明地籍圖據以描繪，必要時，應邀請地政單位鑑界。地籍圖如以道路、河流、沼澤為境界標示者，其形狀如有變遷，應蒐集有關資料會同地政機關查勘，重新測繪境界。境界確定後，應於主要界線上埋設永久境界標識，作為管理及作業上之依據；各境界點位置應賦予測量號碼，以供日後與境界圖簿核對之用。

二、林班

林班係依天然地形線或人工線區劃之永久固定森林區劃，主要依林地之地理區域進行劃分，無論森林狀態如何，原則上以嶺線、溪流等地形線為劃分之依據。面積之大小，視地形與地況變化，以及林業管理經營之集約度而異，並無最小或最大面積之限制。林班之形狀，如依天然地形線區劃時，應儘量避免形狀狹窄不規則；如果以人工線區劃，應考慮道路與經營之關係，避免多種變化或尖角形。林班之形狀，因地形之關係，以扇形或半扇形者居多，以正三角形為最理想。林班之編號以阿拉伯數字（1、2）定之。

三、小班

小班為經營計畫施行上，最小的區劃單位，依林班內樹種、林齡、林況、地況一致者予以分割，是以小班又可稱之為林相班，具調整之彈性，可隨森林之演替情形而定。小班之排列順序，自每一林班之西北角開始，往東南，並由上而下，由左而右排序，但道路、河流不列入小班。小班區劃確定後，如有經營上之特殊需要，得在小班之後加一序號予以區別。

2.4.3 林地之分級分區

林地之分級分區，係科學性、生態性的分類，必須具有科學的基礎資料，分類後須能規範森林所有人採取不同經營策略及具體措施，始具有實益。國有林事業區已經完成林地之分級分區，惟私有林因涉及人民財產權之使用、收益之限制，尚須有法律依據再行推動，方屬妥適，此為未來森林法修正重點之一。

2.4.3.1 國有林地分級分區之緣起

從 1989 年起，經管國有林之林務局從事業機構改制為公務機關，國有林之經營，以濫觴於 63 年設置之出雲山自然保護區的保育觀念作為基底，逐漸從注重木材生產恆續利用的傳統林業，轉變為「運用生態原則，實施生態系統經營」的概念。美國林務署自 1990 年起，朝向生態系取向 (ecosystem approach) 的管理策略。傳統的森林經營多以木材的收穫量為主要目的，所有的經營管理均以發展木材伐採、林木栽植等技術為主。森林生態系經營則將森林生態系的健全和人類利用之需求併列為管理目標，除了傳統的木材利用外，積極發展生物多樣性保育、森林遊樂、森林副產物等新的應用。此外，例如林火對生態系的干擾現象，在傳統林業上未曾關注到的問題，在森林生態系經營體系下，亦列入須不斷適應並調整管理方式的新課題。

森林生態系經營，首在建立具有代表性的生態監測網，提供長期生態調查及記錄各種環境基本資料。最重要的，必須將林地依現況及相關條件與目標予以妥適分級分區，才能達成森林生態系之多元化永續經營，充分發揮森林的公益及經濟效用。林地分區旨在了解林地的潛能及相關屬性，將資源適當歸類，以為經營計畫之基礎資料，使森林生態系之資源使用與管理更趨合理。林務局運用 82 年完成之第三次森林資源及土地利用調查所得之林地土壤與坡度資料，進行評估分級，並配合國有林事業區經營計畫及檢訂調查資料，以及其他相關法令所訂之計畫、區劃等資料，於 2014 年訂定「國有林地分區規劃及經營規範」，進行國有林地之適宜分區。

2.4.3.2 林地分級之依據及分級方法

林地分區主要依據林地分級成果，並配合法定劃設區域進行分區。科學上，影響林地分級的因子甚多，凡氣候、土壤、地質、地形、植生、海拔高、坡度、坡向等，均具作用。考量資訊易調查之原則，針對臺灣林地特性及林地利用需求，採用林地之土壤及坡度兩項重要因子，作為分級之依據。土壤因子分級係依據第三次森林資源調查所得的土壤型，歸納為 47 種類型，並依據各類型的土壤水分狀態、肥沃度及土壤生產潛力，將土壤級歸納為五級，實際操作時，得參考土壤深度、土壤堆積方式、含石量、土壤質地及堅密度等因子，提升一級或下降一級以為適當之修正。

坡度之分級，則依據數值地形模型 (Digital Terrain Model, DTM) 之資料，運用地理資訊系統軟體處理產出坡度級圖，依據林業經營常用之分級標準，以傾斜百分比 10% 以下為平坦，10% 至 25% 之間為小起伏，25% 至 45% 間為丘陵地，45% 至 70% 間為山坡地，70% 至 100% 間為山地，大於 100% 為陡峭。

林地分級係評估林地施業適用之基準，以土壤級及坡度級綜合判斷。土壤級給予 5～1 之點數，坡度級給予 6～1 之點數，再經二者以相乘運算之結果，判斷其林地等級，共分為五級。第一至第三級為可提供木材生產經營之地區，第四至第五級則應以國土保安為主要目的，不作為木材生產及其他林業開發使用。

2.4.3.3 **林地分區類別、條件及成果**

林地分區係依據林地、氣候、植生等因子及土地利用現況與特性，配合國有林事業區經營計畫檢訂調查資料，以及事業區經營目標、交通狀況、海拔高、野生動物、植物群及相關計畫土地區劃等事項，予以科學性之分區，分為自然保護區、國土保安區、森林育樂區及林木經營區等四區。

❶ 自然保護區之劃設條件為：天然原生林分布區域；依文化資產保存法第 81 條指定公告之自然保留區；依森林法第 17 條之 1 及自然保護區設置管理辦法設置之自然保護區；依野生動物保育法第 8 條指定公告之野生動物重要棲息環境，依第 10 條劃定之野生動物保護區；依國家公園法第 12 條劃分之生態保護區、特別景觀區、史蹟保存區。

❷ 國土保安區之劃設條件為：海拔高大於 2500 公尺或坡度大於 35 度之區域；林地分級屬於第四級、第五級之區域；河流及其兩岸濱水保護區；依森林法第 22 條及第 23 條編入之保安林；依國家公園法第 12 條劃分之一般管制區；依水土保持法第 16 條及特定水土保持區劃定與廢止準則劃設之特定水土保持區，依飲用水管理條例第 5 條第 3 項劃定之水源水質保護區。

❸ 森林育樂區之劃設條件為：依森林法第 17 條及森林遊樂區設置管理辦法設置之國家森林遊樂區；依國家公園法第 12 條劃分之遊憩區；依發展觀光條例第條 10 條第 1 項目劃定之風景特定區。

❹ 林木經營區之劃設條件為：海拔高低於 2,500 公尺且坡度小於 35 度之區域；林地分級屬於第一、二、三級之區域；人工造林地區，地勢平坦，土層深厚之林地；依國家公園法第 12 條件劃分為一般管制區且符合上揭條件者；鄰近林道，施業經濟之地區。

各分區儘量以天然界限為界；各分區細碎之區域，依集水區為準，予以整併為完整區塊。各分區再參考野生動物及植群圖層資料做適當之調整修正。林地分區的結果，以自然保護區 663,459 公頃，占 43.26% 為最多；其次為國土保安區 556,807 公頃，占 36.30%，足見國有林之經營仍以保育優先，尤以南投、臺東及花蓮林區之自然保護區與國土保安區均超過 80%，與「中央山脈保育軸」之概念，若合符節。森林育樂區面積 41,312 公頃，占 2.69%；林木經營區為 272,233 公頃，占 17.75%，後二者為主要之經營利用區域。國有林事業區之林地分區統計如表 2-3。

表 2-3 國有林事業區林地分區面積統計表

林管處	事業區	自然保護區		國土保安區		林木經營區		森林育樂區		小計
		百分比 (%)	面積（公頃）	百分比 (%)	面積（公頃）	百分比 (%)	面積（公頃）	百分比 (%)	面積（公頃）	面積（公頃）
羅東處	文山	40.00	37	40.00	18,391	20.00	0	0.00		18,428
	大溪	100.00	2,435	0.00		0.00		0.00		2,435
	和平	28.57	2,167	28.57	45,345	28.57	3,804	14.29	4,374	55,689
	南澳	28.57	5,926	28.57	17,742	28.57	4,759	14.29	1,080	29,507
	太平山	25.00	22,950	25.00	2,632	25.00	6,198	25.00	6,858	38,638
	羅東	0.00		50.00	13,160	50.00	4,891	0.00		18,051
	宜蘭	25.00	1,547	25.00	5,719	25.00	5,439	25.00	883	13,588
新竹處	烏來	25.00	6,253	25.00	10,567	25.00	13,709	25.00	984	31,513
	大溪	25.00	29,360	25.00	20,932	25.00	1,170	25.00	924	52,385
	竹東	0.00		40.00	9,035	40.00	13,552	20.00	441	23,027
	南庄	0.00		33.33	4,301	33.33	5,149	33.33	221	9,671
	大湖	0.00		50.00	6,501	50.00	6,204	0.00		12,704
	大安溪	25.00	11,103	25.00	9,097	25.00	444	25.00	425	21,068
東勢處	大安溪	25.00	6,853	25.00	16,586	25.00	8,237	25.00	881	32,558
	八仙山	25.00	9,423	25.00	27,451	25.00	13,635	25.00	6,538	57,046
	大甲溪	50.00	28,411	50.00	18,093	0.00		0.00		46,504
南投處	濁水溪	28.57	18,238	28.57	17,643	28.57	12,484	14.29	2,749	51,114
	埔里	33.33	4,026	33.33	14,828	33.33	14,009	0.00		32,863

林管處	事業區	自然保護區		國土保安區		林木經營區		森林育樂區		小計
		百分比(%)	面積(公頃)	百分比(%)	面積(公頃)	百分比(%)	面積(公頃)	百分比(%)	面積(公頃)	面積(公頃)
南投處	丹大	66.67	41,853	33.33	7	0.00		0.00		41,859
	巒大	22.22	36,149	33.33	23,653	33.33	6,945	11.11	764	67,510
	阿里山	0.00		50.00	2,244	50.00	2,291	0.00		4,535
嘉義處	阿里山	14.29	763	28.57	10,343	28.57	7,036	28.57	1,559	19,701
	玉山	33.33	22,535	33.33	25,016	16.67	2,070	16.67	1	49,622
	大埔	14.29	3	28.57	37,698	28.57	4,116	28.57	417	42,235
	玉井	0.00		50.00	16,137	50.00	6,390	0.00		22,527
屏東處	旗山	33.33	22,726	33.33	11,525	33.33	24,944	0.00		59,195
	荖濃溪	28.57	40,013	14.29	2,914	28.57	4,050	28.57	755	47,731
	屏東	33.33	27,014	33.33	6,141	33.33	3,648	0.00		36,804
	潮州	28.57	15,953	28.57	4,904	28.57	9,810	14.29	1,510	32,177
	恆春	28.57	8,620	28.57	6,269	28.57	3,193	14.29	34	18,117
台東處	大武	33.33	30,001	33.33	9,616	33.33	4,714	0.00		44,332
	台東	25.00	18,783	25.00	8,067	25.00	3,490	25.00	1,055	31,395
	延平	20.00	36,930	40.00	8,935	40.00	12,052	0.00		57,918
	關山	28.57	44,427	28.57	4,708	14.29	9,708	28.57	5,163	64,007
	成功	33.33	2,706	33.33	16,314	33.33	9,726	0.00		28,747
花蓮處	玉里	25.00	11,405	25.00	34,082	25.00	11,441	25.00	775	57,704
	秀姑巒	22.22	49,777	33.33	6,936	33.33	10,495	11.11	2,708	69,915
	林田山	33.33	29,950	33.33	24,891	33.33	11,608	0.00		66,449
	木瓜山	22.22	4,009	33.33	34,061	22.22	8,562	22.22	214	46,846
	立霧溪	33.33	71,114	33.33	4,324	33.33	2,259	0.00		77,697
總計		43.26	663,459	36.30	556,807	17.75	272,233	2.69	41,312	1,533,811

資料來源：第四次全國森林資源調查報告（林務局 2016）

2.4 練習題

① 說明聯合國糧食及農業組織 (FAO) 對「森林」之定義。

② 說明國際間對「林地」之定義與我國對「林業用地」之定義有何異同？

③ 說明臺灣地區國有林實施森林區劃之原理及注意事項。

④ 說明我國之國有林地分級分區程序及其結果。

延伸閱讀 / 參考書目

- 行政院農業委員會林務局 (1996 年 7 月) 國有林事業區經營計畫檢訂調查工作手冊。
- 行政院農業委員會林務局 (2004 年 5 月) 國有林區林地分區規劃及經營規範。
- 行政院農業委員會林務局 (2017 年 6 月) 第四次全國森林資源調查報告。
- 中華林學會 (2007 年 12 月) 林學辭典。
- 內政部 (2017 年 2 月) 海岸整體管理計畫。
- 邱立文 黃群修 吳俊奇 謝小恬 (2015 年 8 月) 第四次森林資源調查成果概要 臺灣林業第 41 卷第 4 期。

CHAPTER

03 森林資源調查

撰寫人：陳朝圳　審查人：顏添明

3.1 森林資源類別

森林為優勢樹木及其它木本植生的群生植物社會，包括林木與林地。林分為一群樹木或其它植物的集合體，佔有一定面積，具均質結構且與鄰近面積的森林或其它植物有明顯區別。在森林資源調查(Forest Resource Inventory, FRI)上，為統計不同森林資源組成狀態下之面積、蓄積等數量，對於森林資源依照林地或林分狀態加以分類，其類別分述如下：

3.1.1 林地類別

3.1.1.1 有林地

一、普通施業地

指森林經營上不受任何限制之地區。

二、施業限制地

森林經營上為顧及國土保安、生態保育、水源涵養等，其經營方法受到有條件限制者。

三、荒廢立木地

林分疏密度在30%以下、立木度在0.2以下。

3.1.1.2 無林地

一、荒廢無立木地

係指林地應造林而無造林之荒廢林地。

二、除地

為不供為林木生育之土地，包括雖能生長林木，但不供為育林使用者之土地及因環境原因不能生育林木之土地等兩種。例如苗圃地、沼澤地、岩石地、崩塌地等地目。

3.1.2 林型類別

> 林型 Forest Types
> 即林木生長條件相似的森林，可能為單一樹種，也可能為兩種以上樹種，因生態條件性質相同所組成之森林。

一、氣候帶林型

臺灣地區依據氣候帶分出熱帶闊葉林、亞熱帶闊葉林、暖溫帶闊葉樹林、涼溫帶針闊葉樹林、冷溫帶針葉林、亞高山針葉林及高山寒原等7種氣候帶林型。

二、樹種林型

如依主要樹種則可分為雲杉冷杉、鐵杉、紅檜扁柏、松類、其它針葉樹、針闊葉混合、溫帶闊葉樹、亞熱帶闊葉樹、熱帶闊葉樹及竹類等 10 大林型。

3.1.3 依經營情況分類別

一、施業林 (Managed forest)

長時間導入人為措施，建造培育森林以符合經營目的，如工業用材、木材產品或森林服務等功能之森林。

二、未施業林 (Unmanaged forest)

因受立地條件限制，林木生長量小，不具經營經濟效益或因生態保育或因國土保安等理由，不導入人為作業不加以經營，而以演替方式更新之森林。

3.1.4 依林齡分類別

一、同齡林 (Even aged forest)

為林齡相同之林分，係以皆伐作業後在同時間進行栽植更新所建造之森林，同齡林一般為人工林。

二、異齡林 (Uneven aged forest)

係指同一林分中具有不同齡級之立木，一般係指天然林或擇伐作業所建造之森林。

三、成熟林 (Mature forest)

係指林木已達生長成熟齡，一般以林木之連年生長量 (Current annual increment, cai) 及平均生長量 (Mean annual increment, mai) 來估算林木之成熟年齡，當 cai 小於 mai，且 mai 達最大值時，林木已達成熟。以經濟林而言，成熟林即為已達主伐年齡之林分。

四、未熟林 (Immature forest)

未達主伐林齡之林分，其立木之 cai 大於 mai。

五、過熟林 (Over mature forest)

已超過主伐林齡之林分，立木 mai 已開始下降，顯示林分已過熟。

3.2 森林資源調查演進

森林資源調查可依其調查方式，分為小尺度之接觸性地面樣區 (field sampling plots) 調查及大尺度非接觸性的航遙測 (photogrammetry and remote sensing) 調查，因此調查方法會因調查工具的演進及新科技的發展，而使森林資源調查有所演進。另因人類生活型態的改善，對於森林資源的認知與需求產生變化，此種因森林資源對於人類生態服務的轉變，亦產生森林資源調查內容之改變。

本節將以調查技術及調查內容，分述森林資源調查之演進。

3.2.1 森林資源調查技術之演進

3.2.1.1 地面樣區調查工具的演進

早期森林經營目標主要以生產木材為主，為因應伐採計畫之編訂及了解林木生長，其地面樣區調查之主要目的，在於測計樣區林分蓄積量，進而推估全林蓄積量；所使用之調查工具以胸徑量測之輪尺、直徑尺、樹高量測之測高器及樣區設置所需之測量儀器如羅盤儀等為主。隨著經營目標之改變，森林經營由原來之木材生產，轉為多目標經營及生態系經營，其調查範圍由原來以人工林擴展到次生林、天然林及原生林，而由樣區所欲提供之資訊，亦由單純的林分蓄積量推估，擴展為生物多樣性保育、森林遊憩、國土保安及水源涵養等計畫擬定所需之森林資訊，為因應不同資訊的取得，因此增加了調查工具的多樣性。同時，對樣區林分層級及林木層級之調查，亦因科技的發展有所演進，其中全球定位系統 (Global Positioning System, GPS) 的 應用，使得林木位置及樣區調查位置可以準確定位，森林資源調查資料由原來的一維空間資訊轉成二維空間資訊。近年來光達 (Light Detection and Ranging, LiDAR) 技術突飛猛進，在地面樣區調查方面，可利用地面光達 (terrestrial LiDAR) 掃描樣區林分之 3D 點雲 (point cloud) 資料，並利用此光達點雲資料處理軟體，準確的進行樣區立木測計 (Hosoi., 2013)，光達技術的引進使得森林資源調查資料的取得，由二維空間資訊延伸為三維空間資訊如圖 3-1。

▲ 圖 3-1 以地面光達進行森林地面樣區之每木調查

3.2.1.2 **遙測調查工具之演進**

凡以不接觸物體的方式量測，皆稱之為遙測。遙測資訊依據電腦科技的發展，在森林資源調查應用大略可分為三個階段。

1930~1970 年代，實際應用於大面積森林資源調查，例如第 1 次 ~ 第 3 次全國森林資源調查，皆以航空測量 (photogrammetric) 所取得之類比式照片為主，採用人工影像判釋分析，取得土地利用類型及地表覆蓋分類，並配合地面樣區與照片樣區，採用二階段取樣 (two step sampling method) 分析法，推估各林型之蓄積量。

1970 年代後期，由於太空遙測技術的發展，其影像之空間解析力、輻射解析力、光譜解析力及時間解析力大幅提升，且影像處理軟體在資料處理能力亦大幅提升，故以遙測影像輔助進行大面積森林調查，成為重要的發展趨勢。此一階段強調遙測影像的數值化分析 (Aldrich, 1979)，且在技術上力求影像分析之自動化，應用上仍以土地利用類型及地表覆蓋分類為主。

1980 年代，電腦設備及軟體改進，遙測資訊已成為多層空間資料庫之一層資料，在應用上常與其他類型之空間資料相配合，以提高其分類之準確度及應用範圍，例如與數值地形模型、地形微氣候變數 (topoclimatic variables) 相配合，進行主要植群分布圖之製作，其結果不但可增加生態資訊之解釋性，且可增加分類之準確度 (Louis et al., 1989)。

2000 年代至今，由於地理資訊系統 (Geographic Information System, GIS)、遙感探測 (Remote Sensing, RS) 及 GPS 的整合應用，讓森林資源調查資料可以利用空間分析方法，進行森林的經營管理及規劃，實為調查技術的一大突破，強化了各類型空間資料之可用性，此森林調查模式被稱之為 3S 調查 (Gao, 2002; Merchant and Narumalani, 2009)。

2010 年後，全球提倡開放式資料 (open data)，使得遙測資料不再是高成本的影像資料，遙測影像已成為森林資源調查之重要空間資料來源 (Turner et al., 2015)。而近年來為力求空間資料取得之即時性，對於小尺度樣區之調查，以無人飛行載具 (Unmanned Aerial Vehicle, UAV) 搭載多光譜感測器或光達，進行樣區空間資料取得，已成為快速、即時及低成本森林資源調查的重要趨勢 (Zhang et al., 2016)，詳如圖 3-2。

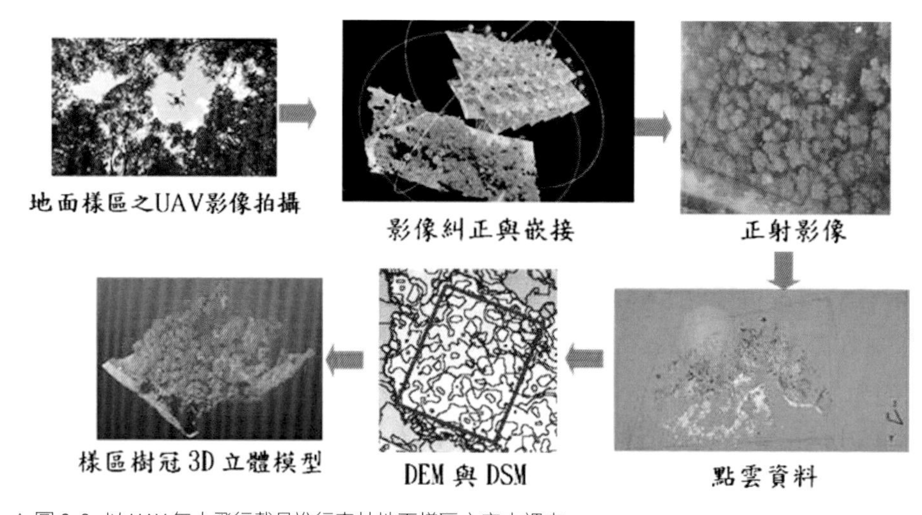

▲ 圖 3-2 以 UAV 無人飛行載具進行森林地面樣區之空中調查

3.2.2 森林資源調查內容的演進

經營理念為一種系統性、基礎性的經營管理思想。任何經營活動皆需有一個最為核心的基本思想，此一核心思想即為經營理念。經營理念，為管理者追求經營績效的核心依據，如有一套明確的、始終如一的、精確的經營理念，對於經營主體將可發揮極大的效能。

森林經營理念是森林資源使用者與管理者，對於正確的森林經營活動，形成共同的經營信念與預設目標，以利於規劃資源經營之發展方向。森林經營理念會因社會環境變遷及人類對於森林資源功能的認知而與時俱進。森林經營理念由過去的林木經營 (timber management) 演變為森林多目標經營 (multiple use management) 以迄森林生態系經營 (forest ecosystem management) 及永續性森林經營 (sustainable forest management)。而因時代的演變所造成之森林經營理念轉變，其所衍生之森林經營策略及措施皆有所差異，因此支撐森林經營規劃之所需資訊亦產生差異，進而改變了森林資源調查的內容與項目。

3.2.2.1 **林木經營理念下之森林資源調查**

森林經營理念是依據環境、時代的變遷以及學理的累積而發展，過去的森林經營管理，為因應當時的社會需要，強調經濟性原則，森林以生產木材為主，此一階段，森林資源調查之主要目的，在於提供不同空間位置及不同齡級之蓄積量分布，其調查內容以影響林木生長之環境因子如氣候、土壤、地形及林木生長與林分蓄積量，掌握有關之胸高直徑、樹高為主。

3.2.2.2 **多目標利用經營理念下之森林資源調查**

社會經過長期的演變之後，部分木材使用被其他材料所取代，因此以木材生產為主的森林經營方式，逐漸轉型擴大經營範疇。1960 年，在美國西雅圖市舉行的世界森林會議，強調森林應有五種功能，包括木材生產 (wood production)、集水區的利用 (use as watersheds)、在地放牧 (grazing by domestic livestock)、提供野生動物及魚類之棲息地 (forest as habitat for wild game and fish) 以及提供戶外遊憩使用 (use of the forest for outdoor recreation)，發展出森林多目標利用 (forest multiple use) 的經營理念。森林多目標利用係利用作業研究 (operation research) 中之線性規劃 (linear programming) 或目標規劃 (goal programming) 為手段，進行林地不同經營目標之規劃，實施森林資源的合理經營，俾使各經營目標達到完全、平衡與永續，發揮森林多目標之功能。我國為因應森林多目標利用之經營理念，將原來以木材生產為主要目標之森林經營，擴展其經營範圍包括水資源的涵養、森林遊憩、野生動植物保育及國土保安等功能，森林資源調查內容亦增加了野生動植物、景觀資源及生態因子等內容。

3.2.2.3 **森林生態系經營理念下之森林資源調查內容**

美國自 1970 年代開始，由於花旗松 (Douglas fir) 老林分的伐採，威脅到野生斑梟 (Spotted owl) 的生存，因此引發環保人士與伐木及木材加工業的衝突。在 1980 年代末期，以美國華盛頓大學奧林匹亞自然資源中心主任富蘭克林 (Jerry Franklin) 為首的學者們，發表了以生態觀點經營森林的一連串報告，並稱之為「新林業 (New Forestry)」。1992 年 6 月 4 日，美國農部林務署署長羅柏生 (Dale Robertson) 向世人宣示，美國林業經營將邁入「生態系經營 (ecosystem management)」時代，就此開始了森林生態系經營的研究熱潮。1993 年美國總統柯林頓於奧勒岡州波特蘭市，親自召開了森林高峰會議，並於會後組成「森林生態系經營評估團隊 (Forest Ecosystem Management Assessment Team, FEMAT)」，整合陸生生態、水生

/ 集水區、資源分析、經濟評估、社會評估及空間分析等專家進行規劃工作，依現有的最佳技術及科學資訊，以維持生態系平衡為目標，包括：維護及恢復生態系多樣性、維持森林生態系的長期發展、維持可更新資源的永續經營 (包含木材及其他林產物的生產及維持林區內及社區的經濟發展)。生態系經營係以調適性經營 (adaptive management) 為手段，將森林經營技術對生態系之影響，視為一項不確定因素，以監測與學習方式，將先前所投入之經營策略與技術對生態系之成效 (outcome) 進行監測；依據監測結果，進行連續性的經營策略修正與技術系統調整。因此在森林生態系經營的理念下，森林資源調查內容及調查方式亦產生了大幅度的改變，除了森林多目標經營所需之調查項目外，增加了人文資料及社會經濟資料的收集。而在此一階段，更強化監測所需之永久樣區的設置與調查，例如代表不同生態系之大樣區設置與調查，採用以生態監測、維護生物多樣性為基礎的調查方式。

3.2.2.4 永續性森林經營理念下之森林資源調查

在生態系經營理念的開展之始，1992 年 6 月，聯合國世界環境與發展大會 (又稱第一屆地球高峰會) 在巴西召開，發表了不具國際公約性質的「森林原則 (The Statement of Forest Principles)」；1993 年芬蘭赫爾辛基及 2005 年澳洲布里斯本之世界林學大會，皆討論了森林的永續經營，表達世界大家庭成員對環境問題更深層次的思考，包括如何經營、開發、利用森林資源、森林環境，以及如何進行森林的永續發展等，均成為重要議題。1993 年，歐洲森林保護的部長級會議 (Ministerial Conference on Protection of Forests in Europe) 曾針對森林永續經營提出完整的定義，其認為森林永續經營必須考慮地區、國家及全球層級之生態、經濟及社會功能；森林及林地資源之經營與使用，必須有效率的維持森林的生物多樣性 (biodiversity)、生產力 (productivity)、活力 (vitality) 及世代延續力 (generation capacity)，以滿足現代及未來的需求。

由此可知永續性森林經營，係以社會福祉為依據，追求社會的公平正義及世代之間的公平性；以生態系為基礎，維護生物多樣性與維持生態系長期結構的穩定性；重視森林健康 (forest health)，發揮林地生產力，追求經濟效率與消費的合理性。森林永續經營理念的執行手段係以國家或經營單位層級，發展一套永續發展之評估準則與指標 (criteria and indicators)，利用各項指標，評估森林經營之永續發展程度。因此森林資源調查內容必需能滿足永續發展指標之計算，從單木層級、林分層級、生態系層級延伸至地景生態層級；除了生態系經營所需之項目外，森林健康、碳吸存 (carbon sequestration) 及森林生態服務 (forest ecological services) 評估所需之數據，為此一階段衍生的資源調查內容。

3.3 森林資源調查方法

3.3.1 森林資源調查種類

針對林區範圍內之林地、林木、動植物及其生態環境為對象的資源調查，稱之為森林資源調查，簡稱森林調查。森林調查依據調查的地域範圍與調查目的不同，可分為全國森林資源調查（以全國或大區域為範圍）；事業區檢訂調查（以編訂事業區經營計畫為目的）；專案調查（以不同森林作業所需之各項調查），如永久樣區調查、伐木作業調查等；此三種調查可上下貫穿，互補有無，形成森林調查體系。森林調查是達成森林經營的合理性與永續性、實現森林多功能目標、健全森林資源管理及森林經營計畫的基本工作。而各類森林調查可依資源類別不同而分為：林木資源調查、野生動物資源調查、遊憩資源調查、水土資源調查等。三種主要森林調查之尺度、目的與方法如表 3-1。

表 3-1 森林調查種類、尺度、目的與方法

調查種類	調查尺度	調查目的	調查方法
全國森林資源調查	全國	提供全國森林資源資訊，包括：面積、蓄積、生長量，為林業政策擬定之重要參考資訊。	以系統取樣法，利用航測照片樣區配合地面樣區調查，以雙重取樣法進行林分蓄積量之推估。以數位航測進行土地利用類型判釋，推估各土地利用類型之面積。
事業區檢訂調查	事業區	事業區檢訂調查係依據森林法施行細則第 12 條規定國有林林區得劃分事業區，由各該林區管理經營機關定期檢訂，調查森林面積、林況、地況、交通情況及自然資源，擬訂經營計畫報請中央主管機關核定後實施。可知檢訂調查資料為提供事業區森林經營計畫書擬定之重要資訊。	以航空測量拍攝全國數位空照影像，進行土地利用判釋，並製作林相圖及土地利用圖，並以林班為單位，進行森林面積、地況、林況等內容之調查。
專案調查	林分	提供造林、伐木、災害整治計畫、物種或生態保育等各專案計畫之擬訂。	依不同專案目的設定調查內容及調查方法。

雖然不同森林調查種類具有不同的調查目的，但各種調查皆在於即時掌握森林資源的數量（quantity）、品質（quality）和生長（growth）、枯損（mortality）的動態變化，以及其與自然環境和經濟、經營等條件間的關係，並作為制定和調整林業政策，編製森林經營計畫與評估森林經營對社會所提供之服務效益之用。在森林經營體系中，任何森林政策的擬定、森林計畫案的規劃或現場森林施業的施

作，皆須有詳盡的森林資源資訊的提供，方能使森林經營的決策與作業，接近森林經營所設定的目標；而森林經營資訊的提供，可藉由完善而有系統的森林調查來達成。近年來森林經營的理念由法正林理念，轉變為複雜化的森林生態系永續經營理念，其對於森林資源資訊的依賴將更為迫切。有關森林調查在森林資源經營中之地位，可從「森林調查目的」及「森林調查與森林經營的關係」兩方面加以陳述。

3.3.1.1 森林資源調查之目的

森林調查之主要目的，在於查明現有森林資源的面積、蓄積、動植物種類及其它資源，包括景觀資源、集水區資源、野生物資源等現況，而森林調查所得資料在森林經營規劃上可提供下列各項資訊。

一、瞭解林地利用現況

土地利用適當與否，將影響森林經營目標能否達成。未能適地適木，輕者無法達成森林經營之經濟目標，重者將因土地利用之不當，而造成天然災害的發生，危害動植物的生存，甚至危害人類的生命財產安全；因此了解土地利用之現況，是經營管理之基礎。另外藉由土地利用之歷史性資料，則可了解區域性土地利用之變遷，配合其他資料可了解森林生態功能或生態系能量轉變的因果關係。

二、蒐集森林資源之面積及蓄積量，建立森林資源資料庫

一個國家森林資源的面積及林木蓄積量的掌握，是林業各項政策及各事業區經營計畫擬定之基礎。最近在生態環境維護的國際村觀念下，聯合國所制定的各項與環境維護有關之公約，例如瀕臨絕種野生動植物國際貿易公約、拉薩姆國際溼地公約、生物多樣性公約、氣候變化綱要公約等，皆與氣候變遷有密切關係，各國對環境維護的貢獻度成為重要資訊。而森林資源的維護為環境維護之重要指標，因此各國對於森林資源面積及林木蓄積量的掌握，建立歷史性變化的森林資源資料庫，成為施政之重要工作。

三、調查林木之生長率及天然枯損量，以明瞭木材之供給潛力

森林資源為可再生資源，立木蓄積為立木生長量 (Increment) 的累積，立木生長由幼齡期、壯齡期至老齡期，其生長率呈現上升、極限、下降之曲線變化，而最終立木亦將趨於死亡；因此林分蓄積在生長過程中必然會有枯損量。為達成森林永續經營的原則，木材的供應量必須在維持林分蓄積量的前提下進行伐採，因此任何事業區之林木經營計畫，必須先了解該事業區之林木生長率 (growth rate) 及自然枯損量，才能擬定合理的伐木計畫。

四、調查林地地況，供為林地分類之依據

由於森林生態系之地況環境複雜，必須藉由合理的規劃利用，才能發揮最高的森林多目標效益。不同類型林地可依據生態環境進行異中求同，此一過程稱之為林地使用分區；而將同一類型之林地進行同中求異之過程，稱之為林地分級，其目的在於評估林地的生產力，亦即所謂的立地品位或地位級 (site quality)。林地分區及林地分級統稱為林地分類，為森林多目標經營及永續經營規劃之重要依據。

五、查定林產物之需求趨勢

此為社會面之調查，其重點在於瞭解與分析林產物利用的趨勢，以提供林務單位在進行林木經營規劃時參考，其中包括國內木材的需求量、分析進口材與國產材供給之未來趨勢等。

六、建立森林經營地理資訊系統，提供釐定林業經營方針、管理及決策所需資訊

以第 3 次及第 4 次全國森林資源調查為例，該調查已將 GIS 引進供為資料庫建立之工具，其目的在於藉由 GIS 之空間分析能力，提供釐定林業經營方針、管理及決策所需資訊。而第四次全國森林資源調查，除了接續過去森林調查之目標，瞭解全國森林面積、調查全國森林資源現狀之外，更配合現階段之森林生態系經營、森林永續經營及全球氣候暖化等議題，提供建立森林資源監測系統及推估全國森林碳吸存量所需資訊。

3.3.1.2 森林資源調查與森林資源經營之關係

森林資源調查一般概指國家森林資源調查 (national forest survey)，即針對全國森林資源所進行之調查與統計。聯合國糧食及農業組織 (Food and Agriculture Organization, FAO) 曾經將森林資源調查定義為：「國家森林資源調查，為調查其森林面積及所有狀態，並推算林木蓄積量、生長量與年伐木量，包括林木自然消失量亦即枯死量等」。而森林調查所得的資訊，會隨著經營者意向、決策階層、調查目的、調查對象以及調查主辦單位而不同。

森林經營資訊可分為事業計畫所需資訊、經營計畫所需資訊、國家建立林業計畫所需資訊。因此森林調查可依上列資訊需求，區分為 (1) 事業計畫所需之森林調查，如為伐木計畫所需之森林調查；(2) 為公私有林經營計畫所需之公私有林調查；(3) 經營計畫所需之森林調查，如事業區的檢訂調查；(4) 國家森林資源調查，如第四次全國森林資源調查。各不同需求所進行之森林調查皆與森林經營管理所需資訊具有密切關係，因此在擬定調查內容時必須加以考量。整體而言森林調查與森林經營具有如圖 3-3 之關係。

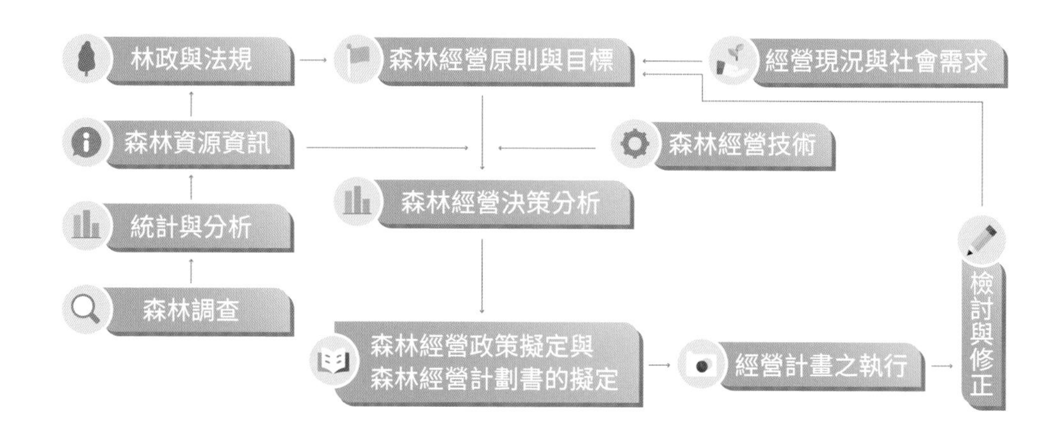

▲圖 3-3 森林調查與森林經營管理之關係

3.3.2 森林資源調查規劃

實施森林調查之前，必須要有完善的規劃與訓練，才能讓森林調查在最有效率及節省成本之下完成。森林調查規劃必須考慮之項目包括：

3.3.2.1 調查目的所需之資訊本質與類別

一、資訊型態

資訊之類型包括具時間變化之動態資料或不具時間變化之靜態資料，以及具空間變異之空間資料及非空間性之屬性資料。動態資料需要有時間尺度之調查資料，而空間資料則必需具備座標定位的調查資料。因此資訊類型不同，其調查所需設備及調查頻度會有所差異。

二、調查單位

係指調查結果呈現之單位，例如蓄積量以總面積或單位面積之材積總量呈現。另外調查時取樣調查面積之大小，亦可稱之為調查單位。

三、資訊表達方式

資訊表達方式將涉及調查方法之設計，如以量化之統計圖表呈現者，必須進行量化調查，而以文字描述方式呈現者，則必須採用質化調查。

四、資訊來源類別

一般森林調查資料之取得，包括地面樣區調查、遙航測樣區調查，或次級資料如氣候、土壤、地形、地質等資料之取得。

3.3.2.2 成果正確度之決定

森林調查之前必須先界定調查介量(parameters)之正確度，亦即最小誤差之決定。誤差來源包括取樣誤差、人為誤差及系統誤差等；其中人為誤差可藉由調查訓練減低之，儀器系統誤差可藉由校正減低之，而取樣誤差則可增加取樣面積及取樣數量減低之，因此最小誤差的決定，將涉及調查成本的高低。

一、取樣誤差

因調查時無法進行全面性的調查，必須以取樣設計方法進行樣區調查，因此調查結果必然存在取樣上的誤差。一般而言，樣本數越大則取樣誤差越小，但取樣成本越高。因此如何在取樣誤差與取樣成本之間取得平衡，在調查規劃設計時必須加以考量。

二、人為誤差

係指個人進行調查操作時所產生之誤差，可藉由教育訓練及人事管理減低。

三、量測儀器誤差

量測儀器誤差包括精度及準確度的誤差；精度誤差係指儀器本身的量測精度，其與儀器價格有關，例如公分級的 GPS 及公尺級的 GPS，其所量測之精度誤差顯然不同；準確度則指量測結果與真值之間的差距，通常精度高之儀器其準確度會較高。但如儀器未經校正，即使高精度之儀器亦不見得會得到準確度高的資料。

在取樣設計中所需精度必須定出一機率水準，而對資源調查範圍內之各調查對像，其準確度依其變異度之不同，可定出不同之準確度標準，以節省調查成本。

3.3.2.3 **調查地區範圍大小**

調查範圍之大小，影響調查之方式及調查之單位成本。

3.3.2.4 **最小單位面積及森林資源分類**

調查之最小單位面積影響精度及調查成本；單位面積越小，精度越高但成本相對越高。森林調查時為達成分層取樣，以增加取樣之準確度，常依資源狀態進行分類。分類所考慮之因素包括：

一、依土地使用狀態，如土地容許使用程度之土地利用分類 (land use classification)。

二、依生物氣候關係及植生現況，進行生態土地分類 (ecological land classification)。

三、以經營相關之界線因素進行分類，如所有權、行政區域、地形、集水區等因素進行資源區分。

3.3.3 **森林資源調查取樣設計**

森林調查因面積廣大，無法進行全林之每木調查，因此通常採用取樣調查，將調查範圍視為有限母族群，調查範圍內所欲調查之項目變數視為觀測介量，於母族群中抽取一部分地區進行調查，此即樣本或樣區；以此樣本的介值來推測母族群之介量，即稱為取樣調查法。取樣調查之主要目的在於減低人為主觀所造成之誤差及調查成本，其操作程序如圖 3-4 所示。圖 3-4 中取樣方法可分類如表 3-2。

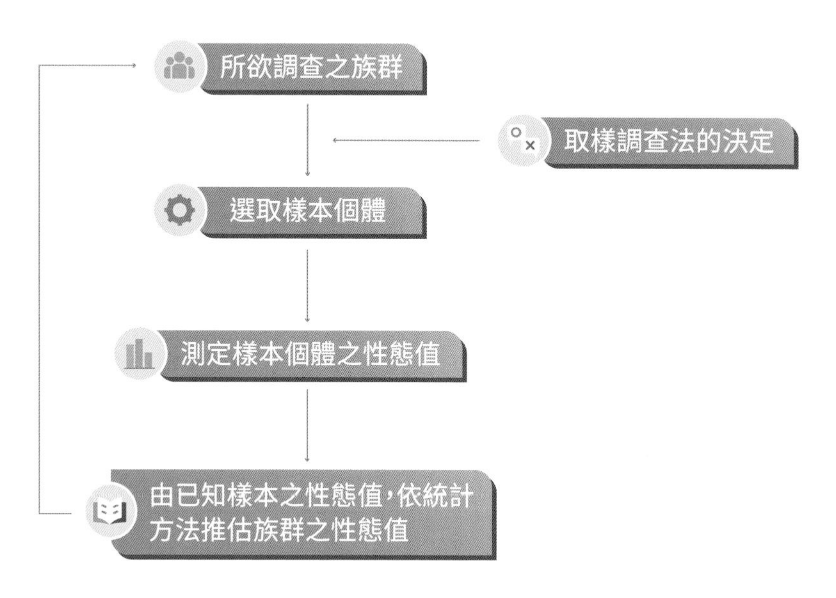

▲ 圖 3-4 森林資源取樣調查之操作程序

表 3-2 森林調查之取樣方法

統計性	機率方式	取樣設計
統計性取樣	等機率取樣	簡單逢機取樣 (Simple random sampling method)
		分層逢機取樣 (Stratified random sampling method)
		多段取樣 (Multiple stage sampling method)
		雙重取樣 (Double sampling method)
		系統取樣 (Systematic sampling method)
	不等機率取樣	變動機率取樣 (Sampling with varying probabilities)
非統計性取樣	標準地法 (Purposive sample plot method)	

3.3.4 森林資源調查之測量方法

3.3.4.1 森林資源調查之面積測量

森林測量的目的主要為瞭解森林各部分的境界、面積、形狀、位置及地形，以製成林相圖，供森林資源規劃之用。森林測量的對象包括：境界測量、林地區劃線及森林類型測量；林地與非林地之劃分，如河流、道路、建築物、林相等位置之量測等。

一、地理資訊系統之應用

利用既有的地圖、數位航空影像、遙測影像，以 GIS 數化描繪所需的部分，並利用具有座標系統之圖層資料，以 GIS 分析功能計算各區劃區域的各項資料。

二、實測

❶ 測量儀器：羅盤儀、全站儀、水準儀、經緯儀、平板儀及 GPS。

❷ 基準 (Datum) 測量：基準，又稱大地原點，是測量的參照點。在大地測量學及測量中，大地原點是一組用來對照測量點的地球坐標，往往與地理測量體系的參考橢球體模型有關。為求測量結果的精確，針對基準點、線進行測量，近年來常利用公分級 GPS 進行基準的定位測量。

❸ 境界測量：可利用羅盤儀、全站儀或 GPS 測量境界點的位置，以圖層表示其結果，並可利用 GIS 計算面積。

❹ 區劃線測量：依森林區劃的邊界線，例如林班、小班界線的劃分，必須經測量描繪以測定面積。

❺ 地形測量：測定及描繪地形立體高程的測量，我國已建立數位高程模型 (Digital Elevation Model, DEM)，其對於地形測量可提供等高線、坡度、坡向及 3D 視覺化的立體模型。

❻ 航空測量：以航空照片判釋林地及林木的狀況，並製成各類圖籍，常須以地面樣區測量補助之。其資料可供為調查設計境界劃分、樹種及林型的判釋、樹高測定、高程測定、樹冠直徑測定、材積測定、生長量測定、地位級測定。

❼ 遙感探測：高解析度衛星影像如 IKONOS、QuickBird、福衛二號等，可用於資源與環境資料之蒐集，包括面積、土地利用分類、植群生育狀態等，其資料可供為規劃開發天然資源和生態環境監測保育之依據。

三、製圖

森林經營規劃必須借助圖籍資料，以取得林地及林木相關資訊。GIS 為製圖之重要工具，森林資源規劃所需資料包括土壤、地質、地形、植群分布、森林區劃、道路、水系、氣候等，各項資料皆可藉由 GIS 之製圖功能產生具備圖徵 (feature) 及屬性 (attribute) 相連結之資料庫。GIS 可藉由套疊 (overlay)、環框 (buffer) 等分析功能產生各種主題圖 (thematic map) 例如像片基本圖、林相圖、植群圖、土地利用圖、地形圖、土壤圖等。

3.3.4.2 **林地調查**

瞭解林地的生產力與其它因子的關係，以供決定樹種、作業法及輪伐期的依據，其內容包括：

一、氣候

溫度、降水量、風，由氣象旬報取得。

二、位置

經度、緯度及行政區，由地圖或現地以 GPS 測量取得。

三、地勢

山脈走向、溪河流向、流量、海拔高，由地形圖而得，或由 DEM 以 GIS 之地形分析及集水區分析取得空間資料。

四、坡度

平坦 (未滿 5 度)、緩 (6～22 度)、中 (23～35 度)、急 (36～45 度) 及絕險 (45 度以上)，

現場藉由坡度計量測取得，或利用 DEM 以 GIS 之地形分析取得空間分布資料。

五、方向

分為八個方向，藉羅盤儀或指南針量測取得，或利用 DEM 以 GIS 之地形分析取得空間分布資料。

六、地質

由地質調查所出版之地質圖取得。

七、土壤種類

礫土（石礫）、砂土（粘土 12.5% 以下）、砂質壤土（粘土 12.5 ～ 25%）、壤土（粘土 25 ～ 37.5%）、粘壤土（粘土 37.5 ～ 50%）、粘土（粘土 50% 以上）及腐植土（有機質 20%）。臺灣地區農業試驗所負責平地及山坡地，林業試驗所負責森林土壤調查，提供相關圖層資料。其資料內容包括土壤種類、土壤酸度、土壤深度、土壤濕度等。

八、土壤酸度

pH3 ～ 6.7 為酸性、6.8 ～ 7 為中性、7 以上為鹼性。

九、土壤剖面

L 枯枝落葉層、F 醱酵層、H 腐朽層、A1 分解的有機質及礦質土、A2 ～ A3 同上尚含少量的有機質土及 B 土壤。

十、土壤深度

航測上淺土（30 cm 以下）、中土（30 ～ 60 cm）、深土（60 cm 以上）；地面上極淺土（20 cm 以下）、淺土（20 ～ 50 cm）、中土（50 ～ 90 cm）及深土（90 cm 以上）

十一、土壤濕度

乾土（手壓無濕氣）、適濕土（手壓有濕氣）及濕土（手壓有水滴）。

十二、立地品位（地位級）

可由樹高曲線查得。

十三、土壤沖蝕

極輕微（不明顯）、輕微（片狀沖蝕，未呈溝狀）、普通（脊骨狀沖蝕溝深不超過 30 cm）、嚴重（小沖蝕溝，溝深 30 ～ 90 cm）、極嚴重（大沖蝕溝，深 90 cm 以上）。

3.3.4.3 林木調查

調查森林現有的立木狀態，包括樹種組成、林分結構、蓄積量及生長量等，其資料可供查明土地的現實生產力及其肥沃程度之地位，並可供為森林收獲查定及研擬經營計畫之依據。

一、林型及樹種

包括單純林、混合林、散生與群生，並記錄主要樹種的名稱。通常以九大林型包括冷杉、雲杉林型；鐵杉林型；紅檜、扁柏林型；高山松林型；其他針葉樹林型；針闊葉混合林型；溫帶闊葉樹林型；亞熱帶闊葉樹林型；熱帶闊葉樹林型、竹林林型。

二、森林的形成

天然林（天然下種或萌芽而成）、人工林（播種或栽植而成）、作業法（如皆伐、留伐、傘伐或擇伐）、災害及演變情形。

三、林齡

可由造林紀錄、以生長錐取得年輪或枝輪層查得。

四、鬱閉度

係單位林地面積被樹冠投影面積所覆蓋之比率。表示立木鬱閉情形之指標有 10 種，通常以樹冠鬱閉度疏（0.5 以下，樹冠距離未達樹冠幅的 1/2）、中（0.5～0.8，樹冠開始接觸）、密（0.8 以上，樹冠開始重疊）；或立木度：現實林斷面積與法正林斷面積之比率，以 0～1 表示；或疏密度：立木株數的分布疏密情形，以百分率 % 表示。

五、面積與蓄積

不同林型或人工林樹種之面積及蓄積量，依地位級、不同區劃單位（如林班、事業區、作業級）統計其面積與蓄積量，並統計其單位面積的蓄積量。

六、生長與枯損

由永久樣區之連續（或間隔）調查法、樹幹解析法或生長錐法，推測立木之連年生長量模式及平均生長量模式，推測求算總生長量及林木枯死量。

七、晉級生長

永久樣區調查時，首次調查之最小直徑級（10cm）以下不予調查，待第二次調查時，前次的幼樹已生長至最小直徑級以上，此項增加量即謂晉級生長（In-growth）。

八、林分級

林分級係指林分徑級大小之等級，區分為製材林分（50% 以上淨材積其直徑級大於 30cm）、桿材林分（50% 以上淨材積其直徑級為 13～30cm）、小桿材林分（主樹種 50% 以上胸徑在 13cm 以下）及無立木林分（樹木疏密度少於 10% 以下）。

九、林分品質

係指林分製材徑級（大於 30cm）之分布比例，分三級：優（製材立木在 50% 以上）、中（製材立木在 1～49%）及劣（無製材立木）。

十、稚樹或更新苗

在永久樣區設置時，以象限法調查林木更新狀態，記錄每公頃更新苗之株數。

十一、地被植物

在永久樣區設置時，以象限法調查地被植物種類、密度及高度。

十二、林木處理

紀錄生產期間之各種撫育處理情形，包括刈草、修枝、疏伐等撫育次數。

十三、可作業地與不可作業地

係指林地是否可進行更新作業，通常除地、苗圃用地、道路等屬於不可作業地。

3.4 臺灣森林資源調查成果

3.4.1 臺灣之林型分布

臺灣林型分布及樹種組成的差異，受制於海拔高度與溫量指數 (warmth index) 的變化。

3.4.1.1 **以氣候帶區分林型，稱之為「氣候帶林型」**

一、熱帶闊葉林 (Tropical broad leaf forest)

分布於南部地區海拔 200m 以下，最冷月均溫需在攝氏 18°C以上，年均溫在攝氏 23°C以上，年雨量變化大，約在 1,000～4,000mm 間。以恆春半島及蘭嶼為一典型的熱帶闊葉林，其樹種組成以桑科、大戟科、茜草科為主，並伴生一些天南星科、蕁麻科、蘭科、薑科與蕨類等地被植物。

二、亞熱帶闊葉林 (Subtropical broad leaf forest)

分布於 200m 至 700m 及北部地區 500m 以下，最熱月在攝氏 20°C以上，且最冷月在攝氏 0°C～ 15°C之區域。樹種組成以桑科及樟科為主，此一區域因農作的開發利用，原始熱帶闊葉林已相當稀少，取而代之為次生林及農地造林。

三、暖溫帶闊葉林 (Warm broad leaf forest)

分布於南部地區海拔 700m 及北部地區海拔 500m 至 1,800m，氣候濕潤而溫暖，最熱月的平均氣溫在攝氏 10°C度以上，最冷月的平均氣溫在攝氏 0°C以上。樹種組成主要以樟科如日本楨楠、大葉楠；殼斗科如火燒栲、卡氏櫧及茶科如大頭茶等為主。

四、涼溫帶針闊葉林 (Temperate needle leaf/broad leaf forest)

海拔 1,800m 至 2,500m 為涼溫帶，氣候濕潤，年雨量約為 3,000 ～ 4,200mm 且氣溫較低，年均溫在攝氏 10 ～ 20°C之間，為臺灣的雲霧帶區域。本區的植被混合針葉林與闊葉林，針葉林以紅檜、臺灣扁柏、巒大杉、臺灣杉、鐵杉及紅豆杉為主；闊葉林則以殼斗科與楠科的植物為主，如長尾柯、森氏櫟、紅楠等。此外，昆欄樹、木荷、臺灣紅榨楓、臺灣赤楊、化香樹等亦常見於林中。

五、冷溫帶針葉林 (Cold needle leaf forest)

2,500m 至 3,000m 為冷溫帶，年均溫在攝氏 15 ～ 18 °C 之間，年雨量約為 3,500mm，氣候寒冷。樹種組成以鐵杉、雲杉為主，華山松、臺灣二葉松、高山櫟、高山芒等樹種夾雜其間。

六、亞高山針葉林 (Subalpine coniferous forest)

海拔 3,000m 至 3,500m，年均溫在攝氏 8 ～ 11°C之間，多屬於乾燥山坡或岩礫密布的地區。該區域之主要分布樹種為臺灣冷杉，而與玉山箭竹常形成相互競爭，地面上常見之矮灌叢植物如玉山龍膽、高山白珠樹等。

七、高山寒原 (Alpine tundra)

3,500m 以上至最高玉山山頂為亞寒帶，此帶在森林界線以上，年雨量約為 2,800mm，年均溫在攝氏 5°C以下，氣候型態類似北極圈的寒原，地表以裸岩或岩床為主，且風大日照強，冬季地表會積雪。主要植物種類有高山灌叢狀的玉山圓柏、玉山杜鵑、巒大花楸；碎石坡的草本植物則包括了南湖柳葉菜、玉山小蘗及具有特殊氣味的玉山當歸。臺灣之氣候帶林型之垂直分佈如圖 3-5。

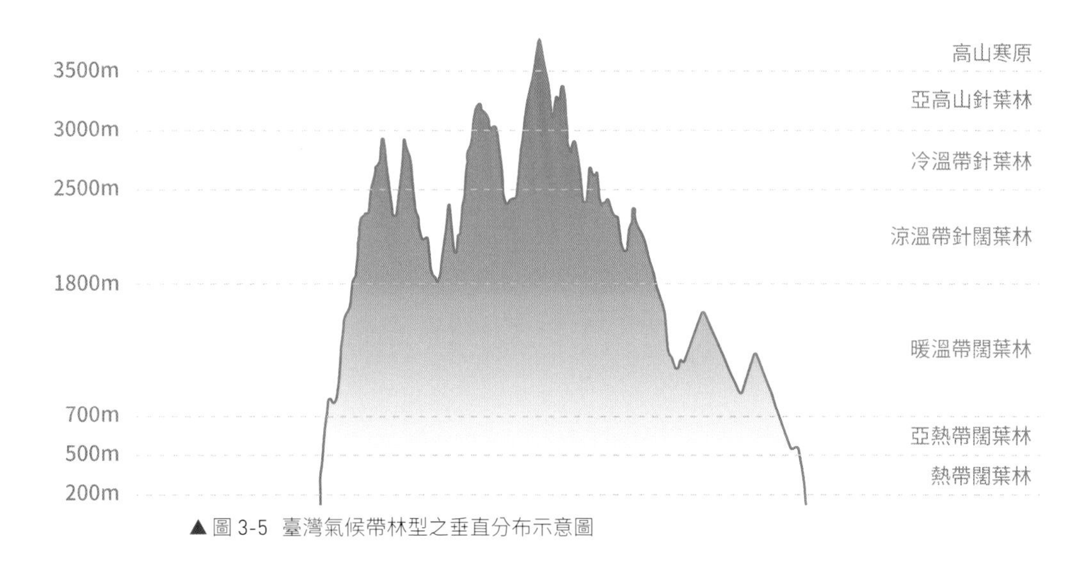

▲ 圖 3-5 臺灣氣候帶林型之垂直分布示意圖

3.4.1.2 **依據主要樹種組成區分林型，稱之為「樹種林型」**

一、冷杉 - 雲杉林型 (Spruce-fir type)

主要樹種包括臺灣冷杉及臺灣雲杉，皆為臺灣固有種，臺灣冷杉分布海拔高在 3,000m 以上，形成純林，有向箭竹林拓展之趨勢；臺灣雲杉分布於 2,300m 至 3,000m 之山腰或山谷中。此林型因海拔較高，為最不易到達的林型。

二、鐵杉林型 (Hemlock type)

為各針葉樹林型中分布面積最廣，臺灣重要針葉樹林型之一，其分布海拔在 2,000m 至 3,000m 之間，分布海拔較高地區會與冷杉相混合，分布海拔較低地區則與松類或溫帶闊葉樹相銜接。

三、檜木林型 (Cypress type)

紅檜和臺灣扁柏是臺灣最貴重之樹種。日據時代與臺灣光復初期，臺灣為了經濟發展，此林型成為重要的砍伐對象，其分布海拔在 1,500m 至 2,800m 之間，大部分成純林，或由兩樹種組成天然混合林。

四、高山松林型 (Pine type)

高山松林型由華山松、臺灣五葉松、臺灣二葉松三種針葉樹種組成，分布於海拔 300m 至 2,800m 之間，為我國天然針葉樹林中，較容易到達之區域；其中臺灣二葉松分布面積最廣，立木數量最多。

五、其他針葉樹林型 (Other conifer type)

僅杉木及柳杉為引進之造林樹種，常形成同齡純林；其餘為天然生的臺灣肖楠、臺灣杉及香杉等固有之針葉樹種，極少形成單一樹種之純林，多與鐵杉、臺灣扁柏及紅檜等混生。

六、針闊葉混合林型 (Conifer-hardwood mixed type)

針闊葉混合林型，分布於海拔 1,200m 至 2,000m，位於溫帶闊葉樹林與針葉樹林之間，係由多數闊葉樹與少數針葉樹混生而成之混合林。

七、闊葉樹林型 (Hardwood type)

闊葉樹林型，分布於海平面至海拔 2,000m 之間，以低海拔地帶為主。主要樹種以樟科、殼斗科為多。闊葉樹林型因其分布海拔高度不同，種類亦異，以氣候之差異，可細分為熱帶、亞熱帶及溫帶三個林型。

(一) 溫帶闊葉樹林型 (Temperate hardwood forest type)

分布於海拔 1,500-2,000m 以上，以高山性闊葉樹種如殼斗科植物為主，林相較為單純。

(二) 亞熱帶闊葉樹林型 (Subtropical hardwood forest type)

分布海拔 300m-1,500m 之間，主要樹種為樟、楠類及殼斗科樹種，形成次生林相，即通稱的雜木林，高價值樹種稀少。

(三) 熱帶闊葉樹林型 (Tropical hardwood forest type)

此林型幾佔全國林地面積的 30 %，以相思樹為主，且有大面積的造林地，因分布在海拔 300m 以下，林地常被濫墾占用，乃成為土地利用及林業經營上的問題地區。

八、竹林林型 (Bamboo type)

竹林林型分布於全島，但大面積竹林僅在中部中海拔發現。經濟竹種如麻竹分布於海拔 1,300m 以下；桂竹分布於 100m 至 1,000m；孟宗竹分布於 1,000m 至 1,600m。綠竹生長於海拔 1,000m 以下的低山地帶，主要為人工培育之竹林。

3.4.2 林地面積

臺灣全島陸域面積為 3,591,500 ha，其中地目登記為林地之面積為 1,991,145 ha。但若依據 FAO 2010 年定義森林為「面積大於 0.5 ha 以上，樹高 5m 以上，樹冠覆蓋度 10% 以上，或於原生育地之林木成熟後符合前述條件之非農業與非都市土地」，則依據第四次森林資源調查，臺灣全島森林覆蓋面積為 2,186,002 公頃，如表 3-3。由臺灣四次的森林資源調查，顯示森林覆蓋面積比率變化由 1956 年的 54.1% 上升至 2009 年的 60.9%，如圖 3-6。森林覆蓋依不同林型主要樹種之森林面積分佈如表 3-4。

表 3-3 臺灣地區森林覆蓋面積及覆蓋度

區位		土地面積 (ha)	森林覆蓋面積 (ha)	森林覆蓋度 (%)
林地	事業區內	1,535,060	1,390,983	90.61
	事業區外	456,085	382,896	83.95
非林地	山坡地	981,424	352,784	35.94
	平地	616,696	59,339	9.81
合計		3,588,265	2,186,002	60.92

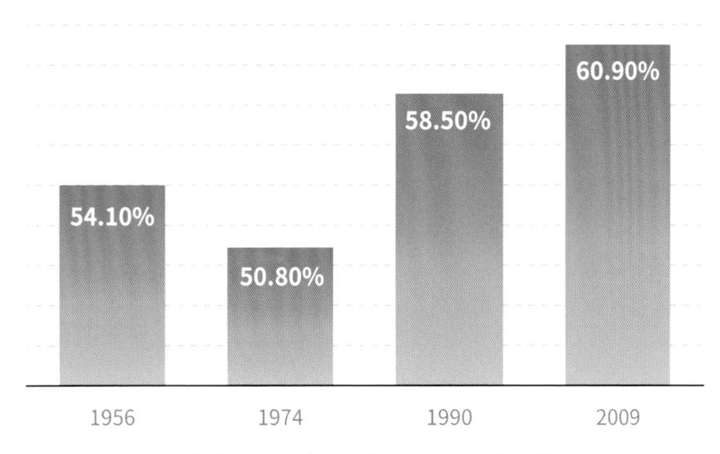

▲圖 3-6　臺灣地區四次森林資源調查之森林覆蓋率變化

表 3-4 臺灣地區各林型主要樹種面積

林型及主要樹種			面積 (ha)
天然林	針葉林	冷杉林	24,564
		鐵杉林	70,259
		雲杉林	7,952
		天然松類	62,968
		天然檜木林	26,240
		其他針葉林	17,087
	針闊葉混合林	針闊葉混合林	112,970
	闊葉林	闊葉樹林	1,058,618
小計			1,380,658

人工林	人工針葉林	檜木人工林	17,326
		松類人工林	24,922
		肖楠人工林	626
		柳杉人工林	29,002
		臺灣杉人工林	3,132
		杉木人工林	6,216
		其他人工針葉林	4,852
	人工針闊葉混合林	針闊葉樹混合林	49,625
	人工闊葉林	臺灣櫸人工林	349
		光臘樹人工林	529
		相思樹人工林	8,733
		其他闊葉人工林	86,620
	小計		231,932
竹林	竹林	單桿狀竹	28,601
		叢生狀竹	43,102
	竹針闊混合林	竹針闊混合林	967
	竹闊混合林	竹闊混淆林	66,082
	小計		138,752
待成林地	待成林地	待成林地	22,539
總計			1,773,880

3.4.3 森林蓄積

依第 4 次森林資源調查，臺灣森林之蓄積量為 463,280,000 m^3，與第 3 次森林資源調查結果，增加量為 104,536,000 m^3，如表 3-5。

表 3-5 主要林型之森林蓄積量

林型	蓄積量 (m^3×10^3)
針葉樹林型	12,860
針闊葉樹混合林	69,748
闊葉樹混合林	260,541
竹林	662,840(千桿)
竹闊混合林 *	8,020
竹針混合林 *	112
合計	463,280

* 僅採林木蓄積計算

3.5 遙航測技術在森林調查上之應用

航遙測數位影像為森林調查時空間資料的重要來源，而地理資訊系統為空間資料處理的重要工具，兩者互相結合成為森林調查、規劃與經營管理之有利的工具。航測 (Photogrammetry) 是指以飛機或無人飛行載具為工具的航空測量技術；而遙測是遙感探測的簡稱，是指利用飛行器或人造衛星，自高空運用各種感測器，如照相機、多波段掃描儀、雷達等，以「不接觸目標物體」的方式，「拍攝」地球上的景物，藉著不同物體反射電磁波的特性，以偵測出地面景物的種類、狀況、大小等等性質。其原理是太陽光源經過大氣層抵達地球表面而與物體接觸，會產生反射、穿透和被吸收等不同的情形。利用感測器記錄被地面物體反射的能量，偵測及判斷物體的特性。目前航遙測接以數值方式記錄資料，可利用影像處理軟體進行影像處理，取得有意義的資訊。航遙測的特性除了能涵蓋廣大的範圍和快速有效地蒐集資料之外，還可以擷取同一地區多時期的照片或影像，供分析比較之用。

3.5.1 航空測量於森林資調查之應用

森林調查上之航空攝影測量 (aerial photogrammetry in forest survey)，主要是利用航空攝影 (aerial photography) 的數位影像為重要工具的森林調查。利用航空照片影像進行森林調查，只能得到一部份間接測定 (indirect measurement)，並非僅由航空照片影像上即可完成森林調查之使命。

3.5.1.1 林業上應用航空攝影測量的由來

1851 年「攝影測量之父」(Father of photogrammetry) 法國勞賽達 (Laussedat) 首度以測量目的進行照相機應用研究。1858 年時，將測量用的照相機繫縛在氣球上攝取照片，並於 1867 年巴黎博覽會 (Paris Exposition) 上，展出第一張由高空攝影而取得的巴黎平面影像圖，此張圖係以照相經緯儀 (Phototheodolite)，利用照片測量所製成者。至 1909 年韋保萊特 (Wilburvright) 由飛機上攝取照片，此即為航空照相 (aerial photography) 之開始。在第一次世界大戰期間 (1914 ～ 1918)，引用航空照片的製圖技術已經發達。所以攝影測量乃被認為現代製圖 (modern map making) 之基本科學。

林業上應用航空照片最初以製圖為主，無論平面圖、地形圖或特種林相圖，均可應用航空照片在短時間內製繪而成，而主要應用即為森林調查。如以利用航空照片製圖而論相對於應用航空照片進行林木估測 (timber cruising)，尚屬相當新穎。關於應用航空照片估測林木的基本理論，雖於 1925 年起，德國林學家克虜士 (Krurzsch) 已發表有系統之研究報告。但直至 1929 年以後，加拿大人始實際開始應用照片估測 (photocruises) 林木；至二次世界大戰後，美國森林家已普遍實施攝影測計方法，進行林木估測工作。

我國森林調查應用航空照片，早在 1934 年前後。陝西林務局德籍森林技師芬次爾 (Fenzel)，為調查陝西境內之森林，首次倡導利用飛機攝影，以取得經營設計上之主要參考資料。而在臺灣至 1954 年由我國政府邀請美國森林調查專家杜士伯 (Doverspike)、羅吉士 (Rogers)、白里安 (Bryan)、強森 (Johnson) 等來台協助，辦理「臺灣土地利用及森林調查」工作，越二載，全部完成，此為我國第一次成功的應用航空照片於森林調查。

我國專責航空測量業為林務局農林航空測量所，歷年來執行航測製圖及農林資源航遙測調查業務，使用兩架當時最先進航遙測飛機 BE-350 及 BE-200、數化製圖儀器、資源調查儀器與經驗豐富之專業技術人員，提供鐵公路、機場、港口、水庫、礦場等國家各項經濟建設規劃之基本資料，並作為農業生產、森林經營、國土規劃、區域計畫、資源開發、土地利用等調查規劃之用。近年來購置精密數位製圖相機 (Digital Mapping Camera, DMC) 及空載數位掃描儀 (Airborne Digital Sensor, ADS) 專責執行航攝任務，拍攝臺灣全區 (含離島)，提升影像解析度及品質，且配合各項航空攝影計畫規劃平地地面解析度約 25cm~30cm 之多光譜影像作為製圖、國土監測及規劃、森林調查、樹種判別、偵察農林天然災情，協助稻作面積調查及林木病蟲等學術研究發展之用。應用航照數位相機拍攝之影像，不需經過傳統底片沖洗及掃描等流程，航空攝影作業完畢後透過影像後處理軟體的操作即可得到 12 bit 及具有 4 band(Red、Green、Blue、NIR) 之影像，大幅提升拍攝影像之輻射解析度及光譜解析度，且加上慣性定位定向系統之輔助，可取得攝影曝光瞬間的位置與姿態參數，節省後續的空中三角測量平差作業所需的人力及時間。另於 2006~2007 年分別採購 Zeiss Intergraph DMC 航照數位相機與 Leica ADS40 航照數位掃描儀後，分別取代底片航測相機與多光譜掃描儀。航照數位相機與數位掃描儀，以數值記錄方式進行航照任務，除省去底片沖洗與掃描等業務外，更可同時取得 R、G、B 等可見光波段之影像外，亦同時記錄近紅外光 (NIR) 波段之影像，較傳統必須分別拍攝可見光與紅外光照片作業方式，數位相機所攝得之影像應用價值更高，也更節省作業成本。

3.5.1.2 航測在森林調查上之功能

航空照片或數位影像之應用於森林調查，並非全部調查資料均可由照片或數位影像上取得，如樹幹直徑、瑕疵、生長及樹種之識別等，均須由地面調查補充之。所以航測必須與地面調查相配合，始可獲得優越效果。利用航測所估測之資料，較之地面調查，可以節省時間與費用，且可得到空間性資料，此為一般地面調查無法得到之資料。至於航測估測與地面調查之技術配合關係，常取決於 (1) 問題之觀點，(2) 森林經營者之目的，(3) 人員、器材、照片等之來源及經費之分配。配合得宜，則森林調查之進行，可以經濟、迅速、準確，且航測資料可以長期保存，以備未來進行變遷探討之有利資料。航測在調查上應用很廣泛，不但可應用於判釋林型種類更可用以推估森林之蓄積，而所建立之空中材積表，也被廣泛應用於森林生長收穫領域。

3.5.1.3 **以航測進行森林調查之精確度**

航測估測之精確度，視技術水準而定，其技術優越而精細者，則估測之結果相當可靠，反之則否。據攝影測量技術發達國家之紀錄所知，加拿大林務局自 1929 年以來，以林分材積表 (stand volume) 由航空照片上估測材積，經地面調查之校正，誤差為 2 ～ 20%；如 1937 年調查 100 平方哩之紙漿用材林，照片上估測值較實際伐採量多 8%；美國加州之紅杉林 (Sequoia sempervirens)，於 1940 年之估測，其主林木之誤差為 0.5%，副林木為 30%；賓夕伐尼亞州 (Pennsylvania)1941 年之森林照片估測，誤差為 21 ～ 23%；1945 年查普曼教授 (Chapman) 及斯陪教授 (Spurr) 之照片估測值，較之地面上 2.5% 之單行標準區調查 (line plot cruise) 值小 2%，而時間上則節省 3/4 ～ 4/5。美國林務局已廣泛使用航空照片以校正地面調查，事實上，應用航空照片之森林調查，較諸普通技術之地面調查，可以節省野外工作 50 ～ 90%，而獲得同樣精確之調查結果。

3.5.1.4 **森林調查上之航測使用方法**

一、照片之準備及處理

森林調查上所使用之航空照片，須根據需要之目的，事先準備。在美國之公私林務機構使用航空照片時，可向航空測量公司購買照片，其規格及比例則依農部之規定，普通多為 9×9 吋。我國早年辦理全島土地利用及森林資源調查時，所用之航空照片，比例尺約 1/9,000；全島調查，共用照片約 4,000 張，均係由主辦機構向空軍方面借用，一般公私機關則均無法取得此類照片，故此項航測技術，一時不易普遍推行。嗣因林務局自購航測專用飛機，自行攝影，航測業務進展甚速。

使用大量之照片，為取用方便計，須先以 1/50,000 地圖，編為照片索引圖，並將飛行線畫於地圖上，示明照片之攝取位置，以便按號檢取。〔以往臺灣之航空照片，其飛行線為東西方向 16 公里 (即 10 哩) 一帶，共 24 帶〕。另外，應備有該地區之大比例尺地圖，如地方交通圖等，以備野外工作之參考。所需要之照片備妥後，為分明地面上林型及地形，按照立木度或材積級以紅色筆描繪劃分之。森林調查之對象為有森林地區，故在照片上描繪分劃之有林部分，即為用以估測之對象。

二、地面樣區數之推計與設置

計算地面樣區數，應根據經費及所需之精確度而定。一般言之，森林調查之地面樣區數量愈多，結果愈精確，而所需經費亦愈多。若可以先決定所要求之精確度，並先預估其經費，則標準樣區之個數即可計算之。地面樣區之個數既經算定，則其設置地點不宜平均分配於地面上，而應按照已查明之立木度比例，分配於各級中；即立木度大之部分，設置之地面樣區數亦愈多。至於地面樣區面積之大小，應依立木直徑之大小而分級，臺灣前次森林調查時，地面樣區之大小分為 1/500，1/200，1/50，1/20 及 1/10 ha 五種，均採用圓形樣區，最近則開始採用線形樣區。地面樣區數決定後，依分配之數目及位置，先繪製於平面圖上，再移定於照片上，以紅筆劃成圓形為標記，以為估測之範圍，由照片上所選之樣區，按地圖位置取得地理座標後，以 GPS 導航至地面相當地點，設定地面調查樣區，進行直接測定供核對校正之用。

三、航空照片判釋之基本技術

航照判釋 (photo-interpretation) 乃針對航空照片上之影像，進行資訊取得之技術。航照判釋之步驟如圖 3-7。

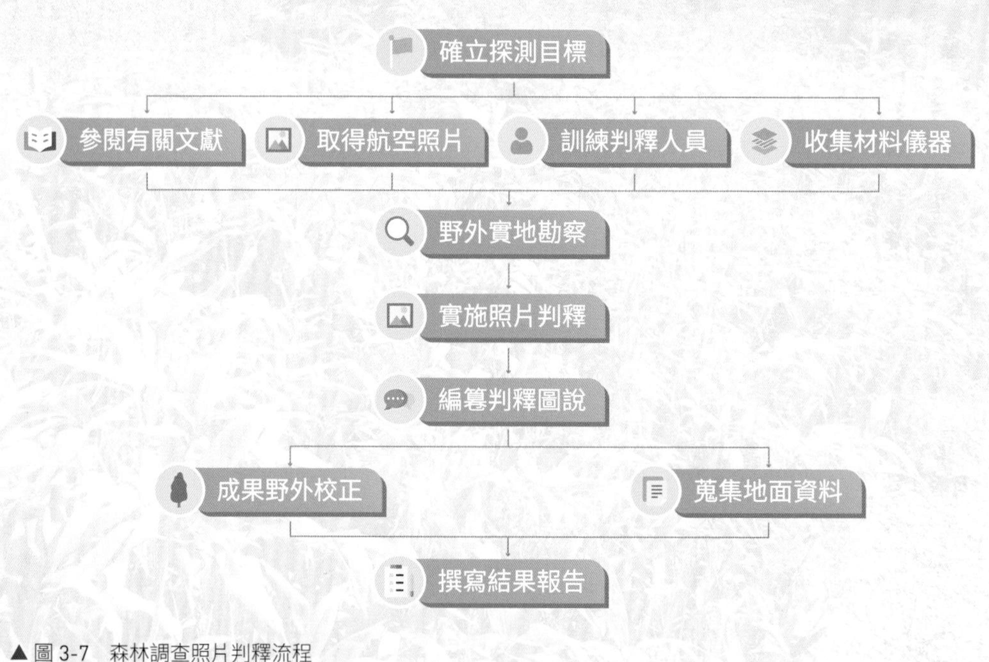

▲圖 3-7　森林調查照片判釋流程

照片判釋為攝影測量上最重要之技術，即憑工作人員之技巧與專門知識及經驗，以辨別照片所表示之物體種大小及數量。此種技術與知識，全賴以照片與地面物對照而生之印象與認識，集多次之經驗，加以研究，乃成為專門之學識與技術。茲就判釋照片之基本技術要素或照片上之重要根據，列舉如下：

一、形狀 (Shape)

由影像之形狀，可以辨別物體之種類，如樹木、道路、湖沼、建築物等。

二、大小 (Dimension)

由影像之大小，可以辨明物體之大小，如大樹、小苗、湖泊、小路等。

三、色澤深淺 (Tone)

由影像之色澤，可以辨認物體之類別。如用紅外軟片 (Infra-red film) 所攝之照片，針葉樹為深灰色，闊葉樹冠為扁平半球形，竹類為尖桿狀。

四、陰影模樣 (Shadow Pattern)

各種物體之型像不同，其影像亦各具特種模樣，如針葉樹冠為圓錐形，闊葉樹冠為扁平半球形，竹類為尖桿狀。

五、組織 (Texture)

乃指影像上之層次，以表示物體之高低，如水面之平滑，小草幼苗之細緻，老齡林之粗糙等。

以上各種要素，是否足以辨認照片上之物體，一方視判釋者之經驗與技術，而另一方面，則攝影之曝光度 (exposure)、時間與比例，均影響於照片上之影像，以致判釋之精確度，大有差異。

3.5.2 衛星遙測在森林調查上之應用

3.5.2.1 遙感探測之定義

遙感探測在文獻中已有完整定義 (Fussell and Rundquist, 1986)，而在大部分教科書中，對於遙感探測的定義皆有相似性，主要沿用 Colwell(1983) 之遙感探測手冊，其定義為凡藉由航空器、衛星等機動性載臺，以不接觸物體方式，利用感應器進行地表資訊蒐集之科學，而其範圍包括資料蒐集之所有活動、影像前期處理、影像展示及遙測資訊之應用。因此所謂遙測，廣義而言包括航測與衛星多譜掃描數據影像。

3.5.2.2 遙測影像之攝取

航空測量為遙測影像資料攝取之一種，其使用極為普遍且技術嫻熟，臺灣地區第一次、第二次森林調查曾大量使用，功效甚著；但因需人工判釋，且不具有固定時間之資料攝取能力及光譜範圍有限等缺點，故在時效及經濟上有其未盡人意之處。近年來，農林航空測量所引進精密數位製圖相機及空載數位掃描儀專責執行航攝任務，拍攝臺灣全區 (含離島)，提升影像解析度及品質，並配合各項航空攝影計畫，規劃平地地面解析度約 25 至 30 cm 之多光譜影像，作為測量製圖、資源調查、環境監測、國土規劃、農林經營、都市計畫、經濟建設、災害防救及學術研究等之用。除了航測之外，多譜掃描技術從 1972 年美國發射地球資源觀測衛星 (LANDSAT-1) 成功後，利用人造衛星遙測影像從事資源調查與環境監測的技術與成就，已受國內外相關人士所重視，從 1975 至 2013 年間，美國相繼發射陸地衛星 2、3、4、5、7、8 號 (LANDSAT-2,3,4,5,7,8)，其空間解析度由原來的 90 至 151m 提高為 30 至 40m，LANDSAT-1,2,3 具有 0.5 至 1.1mμ 之四波段多譜掃描，LANDSAT-4 更載有主題測繪器 (Thematic Mapper, TM)，具有 7 個波譜段，其範圍由 0.45 至 2.35 mμ，提高了植群分類上之應用效果。在時間解析力方面則由原來的 18 天提高為 16 天。最近 Landsat-8 則於 2013 年 2 月發射升空，為太陽同步地球資源衛星，有 11 個波段，其中波段 8 為全光譜波段，具有 15m 之空間解析度，波段 1 至 7 與波段 9 之空間解析度為 30m，而波段 10 及 11 為熱紅外光，空間解析度則為 100m。而歐洲太空總署 (ESA) 在 2015 年 6 月 23 日及 2017 年 3 月 7 日分別發射 Sentinel-2A 與 Sentinel-2B 組成的衛星群，其中 Sentinel-2A 提供 13 個波段的多光譜影像拍攝，光譜範圍涵蓋可見光、近紅外線 (NIR) 與短波紅外線 (SWIR)，提供重返率 10 天之時間解析力及空間解析力 10、20 和 60 m 影像，Sentinel-2B 提供雷達影像，Landsat 及 Sentinel 衛星系列所拍攝之影像資料皆免費開放給所有對象 (https://earthexplorer.usgs.gov/)。另外臺灣於 2017 年 8 月 25 日，成功發射福爾摩沙衛星五號，將運行於 720 km 太陽同步圓形軌道，傾角 98.28°，主要光學遙測酬載，將提供 2m 解析度的全色 (Panchromatic) 和 4m 解析度的多波譜 (Multi-spectral) 彩色影像，主要酬載之波段 (Spectral Band) 為可見光及近紅外光之範圍，包含一全色波段 (12,000 個像素) 及 4 個彩色波段 (每個波段 6,000 個像素)，其影像具有資源探測與科學研究雙重任務，應用領域可包含土地利用與變遷、農林規劃、環境監控、災害評估以及科學研究與教育等方面。除了上述之被動式光學衛星遙測影像之外，國際間亦發展主動式之遙測資料的收集，例如：空載或衛載光達系統、雷達掃描系統等，其空間資料可由二度空間提升為三度空間之資訊。

3.5.2.3 **遙測資料之處理**

衛星遙測數據為感應器 (sensor) 蒐集地表物體反射光之能量經轉換而成，不同類型之地表地物有其不同的反射光能量，因此可藉由頻譜之感應器在同一地點蒐集到反射光能量進行地表分類。遙測影像數據除可進行地表地物分類外，高解析力且具有傾斜觀 測之衛星影像，可組成立體像對以提供測量上製圖之應用。而不管遙測影像數據之用途為何，在應用之前必須進行影像之前期處理，包括幾何糾正 (geometric correction)、輻

射糾正 (radio metric correction)、影像增揚 (image enhancement) 及影像分類 (image classi cation) 等。

3.5.2.4 遙測資訊應用於森林資源調查

大面積森林資源調查為考量人力、物力及調查地點的不可及性，臺灣過去四次之全國森林資源調查，皆以航空測量進行土地利用類型判釋，配合地面樣區調查結果而估算各林分之蓄積量。唯近年來衛星遙測之空間解析力大幅提高，由國內外文獻研究顯示，未來衛星遙測與航空測量在森林資源調查會扮演不同尺度、不同目的的應用。

一、土地利用分類

光學遙測影像因具有多光譜的感測資料，因此藉由各土地利用類別之訓練樣區的人工選取，再利用適當的分類演算法，進行全影像範圍的分類，此種土地利用分類法，稱之為監督性分類 (supervised classification)。Anderson et al. (1976) 提出遙測資料應用於土地覆蓋分類之分類系統，依據遙測資料之空間解析度不同，其對於土地覆蓋分類的詳細程度，會有其極限性，在森林資源調查上通常對於影像差異較大的土地利用類別，其分類準確度會較佳，可達 90% 以上，例如森林、水體、裸露地、農作地、草生地、建成地的第一層級 (Level 1) 分類，而如欲進一步進行土地利用類型的第二層級 (Level 2) 分類如森林再區分為針葉林、闊葉林、針闊葉混淆林，則因地上物覆蓋影像特徵較為相近，其分類則相對困難，而目前因遙測影像之空間解析力。因此目前在森林資源調查上，利用衛星影像進行土地利用類別之調查，最常被利用者皆在於第一層級分類，例如天然災害發生後對於林地之林木產生破壞，因此其發生地點與原來覆蓋之森林會產生明顯的差異性，因此利用衛星影像可快速大面積的進行如崩塌地、森林火災跡地的分布面積調查；另例如恆春半島銀合歡入侵範圍的調查，因該地區在冬季之東北季風吹襲下，原生樹種在長期的適應下不會產生危害，但入侵之銀合歡則會產生落葉現象，因此利用該地區之冬季影像即可將屬於第二層級分類之銀合歡類別從森林類別中加以分類。

二、森林健康及蓄積量推估

遙測影像因不同波段對於相同地物的輻射反射特性有所不同，而植物的光譜反射特性在綠光段因受葉綠素吸收較少，經反射呈現綠色；紅光段因葉綠素對其吸收強烈，故反射較低；近紅外光段因不被葉綠素吸收，植物之反射值很高。綠色植物生長愈茂盛，反射之紅光段減少 (被吸收增加)，但反射之綠光段及近紅外光段增加。圖 3-8 為典型之植群光譜反射曲線，圖中顯示在可見光波長的光譜範圍內 (400-700 nm)，植物中所含之葉綠素吸收可見光，故在此波段通常表現出較低之反射率；但在近紅外光波段 (700-1,200 nm) 的部分，綠色植物則具有較高的反射率。影響葉片反射光譜特徵的因素很多，諸如葉片之解剖特徵、葉表型態特徵、葉片生長角度、葉面積及覆蓋程度、植物色素種類及含量、葉片水分含量等。而葉片反射光譜對於像是缺水等逆境所造成的植株生長抑制具有明顯的反應，例如在可見光波段及紅外光波段反射率的增加 (許明晃等，2006)。近紅外光與短波紅外光在葉子吸收水分過程中是很重要的，基於物理幅射轉換模式及其研究顯示，植物組織含水量的變化，對於葉片反射係數在 400-2,500nm 中的幾個特定波譜範圍有很大的影響。上述波譜範圍中最重要的便是 1,300-2,500nm(SWIR)，葉片內部組織的有效水分含量主要控制著此波段之光譜反射係數。一般而言，葉片水分大量的吸收作用發生在上述波段，因此短波紅外線波段之反射係數與葉片含水量呈現負相關，即葉片水分含量增加，近紅外光和短波紅外光的反射光譜就會因吸收作用而下降 (Rasmus and Inge, 2003)。藉由近紅外光與短波紅外光對植物水分的敏感，可供作植物含水量、水分狀況及生長力調查。

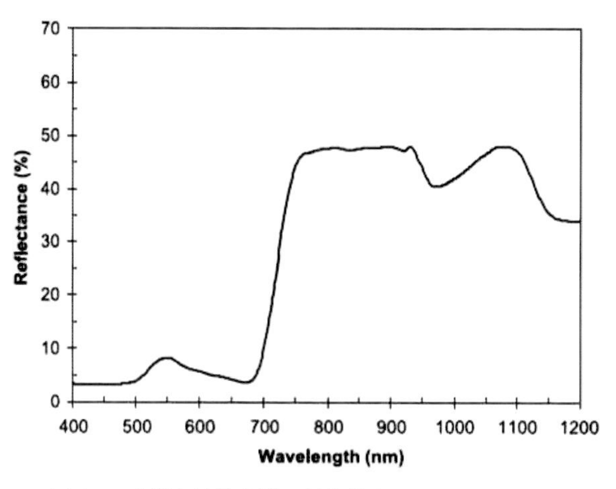

▲ 圖 3-8 典型之植物光譜反射曲線 (Michael et al., 2003)

藉由綠色植物葉面及樹冠之光譜特徵差異性及動態變化，進行波譜反應特性分析及得到各種指標，例如比值植生指數 (ratio vegetation index, RVI)、增進植生指標 (enhanced vegetation index, EVI)、 植生指標 (normalized difference vegetation index, NDVI) 、簡單比植生指標 (simple ratio vegetation index, SR)、土壤調整植被 指 數 (soil adjusted vegetation index , SAVI) 等，各種指標均可藉由遙測資料取得。植生指標是一種反應地表植被種類、分布與密度的指數 (Lillesand et al., 2015)，植生指標之資料可以提供生物圈植被生長分布狀態與異常情形，亦可估算植被季節性變化和異常變遷，因此可做為人為或自然環境變化長期研究的基礎指標。此外，由於植生指標和森林的蓄積量有著密切的相關性，所以這些指標也常用以推估森林的蓄積量。

3.6 練習題

① 試述森林資源調查之種類及其目的。

② 森林資源調查如何進行實務之面積測量。

③ 應用衛星遙測在森林調查上之優缺點爲何？

延伸閱讀 / 參考書目

- 許明晃、楊志雄、張新軒、楊棋明、黃文達 (2006) 空氣污染物對甘蔗葉片色素與反射光譜特徵之影響。作物、環境與生物資訊 3：345-354。
- 陳朝圳 (1999) 南仁山森林生態系植生綠度之季節性變化。中華林學季刊 32(1): 53-66
- 陳朝圳、鍾玉龍 (2003) 應用 IKONOS 衛星影像於墾丁國家公園植群圖繪製之研究。國家公園學報 13(2):85-102。
- Aldrich R. C. (1979) Remote Sensing of Wildland Resources: A State-of-the-Art Review. General Technical Report RM-71, Rocky Mountain Forest and Range Experiment Station, Forest Service U.S., Department of Agriculture USDA Forest Service, Fort Collins, Colorado, 56 p.
- Anderson J. R., Hardy E., Roach J. T., and E. W. Richard (1976) A Land Use and Land Cover Classification System for Use with Remote Sensor Data. Geological Survey Professional Paper 964.
- Colwell, R. N. (ed.) (1983) Manual of Remote Sensing, Second Ed., American Society of Photogrammetry, Falls Church, Va., p.1.
- Fussell J., Rundquist D., and J. Harrington Jr, (1986) On defining remote sensing. Photogrammetric Engineering and Remote Sensing 52(9):1507-1511.
- Gao J. (2002) Integration of GPS with remote sensing and GIS: reality and prospect. Photogrammetric Engineering and Remote Sensing 68(5):447-453.
- Lillesand T., Kiefer R. W. and, J. Chipman (2015) Remote Sensing and Image Interpretation, 7th Edition, US. John Wiley & Sons.
- Louis R. I., Graham R. L. and, E. A. Cook (1989) Applications of satellite remote sensing to forested ecosystems. Landscape Ecology 3(2):131-143.
- Merchant J. M. and Narumalani S. (2009) Integrating Remote Sensing and Geographic Information Systems. The SAGE Handbook of Remote Sensing. SAGE Publications. University of Nebraska-Lincoln.
- Turner W., Rondinini C., Pettorelli N., Mora B., Leidner A.K., Szantoi Z., G. Buchanan, S. Dech., Dwyer J., Herold M., Koh L. P., Leimgruber P., H. Taubenboeck, Wegmann M., Wikelski M., and C. Woodcock (2015) Free and open-access satellite data are key to biodiversity conservation. Biological Conservation 182:173-176.

CHAPTER

04 森林測計

撰寫人：王兆桓　審查人：陳朝圳

森林測計學(Forest Mensurement)原稱測樹學，其重點在於林木之測定、計算及推算，故森林測計學為研究、測定及推算林木與林分數量及其生長理論與應用之學科，亦即對森林及其所生產木材數量的測計。森林經營者訂定經營決策所需之重要森林資訊，如立木、林分、森林生態系、等，均仰賴森林測計所得資料，在森林經營計畫及實務中，扮演著重要的角色

4.1 伐倒木之測計

伐倒木為樹木經伐倒後橫臥於地上。伐倒木之測計一般可以分為兩類：(1) 包括主幹、枝條、根株等之全材測計，(2) 僅以主幹之圓材測計；前者僅限於學術上之研究，而後者經常為林業上施行之測計，其圓材材積等於斷面積與材長相乘。此外，樹木伐倒之後尚有造成粗角材者，角材材積取材長、寬、高相乘即得。

4.1.1 圓材直徑之測定

圓材靠近梢端之斷面稱作梢端斷面，靠近根端之斷面稱作根端斷面。圓材之兩端直徑可以使用輪尺或直徑尺測定，但其中間之直徑只能使用輪尺測定，形狀不規則之斷面，則測定其長短兩直徑取其平均值。圓材橫斷面之面積，均假定其為圓形，按照圓面積計算。

4.1.2 圓材長度之測定

可以使用卷尺或測桿測定圓材之長度，所謂圓材之長度，應指幹軸之長度而言，但一般實際所測之長度，則為樹幹外側之長度，因而可能產生誤差，其誤差將隨兩端直徑之差異而增大。

4.1.3 圓材材積之計算

圓材材積應該等於樹幹曲線以幹軸為中心之迴轉體的體積，但是樹幹曲線不易求出，因而不實用；必須另外發展實務應用之求積公式。

一、圓材之主要求積公式

數種主要圓材之求積公式，分述如下：

設：d_o：根端直徑 (m　　　　g_o：根端斷面積 (m^2)

δ：中央直徑 (m)　　　　g_n：梢端直徑 (m)

d_n：長度 (m)　　　　γ：材積 (m^3)

l：梢端斷面積 (m^2)　　　　l'：中央斷面積 (m^2)

v：梢端長度 (m)

❶ Huber 公式

$$v = \frac{\pi}{4}\delta^2 \cdot l = \gamma \cdot l \tag{4.1-1}$$

Huber 公式計算簡單而又比較正確，所以應用較廣。所求出之材積，對於圓滿樹幹略得過大值，而對於尖削樹幹略得過小值。如果以圓錐體為例，其體積的理論值應為 $\frac{1}{3} g_o l$ ；

但以 Huber 公式計算時，因其 $\delta = \frac{1}{2} d_o$ ，$\gamma = \frac{1}{4} g_o$ ，致使其體積推估值為 $\frac{1}{4} g_o l$ ，故略得過小值。

❷ Smalian 公式

$$v = \frac{\pi}{4}(\frac{d_0^{\ 2} + d_n^{\ 2})}{2} \cdot l = \frac{g_0 + g_n}{2} \cdot l \tag{4.1-2}$$

Smalian 公式使用圓材之兩端直徑計算材積，所以對於成堆之圓材，有測定容易之優點。除短材能易求得比較正確結果外，一般多得過大值。如果以圓錐體為例，其體積的理論值應為 $\frac{1}{3} g_o l$ ；但以 Smalian 公式計算時，因其 g_n =0，致使其體積推估值為 $\frac{1}{2} g_o l$ ，故得過大值。

❸ Riecke 公式

$$v = \frac{1}{6}(g_0 + 4\gamma + g_n) \cdot l \tag{4.1-3}$$

Riecke 公式使用圓材之兩端及中央等三個直徑計算材積，可視為 Huber 公式與 Smalian 公式以 2 比 1 之加權平均，所以誤差較小。如果以圓錐體為例，其體積的理論值應為 l；以 Riecke 公式計算時，因其 g_n =0，而 $\gamma = \frac{1}{4} g_o$ ，致使其體積推估值為 $\frac{1}{3} g_o l$ ，故得相等值。

二、精確求積法

最常用的精確材積測計法為區分求積法，是將圓材全長按適當長度分成若干個區分，每一區分單獨使用求積公式計算材積，合計後即得全部材積。區分求積法通常多使用 Huber 公式或 Smalian 公式，每一區分之長度以 1 或 2 公尺為最常用。

❶ Huber 公式區分求積法

將全長自根端按一定長度 l 等分，各區分之中央斷面積 $r_1, r_2, \cdots, r_{n-1}, r_n$，如圖 4-1 所示，全部材積 v 之計算如下：

$$v = (r_1 + r_2 + ... + r_{n-1} + r_n)l + v_t \tag{4.1-4}$$

式中：v_t 為梢端材積，梢端部分常近似圓錐體，可由下列公式計算之：

$$v_t = \frac{1}{3} g_n \cdot l' \tag{4.1-5}$$

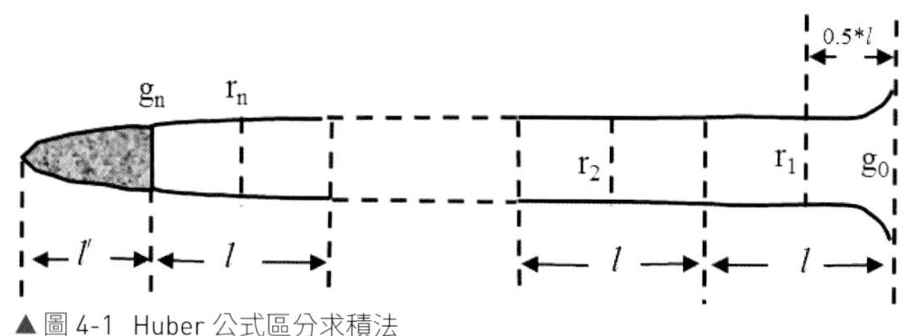

▲圖 4-1 Huber 公式區分求積法
（資料來源：修改自楊榮啟與林文亮，2003）

❷ Smalian 公式區分求積法

將全長自根端按一定長度 l 等分，各區分之兩端斷面積為 $g_1, g_2, \cdots, g_{n-1}, g_n$，如圖 4-2 所示，全部材積 v 之計算如下：

$$v = \left(\frac{g_0 + g_n}{2} + g_1 + g_2 + ... + g_{n-1} \right) \cdot l + v_t \tag{4.1-6}$$

v_t 之計算方法如同前法。

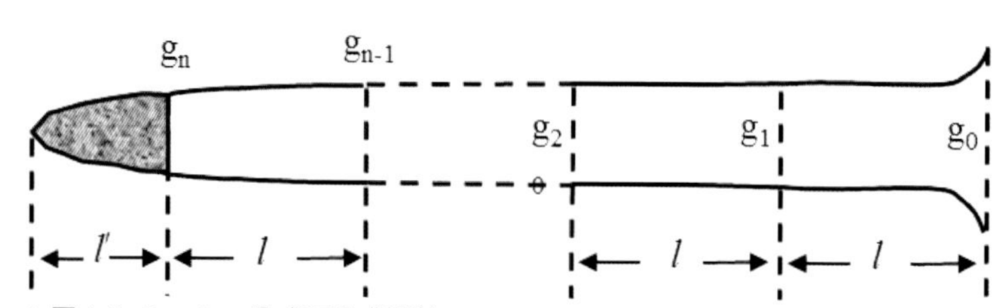

▲圖 4-2 Smalian 公式區分求積法
（資料來源：修改自楊榮啟與林文亮，2003）

4.1.4 圓材材積表

測定每支圓材之直徑及長度，帶入求積公式即可算出材積。然而實際應用時，一般為取多數包括不同直徑、長度、形狀之圓材，精確測計其材積，並且求出圓材材積與容易測定因子間之迴歸關係，再製圖、列表或求出推估方程式。由圓材材積式推算之材積為根據不同直徑及材長算出圓材之平均材積。應用時僅測定圓材之直徑及材長，由方程式求出圓材材積。

4.1.5 應用物理學原理之求積法

形狀不規則圓材以及樹皮、枝條、根株等之材積不易直接測計，可以應用物理學原理量測求得，但費時費力，僅能在試驗研究上需要精確測計材積時使用，而不能在一般之測計上普遍使用。或是應用物理求積法求出其一部分之材積，再按照重量比例法推算之，亦即全部材積 v 等於其全部重量 w 除以比重 s。

4.1.6 重量之測計

木材作為紙漿原料時，較佳之測定尺度為重量而非其體積。在同一樹種內，木材重量之變化為材積、含水量、以及密度之函數。如果採用公制時，密度與比重之數值完全相同。

$$\text{木材含水量百分率} = \frac{\text{木材乾燥前重量} - \text{木材乾燥後重量}}{\text{木材乾燥後重量}}(100) \tag{4.1-7}$$

$$\text{木材密度} = \frac{\text{木材重量}}{\text{木材材積}} \tag{4.1-8}$$

此外，由於生物量研究之興起，森林學家已經開始研究樹冠的葉與枝條之重量，並分成生重量及乾重量兩種，前者為在野外直接測定，後者較適用於森林物質生產上之衡量。不論生葉、乾葉、生枝條與乾枝條之重量，均有測定之困難，不可能直接測計其全部重量，所以必須仰賴取樣調查法，從實測之樣本值推算其全部值。

4.1.7 層積之測計

測定層積時，在地上豎立一定間隔之木樁或設置木框，然後堆入一定長度之木材，根據木材之長、寬、高，即可求出所佔空間之材積。適用於價格較低而形狀又不規則之薪炭材及紙漿等工業原料用材。層積所包含之實積，因木材與木材間之空隙，必比層積為少，實積與層積之比數稱作實積係數，其計算公式如下：

$$\text{實積係數} = \frac{\text{實積}}{\text{層積}} \tag{4.1-9}$$

4.1.8 樹皮材積之測計

樹皮材積之測計可以分做兩種情形：(1) 由連皮材積推算去皮材積時，有測計樹皮材積之必要。此時之樹皮材積根據樹皮厚度或樹皮率推算之。(2) 樹皮供作遮蓋料、染料、燃料、藥材或其他用途時，直接測定其數量，或根據地方習慣測計樹皮之面積、層積或重量。

一、樹皮厚度之測定

樹皮厚度可使用樹皮測定儀，插入樹皮層，即能直接測出樹皮厚度，非常簡便。又在樹幹解析調查圓盤之同時，也可以精確測出樹皮厚度及樹皮材積。胸高皮厚與連皮胸高直徑間有直線關係存在。

二、樹皮率之計算

樹皮材積與連皮樹幹材積之比數稱做樹皮率 (bark volume percentage)，森林調查時即可依據連皮樹幹材積與樹皮率，求出樹皮材積以及去皮樹幹材積。

4.1.9 枝條材積之測計

枝條材積與樹幹材積之比數稱作枝條率，為推算枝條材積之基礎。枝條率可按樹冠比 (樹冠長度與樹高之比數)、胸高直徑或材積等之不同大小表示，並且編製成表，以便於推算樹木之枝條材積。

4.1.10 根株材積之測計

根株材積為伐採點以下包括樹根部分之材積，依照樹齡、地位、胸高直徑以及伐採點高低而變化。實測根株材積，森林學家規定在伐根之樹心為中心，以三倍伐根直徑長度為直徑之半圓內所包括之根株。實測則為將其全部掘出，使用物理求積法測定其材積。

4.2 單株立木之測計

立木 (standing tree) 指立於林地上正在生長之樹木而言。立木測計比伐倒木測計需要更多的推算工作，其精確度較低。為防止精確度低落，必須講求提高測計技術及使用有效的測樹儀器。

4.2.1 立木直徑之測定

立木直徑之測定是為了推算斷面積或材積，測定的部位是以胸高直徑最為常用。立木直徑有連皮直徑 (diameter outside bark, 簡稱 d.o.b.) 及去皮直徑 (diameter inside bark, 簡稱 d.i.b.) 之分，由連皮直徑減去二倍之樹皮厚度即得去皮直徑。一般提及立木之直徑若不特別註明時，皆是指胸高直徑。立木胸高部位之直徑稱作胸高直徑 (diameter at breast height, 簡稱 d. b. h.)，因其受根張之影響較小，與樹幹材積之關係密切，而又容易測定，所以已經成為測定立木之主要因子。

關於立木胸高之確實高度，各國規定不一，我國規定為地上 1.3 公尺。立木若生於傾斜地時，胸高為從斜坡上方算起 (如圖 4-3 所示)；立木若為傾斜木時，胸高為從傾斜靠地面的那一邊的基部算起，主要用意為能夠取得完整的橫斷面圓盤。分叉或樹幹基部不規則之胸高直徑之測定，應將測定部位略為提高，避開不規則部分，以減少計算材積之誤差。

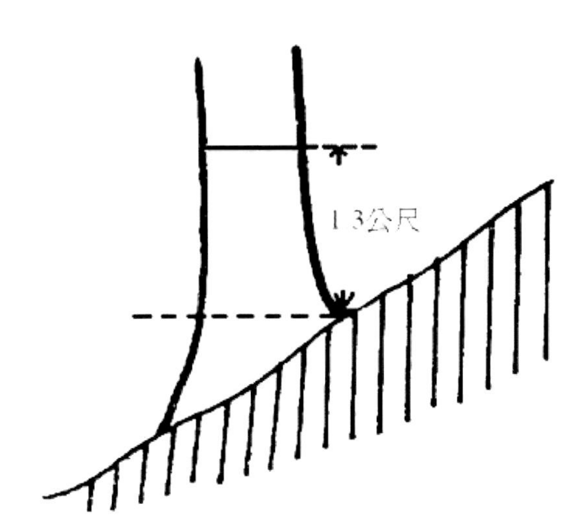

▲ 圖 4-3 傾斜地上立木胸高直徑之測定起點
(資料來源：楊榮啟與林文亮，2003)

測定立木直徑最常用之儀器為直徑捲尺與輪尺 (calipers)。

一、直徑卷尺 (diameter tape) 為測徑儀器之一，直徑卷尺之形式相同於普通卷尺，但較小，刻度以公分為單位，一面刻度係為圓周相當之直徑數，另一面則為測定周長及長度之用；所以當測樹時，讀出樹幹直徑之值，同時由反面之同一位點，可得知其相當之周長。直徑卷尺最外端之環，附有一尖針，如果需要測定大徑的立木時，可以利用此尖針釘入樹皮後，再繞樹一圈，雖然一人亦能測定大徑的立木。

二、輪尺是由 (a) 尺度、(b) 固定腳、(c) 遊動腳，三部分所構成。

▲圖 4-4 直徑卷尺

▲圖 4-5 輪尺

4.2.2 立木樹高之測定

立木樹高 (tree height) 為測計立木材積之另一主要因子，重要性僅次於胸高直徑。樹高測定與直徑測定不同，不僅實行困難而且結果不易準確。試驗研究用立木樹高需要精確結果時，則使用測桿或卷尺等直接測定，然而最普通測定樹高的方法為使用測高儀 (hypsometer) 之間接測定。一般測量方面所用測定高度之技術與儀器，均可用於立木高度之測定。同理，用於樹高之測定方法，亦可用以測定林木樹高以外之高度。

大面積之森林調查，多憑測定人之經驗目測樹高，而輔用測高儀校正。或實測各直徑級之樣木樹高若干株，作成樹高曲線圖，然後在曲線上由直徑推算樹高。

一、樹高之類型

樹高若不特別註釋，常指立木的全高。但是從利用的觀點，對於立木高度及幹長的測定，尚有不同的分類，如圖 4-6 所示，其定義如下：

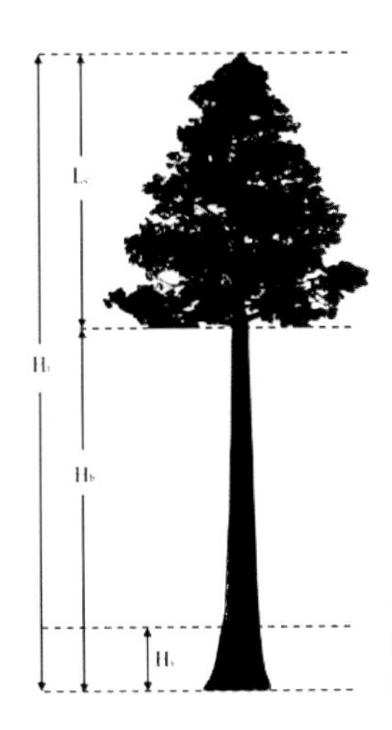

◀ 圖 4-6 樹高及幹長之類型 (資料來源：修改自楊榮啟與林文亮，2003)

❶ 全高 (total height, Ht)

從地面到樹梢頂點之長度，為我國森林調查所慣用之立木高度。鬱閉林分內之立木，多看不清楚樹梢，常不易測定。

❷ 樹冠長 (crown length, Lc)

樹冠之長度，從樹梢頂點到活樹冠底部之長度。

❸ 幹高 (bole height, Hb)

又稱為樹冠底高 (height to crown base) 或枝下高 (clear length)，即從地面到活樹冠底部的長度，等於全高減去樹冠長。

❹ 伐根高 (stump height, Hs)

從地面到伐採斷面之長度。

另外，在木材利用方面，還會定義利用高和利用長。利用高 (merchantable height) 是從地面到樹幹最小可以利用部分間之長度。所謂樹幹之最小可用部分，亦即最後圓材之梢端直徑的大小，常隨樹種、利用集約度及伐運費用等而定，難有一確定數值。利用長 (merchantable length) 是樹木伐倒後可以利用之長度，即截斷後各段圓材長度之總和，包括延寸在內。

二、樹高之直接測定

幼齡立木在伸手可以到達的高度範圍內，可以使用 2 米可摺式測苗桿或卷尺直接測定。如果使用測桿，一人即可容易勝任，而使用卷尺時則需要兩人。樹高 5 公尺左右之立木，可以使用 5 米箱尺或以一手握一長 2~3 公尺之測桿下端，充分高舉，即可測定，但需要兩人作業，即另外一人從旁側透視測桿尖端是否與立木頂梢相平行。

樹高在 12 公尺以下之立木時，則須使用 12 米玻璃纖維製之伸縮式測高專用測桿，由測定者及紀錄者兩人合為一組，記錄者記錄高度之同時，又擔當透視梢端之任務。在傾斜地時，記錄者應立於較高位置，以便容易觀測並指示測定者之作業。同理，14 公尺左右之立木，可以使用 12 米玻璃纖維製之伸縮式測高專用測桿，充分高舉，即可測定。更高之立木，可攀登樹上直接測定之，但是耗時耗工。

三、樹高之間接測定

應用三角學原理或幾何學原理之方法求得。近年來雷射測量儀器發達，所以一般多採用三角學原理之方法：

❶ 正切法 (tangent method)：

本法需要先測得水平距離，並需要立木與水平線呈垂直。本法為自測點 (O) 到立木之水平距離 (OC)，自測點 (O) 測到樹根基部 (B) 之角度 (θ_1) 與樹梢頂端 (A) 之角度 (θ_2)；所測得之角度 (θ_1 與 θ_2)，如為仰角則取正值，如為俯角取負值。應用三角學公式算出樹高如下：

樹高 (AB) = 水平距離 (OC) * ($\tan\theta_2 - \tan\theta_1$)　　(4.2-1)

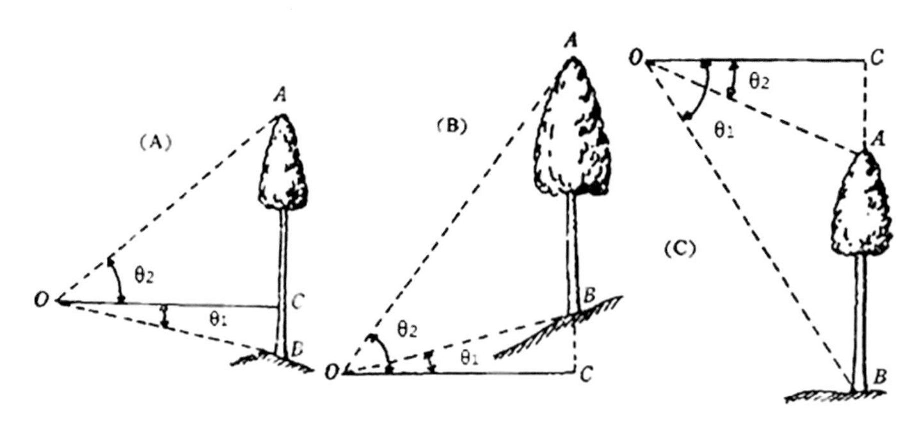

▲圖 4-7　應用三角學原理之樹高測定法圖解
(資料來源：楊榮啟與林文亮，2003)

❷ 標桿正切法 (pole tangent method)：

本法不需要先測得水平距離或斜距，也不嚴格要求立木與水平線呈垂直。本法較前述方法需要另外增加使用一根測桿長 (BP)，緊貼樹幹，測桿底部與要測量的樹幹底部切齊，自測點 (O) 測到測桿頂端 (P) 之角度 (θ_3)，其他的 O、A、B、θ_1 與 θ_2 如前所述。所測得之角度 (θ_1、θ_2 與 θ_3)，如為仰角則取正值，如為俯角取負值。應用三角學公式算出樹高如下：

$$\text{樹高 (AB)} = \text{桿長 (BP)} * (\tan\theta_2 - \tan\theta_1) / (\tan\theta_3 - \tan\theta_1) \quad (4.2\text{-}2)$$

一般而言，輔助的測桿愈長愈精準，除了適用於正常垂直立木樹高之測定外，也適用於傾斜林木樹高之測定，因其測桿長具有校正的效果。

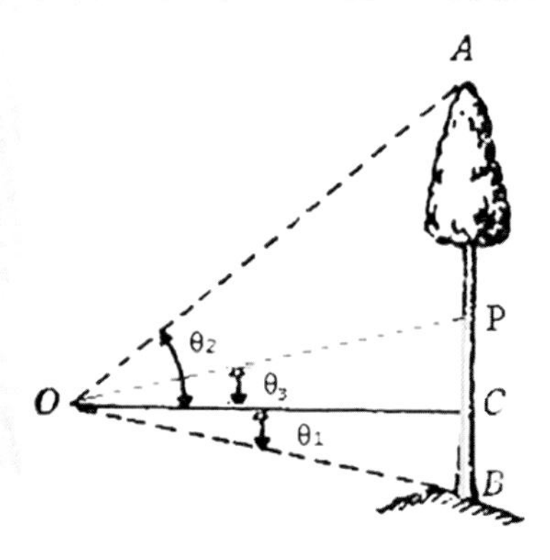

▲ 圖 4-8 標桿正切法之樹高測定圖解
(資料來源：修改自楊榮啟與林文亮，2003)

▲ 圖 4-9 雷射測量儀器圖

應用三角學原理測定高度之儀器種類繁多，除專門供作測定樹高用之測高儀外，凡測量上能夠測定垂直角度之儀器，如羅盤儀、經緯儀、雷射測量儀等，皆可用作測定樹高。現代的手持式雷射測量儀攜帶方便、功能完善、價格便宜，故已經廣泛地應用在森林調查上。

不過，使用時要注意，測量者與立木間之距離，必須正確測定。早期的雷射測量儀器會先要求測出水平距，再測觀測者與樹底間的角度，以及與樹高間的角度。現代的有些雷射測量儀會省略了第一個步驟，而直接要求測量樹底的角度，同時將所測得的斜距轉換成水平距離。

但是一般而言，測量樹底的斜距容易受到干擾，誤差常較大，其所轉換的水平距離較不精確。在此種情形下，測量者可以把底部移到胸徑位置，先測出較正確的水平，然後測出胸高到樹梢頂端的長度之後，再加上胸高位置的長度，即可得樹的全高。

四、樹高測定之注意事項

實地測定樹高時，不論使用何種方法及儀器，皆應注意下列各點，以減少誤差之發生：

❶ 測定位置應該選定能夠清楚看見立木梢端及基部之地點。如果無法看到基部時，則以樹幹上某一點為基準而測定之，然後再加算基準點以下之高度。

❷ 測點位置太靠近立木，容易將側生枝葉誤認為樹梢，則得過大值之誤差。

❸ 傾斜立木之樹高，以使用標桿正切法較佳。僅使用簡單的正切法時，若從傾斜前方測定則得過大值，若從傾斜後方測定則得過小值。

❹ 測定者與立木間之距離，必須正確測定。

4.2.3 立木材積之測計

一般實際進行林分測計時則考慮迅速而簡便的方法，多使用立木材積表法及形數表法，根據立木之胸高直徑及樹高從材積表上查出其樹幹材積，不必另行計算。

立木材積表(tree volume table)係以胸高直徑、樹高或其他因子等，建立立木材積式以表示立木之平均材積，測定立木有關因子之後，即可由立木材積表上查出所要材積。我國一般立木材積表所列之材積，若不特別註明，即為立木之主幹連皮材積。

一、立木材積表之分類

立木材積表之種類甚多，可由不同之觀點加以分類：樹種(各別或聯合數個)、樹幹形狀、測定因子之多寡(胸徑、樹高、形數)、材積類別(全材、可利用材、去皮或含皮)、樹木部分(全部、樹幹、枝條、根株)、資料蒐集區域(一般、地方)。

二、立木材積表之編製方法

編製立木材積表之預備工作為選取樣木，精確測計材積及其他有關因子。樣木之選取，為依照統計學原理，由立木直徑大小之變異，根據所期望之精密度算出所需要之樣木株數，逢機選取之。如果立木之變化大時，應該實行分層取樣，以提高其精密度。

資料蒐集齊全後，則進行內業之編表工作。為表示不同大小立木之平均材積，現代材積表之編製方法，皆以直接法表示材積與直徑、樹高或形狀等因子間之關係。迴歸分析求解為現代編製材積表所最常用之方法，由統計方法客觀的求出材積迴歸方程式之實驗式，藉供編製材積表之依據。在林業上已經廣泛應用電腦，使計算迴歸方程式之方法迅速而又正確，可以計算所有可能應用之材積方程式，再從中抉擇最適者，作為編製材積之用。

材積與獨立變數間有一定之數學函數關係，以迴歸分析 (regression analysis) 法編製立木材積表。迴歸分析之應用為現代編製立木材積表之最常用方法，凡選取直徑、樹高及形狀等因子當作獨立變數之材積方程式，皆為根據標準幾何體及其與立木材積相差之知識發展而成，期望能夠儘量表出各獨立變數與材積間之平均關係。立木材積仍尚無法使用單獨一種模式之方程式正確完整的表達出來，所以森林學家發展出許多不同之材積方程式進行估算。各個方程式皆各具特徵及某種限制，難能做普遍的適用。現在列舉幾種最重要之材積方程式，依照所用測定因子之數目而分類，如下表 4-1 所示。

表 4-1 立木材積方程式

(A) 一個測定因子式		
(1) 直徑 - 材積式	$V = aD^b$	(4.2-3)
(B) 二個測定因子式		
(2) Schumacher 式	$V = aD^b H^c$	(4.2-4)
(3) 固定形數式	$V = bD^2 H$	(4.2-5)
(4) 聯合式	$V = a + bD^2 H$	(4.2-6)
(C) 三個測定因子式		
(5) 簡捷式	$V = a + bD^2 HF$	(4. 2-7)
式中之 V：立木材積	D：胸高直徑	H：樹高
F：形狀因子	a, b, c：迴歸係數	

(資料來源：楊榮啟與林文亮，2003)

根據前述之樣木實測資料，就所選定之材積方程式，使用迴歸分析求得迴歸係數值，然後由實驗方程式求出立木材積，再編列成表。

一般言之，迴歸分析之求解方法客觀，算出之實驗方程式迴歸係數，為就所用資料及選用方程式之唯一最適解，又能求出材積之信賴度。此一統計的求解方法能夠減少基礎資料所用之樣本株數。

三、立木材積表之選用

森林調查或編製森林經營計畫需要使用立木材積表時，由現有之許多種材積表中慎重選取一種應用。除根據材積表上所記載之適用範圍，以及過去經驗或使用結果等可以明確判定者外，應該進行材積表適合度之檢定。由所要測定森林中選取若干株樣木，正確測計其材積是為實測材積，又從所欲使用之材積表上查出材積表材積。然後在方格紙上取橫軸代表實測材積，縱軸代表材積表材積繪圖，如果座標點大部分皆在 之直線上時，則此材積表即被認為適合。如果二者關係不能以 之直線充分表示時，則此材積表對所要測定立木具有偏差。在此種情況下：

(1) 假若偏差不大而又無更適當之材積表可用時，可就此材積表略加修正勉強使用

(2) 或是另外選用其他適當之材積表。

4.2.4 胸高形數

形數 (form factor) 為樹幹材積對以樹幹上某一特定位置的直徑及以樹高為高之圓柱體體積的比數。測計立木材積之形數有正形數及胸高形數之分。普通所稱之形數，概皆指胸高樹幹形數而言，其樹幹體積比較圓柱體之直徑為樹木之胸高直徑，及其高度為樹高。胸高形數法之計算公式如下：

$$\text{立木材積} = (\text{胸高直徑})^2 (0.79)(\text{樹高})(\text{形數}) \qquad (4.2\text{-}8)$$

形數值規定用材為 0.45，薪炭材及製造樟腦與樟腦油用之樟樹為 0.60。

支配胸高形數值變化之因子甚多而又交互影響，作用複雜，所以不易分離說明，擇要歸納如下：樹種及品種、生育地區、鬱閉度、枝下高、樹冠量、樹高、胸高直徑、以及年齡。

胸高形數表之編製方法，不論外業之資料蒐集或內業之編表工作，皆可仿照立木材積表的編製方法處理。普通為逢機選取樣木，伐倒後使用區分求積法或測容法精確測計材積並且求出形數值。按胸高直徑或樹高及其他因子歸納分類，應用迴歸分析計算形數值之實驗，再根據實驗式求出形數後編列成表。

楊榮啟與林文亮 (2003) 提供台灣大學實驗林的杉木胸高樹幹形數，應用最小二乘法求得實驗式如下：

$$F = 0.31313 + \frac{5.07710}{D} \tag{4.2-9}$$

式中之 為胸高樹幹形數， 為胸高直徑，其他為常數。

4.2.5 樹冠之測計

一、樹冠測計的重要性

樹冠大小傳統上是由冠幅與冠長的測計定量，當人工林之樹種與樹齡已知時，較高的樹冠通常導致較大的生長速率。此外，樹冠特徵在預測育林撫育效果 (e.g. 間伐與施肥) 是相當有用的。

二、冠幅

冠幅寬 (crown width，或樹冠直徑) 可以有許多種定義，而通常我們假定樹冠是圍繞樹木主幹的圓形，再計算其平均直徑。常用的有下列三種：

❶ 最大直徑與最小直徑的平均值。

❷ 最大直徑與跟最大直徑之主軸成直角方向直徑的平均值。

❸ 測定隨機選取或預先指定一個方向的直徑，再測定其成直角方向的第二直徑，計算二者之平均值。

三、冠長

樹冠長度的定義是從頂點 (最高生長點) 到最低點活葉部分的垂直長度。樹冠上限一般可以客觀地定義，而樹冠基部卻是很難界定。如果樹冠基部延伸更低而且樹冠兩側長度不等時，則取樹冠兩側最下端與幹軸成直角之樹幹上兩點的中點，做為樹冠基部定義的下限。

測定枝下高常與測定樹高同時進行，冠長 (crown length) 的計算為全高減去枝下高。樹冠比 (crown ratio) 為綠色冠長除以全高，是衡量樹勢 (tree vigor) 的觀測值，用以預測未來林木的生長與對撫育作業的反應。

四、樹冠表面積與體積

求得的平均樹冠直徑與冠長的測定值後，一般多假設樹冠為圓錐體或拋物線體。我們使用樹冠表面積與樹冠體積代表葉量是深具意義，因其可以預測林木生長。如果假設樹冠是圓錐體，其表面積與體積可以計算如下：

體積 (m³) $= \dfrac{\pi d_b^2 L}{12}$

表面積 (m²) $= \dfrac{\pi d_b}{2}\sqrt{L^2 + \left(\dfrac{d_b}{2}\right)^2}$

不含底部面積的表面積 (m²) $= \dfrac{\pi d_b L}{2}$

(實務上，立木的樹冠表面積不需要包含圓錐體的底部面積。)

式中之 d_b：樹冠基部直徑 (m)

L：冠長 (m)

4.3 林分之測計

4.3.1 概說

森林測計大都以林木及林地為主要對象。所欲測求者，常為平均值及總和值。例如平均直徑、平均樹高、林木斷面積、林木材積及林木重量等，其中以林木材積為最重要。

求平均及總和的最直接方法，為逐一測定構成族群的個體，總和之後再求其平均值。此種方法一般僅限於個體數少，以及測計容易的場合。然而當林木生長在傾斜地上，測計環境惡劣，則不易實行直接測定 (direct measurement)。因此，森林測計除直接測定外，尚須實行取樣設計之推算 (estimate)。

林學書籍中有森林調查 (forest inventory) 及林木調查 (timber cruising) 等名詞，其含義或有不同之處，但皆不外為森林測計，亦即蒐集有關森林或林木及林地資訊之作業。

一、林分種類

林分 (stand) 為森林之一部分，有許多樹木聚生在一定面積之林地上，其樹種或樹齡之構成多呈均齊狀態，足能與森林中其他部分相區別。林分如由同一樹種之林木構成時，稱做單純林 (pure stand)；如由二種或二種以上樹種構成時，則稱做混合林 (mixed stand)。又其所構成之各株林木，年齡皆相等或差異範圍很小時，稱做同齡林 (even-aged stand)；如由不同年齡或年齡差異較大林木所構成時，稱做異齡林 (uneven-aged stand)。林分又依其成因可分為人工林及天然林。

二、林分結構

林分結構 (stand structure) 指林分所包含之樹種及林木大小之分布而言，為林木在其生長過程中，由樹種習性、環境條件、經營撫育等之不同所造成。表示林分結構之指標，一般常用者為胸高直徑之株數分布 (簡稱直徑分布)。同齡單純林之直徑分布，幼齡時或幼齡至壯齡之間，一般呈常態分布。隨年齡之增加，因受除伐及間伐之影響，逐漸左傾。曲線在幼年期呈高狹峯狀，林木向其平均直徑集中。其後隨年齡之增加，曲線向右推移並且趨向扁平，直徑之範圍增大。

標準型之異齡林分布，擁有多數小徑木，隨直徑增大而株數減少。異齡林之直徑分布，如為小面積時，可能顯示出非常不規則狀，然而當其面積增大時，將呈現有規則之反 J 型狀。

林分結構在森林測計上的另一意義，為統計方法之應用，其與取樣調查設計及推算精密度等相關聯。譬如求平均樹高時，如果所選取之株數相同，同齡單純林比異齡混合林可以期待有較高之推算精密。又如根據樣區調查推算林分材積時，在要求達到某一定目標精密度之情況下，森林愈呈均質狀態，其所需樣區數目愈少。

4.3.2 林地面積之測計

林地之面積，普通指其平面擴展之水平面積而言。林地之測量、製圖以及面積計算時，讀者可以參照平面測量學及航空攝影測計學等書籍所講述之理論及方法實施。使用樣區法之推算森林材積，為選取森林之一部分實施測計，再以面積為媒介推算其全林材積，故須在林內設置樣區。

4.3.3 森林測計之全林直接測計法

本法為就森林之全部林木逐一測計其某種性態值，亦即一般所稱之每木調查。然而每木調查多僅限於林木胸高直徑調查，故嚴格言之，應該稱作每木直徑調查。

一、每木調查

調查時期除因緊急需要或臨時指定之調查無法自由選擇外，凡屬一定計畫下之調查，莫不希望能在適當之時期進行。調查時期，一般以晚秋至初春之林木生長休止期間為適宜。至於有關生長之調查，則應注意第二次調查要與第一次調查在同一時期進行，以便於計算。實行每木調查時，由測定者 2 ～ 3 人與記錄者 1 人編成一組，最有效率。

二、樹高曲線

實施每木調查時，或由記錄者目測樹高兼用測高儀校正，但不易準確，及其結果常因個人技能而相差懸殊，所以一般常應用樹高曲線 (tree height curve) 推算樹高。現在樹高曲線已經成為每木調查時推算林木材積之不可缺少過程。

樹高曲線為表示樹高平均值隨胸高直徑變化之曲線。由於樹高之測定比較困難，森林調查時，為節省勞力及時間，常測定全部林木之胸高直徑，而僅測定其一部分林木之樹高，根據胸高直徑與樹高測定值作成樹高曲線，供推算各株林木樹高之用。樹高曲線之準確度，受測定木株數及其選取方法而定，株數當然愈多愈好，但至少希望能自各直徑階選取，以能求出其曲線為宜。樣木之樹高，應以使用測高儀之實際測定為主。

樹高曲線實驗式之研究，素為森林學家所重視，已經創造出許多數式，例如：

$$H = aD^b \tag{4.3-1}$$

$$H = aD^b + c \tag{4.3-2}$$

$$H = a + bD + cD^2 \tag{4.3-3}$$

$$H = a + b\frac{1}{D^2} \tag{4.3-4}$$

其求法為選出適當之樹高曲線式，應用最小二乘法，就實測值算出其母數推算值 (簡稱常數)，以定樹高曲線。或應用多元迴歸分析及逐步迴歸法 (stepwise regression procedure) 決定最適實驗式作為樹高曲線式。

樹高曲線式法之計算複雜，但結果客觀而且比較正確，採用本法之困難為如何選定適當之樹高曲線式。

三、全林材積之推算

每木調查結果，應用立木材積表推算材積，為簡單易行之方法，已經廣被採用。其所需測定因子及材積推算過程，依所選用之材積表種類而不同。

首先，將每木調查結果按各直徑階統計株數，並根據樹高曲線求出各直徑階之平均樹高。其次，按胸高直徑及其樹高平均值，從立木材積表上查出單株立木材積，再乘以各直徑階株數，得出各直徑階之材積，合計則為林分總材積。

表 4-2 林分材積表案例				
胸高直徑 (cm)	株數 (株 /ha)	樹高 (m)	單木材積 (m³)	各直徑級材積 (m³/ha)
10	273	14	0.0495	13.5
12	262	15	0.0763	20.0
14	227	17	0.1178	26.7
16	179	18	0.1629	29.2
18	129	19	0.2176	28.1
20	85	20	0.2827	24.0
22	51	21	0.3592	18.3
24	28	22	0.4479	12.5
26	14	22	0.5256	7.4
28	6	23	0.6373	3.8
30	3	23	0.7316	2.2
32	1	24	0.8686	0.9
34	0	24	0.9806	0.0
36	0	24	1.0993	0.0
38	0	25	1.2759	0.0
40	0	25	1.4137	0.0
合計	1258			186.6

4.3.4 森林測計之取樣調查法

所欲測計之森林面積廣闊時，如果仍然採用全林之直接測計法，則調查時間及費用等增加，致使所得資訊之價值或有用度抵不過所付出之代價，二者不相配合。在此種情況下，我們只好選取森林之一部分實施測計，再以之推算全林值。

森林學家應用統計學與取樣調查原理，從森林中逢機抽出代表部分實施測計，以之推算全林。森林測計實行取樣調查之理由，可以列舉如下：調查受時間及經費之限制、無實行全林調查之必要、調查目的相同而欲使調查結果豐富、無法實行全部調查等。

通常最有效率的取樣方法，為就不同類型的林分，使用不同大小或類型的樣區。

一、固定面積取樣單位 (fixed area sampling unit)

樣區的面積大小固定，在此面積範圍內以等機率方式選取及測量樣木。

❶ 樣區之形狀

樣區之形狀，為便於測量及測樹之容易進行，應該盡可能使其簡單，故以周圍線短之圓形、正方形或長方形為最適宜。既可緩和測計面積所生之誤差，又能減少邊界上之樹木數量，以及判定該樣木是否屬於樣區之苦惱及誤差。

長方形樣區之設置，使其長邊與等高線成直角，定出中心線之方位後，每間隔 10 ～ 20 m 向左右各呈直角量 1/2 的樣區寬度以定其境界線。例如 0.1 ha(長 40 m * 寬 25 m) 之長方形樣區、先由原點順坡定出中心線之方位後，設置 40 m 之中心線，再沿中心線每間隔 20 m 向左右兩側各量 12.5 m，以確定境界線。

樣區境界線上之立木應該慎重處理，尤其面積小時之影響更大。圓形樣區普通則每隔 1 株算入樣區之內，正方形及長方形樣區，則取兩邊算入及另外兩邊不算入之方式。

❷ 樣區之大小

樣區之大小，依測計對象，所要精密度及所需費用等而定，不能作機械式的規定。例如調查天然更新之稚苗數目，1 m↖ 小區即為適當之大小。普通人工林之調查，可以選用 0.01~0.05 ha 之樣區。株數稀少及林木較大之老齡林，必須增大樣區之面積。研究生長與收穫用之永久樣區，一般為 0.05 ～ 0.2 ha。若就統計理論而言，每一樣區皆須有相同之精密度，其各樣區所包括之株數應該相等而非其面積相等，所以幼齡林之樣區應小於老齡林之樣區。

不同大小或不同形狀樣區之相對效率，可就其所要精密度及所需費用，由下列公式計算之：

$$E = \frac{(s_e)_1^2 t_1}{(s_e)_2^2 t_2} \tag{4.3-5}$$

式中之 $(s_e)_1$：基準大小或基準形狀樣區之變異係數

$(s_e)_2$：作為比較用之另一大小或另一形狀樣區的變異係數

t_1：基準大小或基準形狀樣區之費用或時間

t_2：作為比較用之另一大小或另一形狀樣區的費用或時間

解方程式即可求出樣區 1 與樣區 2 之相對效率。若 E ＜ 1，則樣區 1 比樣區 2 有效。若 E ＞ 1，則樣區 2 有效，即其大小或形狀較適當。

二、變動面積取樣單位 (variable area sampling unit)

變動面積樣區 (variable area plot) 為最有效率之取樣方法，就不同林型之林分或不同大小之林木，使用不同大小之樣區。如果將上述變動面積樣區之思想加以引伸，則不同大小直徑級之林木可以使用不同大小之樣區面積測計，結果能使樣區面積 (或直徑) 成為林木胸高斷面積 (或直徑) 之一定倍數。

Grosenbaugh 氏指出，使用 Bitterlich 之水平定角儀選取樣木法，即為按照取樣機率與被測定個體之某一因子大小成比例的原理而進行取樣，並闡述水平樣點取樣法 (horizontal point sampling) 為根據測計 P.P.S. 樣木結果以求出分布、材積、生長量及價值之推算值等。Strand(1957) 為水平樣線取樣法 (horizontal line sampling) 之設計者。

❶ 水平樣點取樣法 (horizontal point sampling)

水平樣點取樣法相對於圓形樣區調查法 (circular-plot cruising)，類似於採用無限多個同心圓樣區的調查方法，其圓形樣區的取樣半徑與林木直徑成比例，各株林木有其個別相對應的圓形樣區，而圓形樣區的面積隨著林木斷面機增加的比例而增加。

Bitterlich 方法測計單位面積之林木胸高斷面積的理論基礎，須先從定角儀透視樹幹之關係開始。調查人員測量者站在固定的中心點上，使用水平定角儀之一個固定水平角度 (Θ) 透視周圍的立木胸高橫斷面，如果立木的胸高橫斷面超出 (或相交) 於固定水平角度 (Θ) 的透視線，則為樣木；對某一株樣木之取樣面積而言，等同於假設該株林木位於其胸高橫斷面與水平定角 (Θ) 透視線恰好相切時之位置；此時，樹木中心點的位置與測量者站的中心點的位置，兩者間的距離 (Ri) 即為對該林木的取樣面積的半徑，如下圖 4-10 所示：

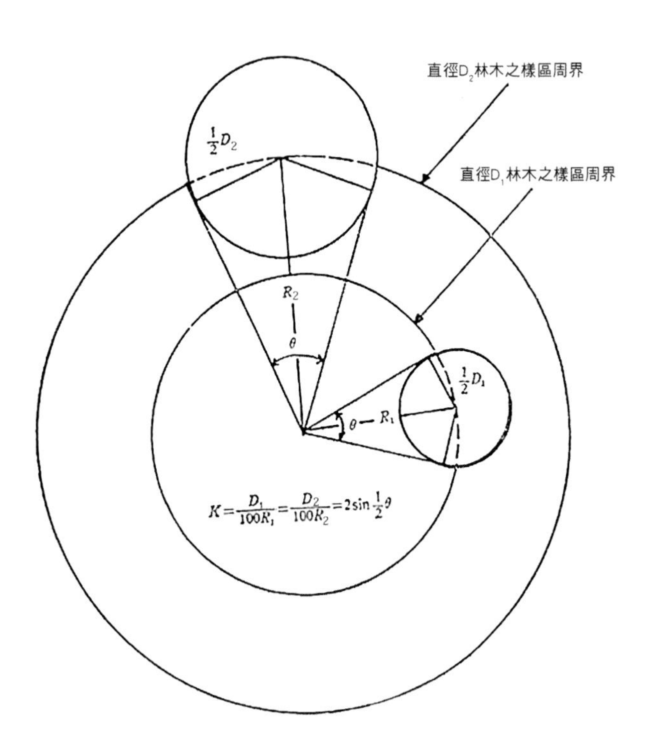

▲ 圖 4-10 Bitterlich 方法理論之圖解
(資料來源：楊榮啟與林文亮，2003)

任一樣點皆能形成若干個不同大小之同心圓形樣區（觀念上的），而樣區半徑各與其所屬立木直徑成比例。立木直徑與其樣區半徑之比率為一常數。設立木直徑為 Di 公分，樣區半徑為 Ri 公尺，則儀器常數 K 如下列公式所示：

$$K = \frac{D_i}{100R_i} = 2\sin\frac{\theta}{2} \tag{4.3-6}$$

每一株入選立木所代表之胸高斷面積合計的 1 公頃值的 BAF，可由下列公式算出：

$$BAF = 2{,}500\ K^2$$

$$= 2{,}500\ (Di\ /\ 100Ri)^2 \tag{4.3-7}$$

由上式可以看出 BAF 值為由立木直徑與其樣區半徑之比數而定，但與立木直徑之大小無關。因此，在應用上我們可以預先選一適當之 BAF 值，由此而定出儀器常數 K，亦即定角之度數（或者有些儀器是以帶寬的形式表現）。常用的 BAF 值為 1、2 或 4 m^2/ha，一個水平樣點取樣僅能固定使用一個 BAF 值。不同直徑之林木，皆各有其不同半徑之樣區。凡直徑相同而位於其樣區半徑距離（由樣點算起）以內之立木，皆算入樣區之內，並且換算成 1 公頃之胸高斷面積值。

例如：以水平樣點取樣法設置一個水平樣點，並使用 Spiegel relaskop（如下圖）的刻度為 BAF= 2 m^2/ha 選取樣木，如果算入的樣木有 8 株樣木，則推算該林分每公頃的胸高斷面積為 n * BAF = 16 m^2/ha。

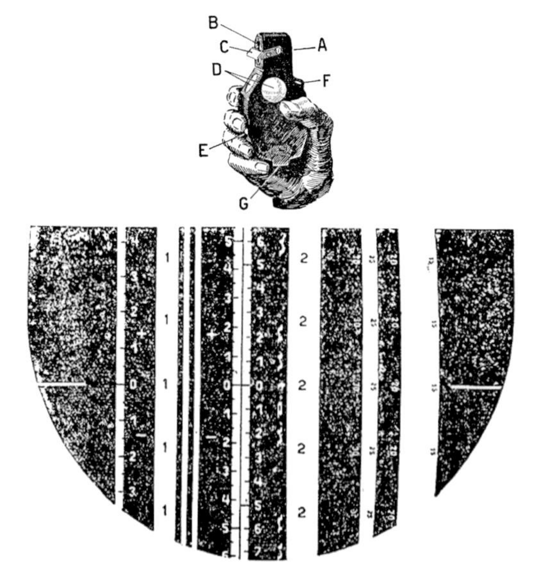

▲ 圖 4-11 上圖為 Spiegel relaskop 之外觀與下圖為刻度（放大）
圖上為 A: 接目覘孔、B: 透視目標視窗、C: 遮陽板、D: 採光窗戶、E: 控制刻度輪之擺動或停止、F: 穿帶孔、G: 裝置腳架用。在 AB 之間，上半視窗透視目標林木，下半視窗可以看到一系列的刻度如圖下。（資料來源：楊榮啟與林文亮，2003）

❷ 水平樣線取樣法
(horizontal line sampling)

水平樣線取樣法與水平樣點取樣法相近，其基本原理為樣點取樣法之擴張，首度大規模應用於臺灣第 2 次森林資源與土地利用調查。本法首先由 Strand 介紹到森林測計上應用，其與帶狀樣區調查法 (strip cruising) 間之相似關係，恰如水平樣點取樣法與圓形樣區調查法 (circular-plot cruising) 間之相似關係。水平樣線取樣法相對於帶狀樣區調查法，類似於採用無限多個相同中心軸的帶狀樣區調查方法，其帶狀樣區的取樣寬度與林木直徑成比例，各株林木有其個別相對應的帶狀樣區，而帶狀樣區的面積隨著林木直徑增加的比例而增加。

森林測計者沿一段直線前進，使用水平定角儀之一個固定水平角度 (θ) 透視兩側林木，如果林木的大小超出 (或相切) 於透視線，則選為樣木。如下圖 4-12 所示，B 和 I 代表可以做為樣木，而 O 代表不是樣木。在理論上言之，從樣線上取垂直方向透視兩側之全部林木，樣木之選取機率與其胸高直徑成比例，而且每一株樣木不論其直徑大小為何，所代表之每一公頃的胸高直徑合計值完全相同。

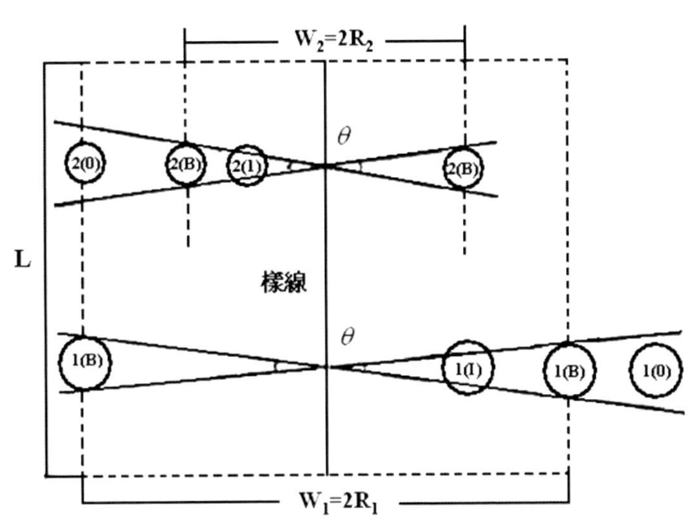

▲ 圖 4-12　水平樣線取樣之選木—以樣線為中心軸之觀念
(資料來源：楊榮啟與林文亮，2003)

假設立木直徑為 Di (cm)，帶狀樣區的半寬為 Ri (m)，中心軸長度為 L (m)，每一株入選立木所代表之胸高直徑合計之一公頃值的 Df，可由下列公式算出：

$$Df = (500{,}000 / L)*(Di / 100Ri) \quad (4.3\text{-}9)$$

本法因其樣木選取機率與其直徑成比例，而水平樣點取樣法之樣木選取機率與其直徑自乘成比例，故在統計學上，其推算林分因子之效果較佳。此外，又有從株數計數結果迅速推算每一公頃之胸高直徑合計值、或胸高周長合計值，以及便於繪製林分圖與等高線圖等優點。惟其不像水平樣點取樣法可一人獨自完成。

4.4 林分生物量之碳吸存量估算

目前計算立木生物量的碳吸存量最常用方法，也是比較有效率的方法，為 IPCC(2006) 所使用的蓄積量差異法 (stock-difference method)，可由森林資源調查所得蓄積量資料，估算林分碳貯存量，再計算其隨時間改變的差異量。

以樹幹材積計算一定期間內，平均每年林木碳吸存量之公式：

$$\triangle Cs = (Ct_2 - Ct_1) / (t_2 - t_1) \quad (4.4\text{-}1)$$

式中△ Cs：: 每年的林木碳吸存量 , Mg C yr -1

Ct_1 = 期初的碳貯存量 , Mg C

Ct_2 = 期末的碳貯存量 , Mg C

而各時期的林木碳貯存量的公式：

$$Cs = A * V * BCEFs * (1 + R) * CF \quad (4.4\text{-}2)$$

式中 Cs: 林木碳貯存量，Mg C/ha。

A : 森林面積，ha。

V : 樹幹材積，m^3/ha 。

R : 地下部生物量與地上部生物量之比值。

CF: 碳含量係數。

BCEFs：生物量轉換與擴展係數，Mg/m^3。

每年林木吸收 CO_2 的量 =ΔCs*44/12。BCEFs 是將樹幹材積轉換為地上部生物量，其亦可使用基礎密度 (BD) 和地上部生物量擴展係數 (EFa) 取代 BCEFs，如同 IPCC(2003) 的蓄積量改變法 (stock change method)，其公式為：BCEFs = BD*EFa，但是以優先使用 BCEFs 較佳；因為 BD 的平均值 *EFa 的平均值，其所得之值與 BCEFs 的平均值之間，仍然會有些誤差。

4.5 練習題

① 何謂森林測計學 (Forest Mensurement)? 其在森林經營中有何重要性？
② 請說明單株立木之直徑、樹高、材積之測計方法。
③ 樹冠測計的重要性爲何？說明樹冠之測計方法。
④ 何謂林分 (stand)? 依據樹種、林齡、成因，如何區分林分？
⑤ 森林測計之全林直接測計法又稱爲每木調查；請說明其程序。

延伸閱讀 / 參考書目

- 林子玉 (1986) 森林測計學。國立中興大學教務處出版。
- 馮豐隆 (2004) 森林調查測計學 國立中興大學教務處出版。
- 楊榮啟、林文亮 (2003) 森林測計學。復文書局。
- Avery, T. E. and H. E. Burkhart (2008) Forest measurements 5/e . McGraw-Hill.
- Clutter, J. L., J. C. Fortson, L. V. Pienaar, G. H. Brister and R. L. Bailey (1983) Timber management a quantitative approach. Wiley.
- Pretzsch, H. (2009) Forest dynamics, growth and yield. Springer Berlin Heidelberg Germany. Printed in USA.
- Robinson, A. P. and J. D. Hamann (2011) Forest Analytics with R. Springer.
- Weiskittel, A. R., D. W. Hann, J. A. Kershaw and J. K. Vanclay (2011) Forest growth and yield modeling. Wiley.

CHAPTER

05 森林生長與競爭

撰寫人：邱志明　審查人：王兆桓

5.1 生長之種類

5.1.1 依性質區分

林木之胸徑、樹高、材積之連年生長，為永續收穫的重要保證，森林經營者常藉由永久樣區的監測或利用樹幹解析，量測林木連年生長量，其量測變數依據單木或林分等不同可分為：

5.1.1.1 **單木生長** (Growth of tree)

以單株立木為基礎之生長量測計，稱為「單木生長」或「立木生長」，通常以立木材積量為重要變數，立木材積生長之推估則以直徑生長與樹高生長兩變數為之，所以直徑生長與樹高生長為立木生長量測之基礎。依立木性態量測之部位可分為：

一、直徑生長

係指立木橫向肥大的直徑大小，以公分 (cm) 為測量單位。

❶ 直徑生長，因樹幹部位而異，一般以 1.3m 樹高之胸高直徑 (DBH) 生長，為測定之標準。

❷ 對林木生長空間而言，一般生長空間愈大樹冠向外擴展愈大者，胸徑生長較大，樹高生長較小。而生長空間較小者，則會刺激樹高往上生長，競爭陽光，但胸徑則較小。

❸ 形狀比 (stem taper)，為樹高和胸徑之比率，樹木因樹高漸高，樹幹上部直徑與胸徑之比值漸小，此即形狀生長 (form growth)。樹幹不同高度各部位肥大生長之比例，關係其圓滿度。

二、樹高生長

係指立木從幹基至樹梢之縱向高度，以公尺 (m) 為測計單位。

❶ 樹高生長，在幼齡時林木高生長較快速，至壯齡時達最高點後漸漸衰退。

❷ 樹高生長容易反應立地環境之優劣，優良地位者，樹高生長量大，所以優勢木及次優勢木之平均樹高，可用來表達林地之地位級。

三、材積生長

指立木體積之增加量，以立方公尺 (m^3) 為測量單位。

❶ 樹木材積生長，由樹高與直徑二變數生長所組成，幼齡時最小，至枝葉繁茂後漸增加。

❷ 樹高生長達最高後，下降極速，此時直徑生長雖仍繼續，而材積生長速度亦從此開始下降。

❸ 立地優良者，林木材積之生長量大，地位差者生長量小。

❹ 林木之生長空間對於材積生長之大小關係甚大。如根部及樹冠可無限伸展之孤立木，則材積生長可持續，但仍有其極限值，不會隨空間增大而比例增大。如林木生長之空間受限，則常隨年齡增加，鬱閉度 (Crown closure) 愈高，則材積生長量愈小，甚或停止生長，故撫育疏伐，可使遲緩生長之立木恢復生長。

5.1.1.2 **林分生長** (Growth of stands)

林分生長係以單位面積，量測林木在一定期間所形成的直徑生長量、樹高生長量或材積生長量，一般以每年每公頃之材積生長量 (m^3/ha/yr) 表示。林分生長比其所組成之林分結構之單株樹木生長複雜，因其除包括單木生長之外，尚與隨時間變化之林分結構狀態及樹種或大小之分布有關。生長量測定在材積調查時，須先設定林木測定最小直徑，未達最小直徑的林木在第一次調查時不加測定；但至第二次調查時，若該林木直徑生長達測定標準者，即列入材積計算，此種情形的生長量稱為「晉級生長 (in-growth)」。因此，林分在一定生長期間的淨生長量，不一定為林分各單株林木生長量的總和，林分在此期間內，除原有蓄積的材積生長外，尚包含晉級生長、枯損及砍伐收穫之材積量。

造林以後，同齡林林分之單位面積株數將逐年減少。其原因是隨著林齡的增長，立木生長空間會逐漸減少，進而產生立木間之生長競爭，使得部分立木因自我疏伐 (self-thinning) 或自然疏伐 (natural-thinning) 現象而枯損。此外，自造林至伐採期間，每經撫育或疏伐一次，則林木株數必減少一次。生長快速之樹種及其立地優良者，株數減少之速度較快。生長緩慢及地位較差者，自然疏伐之速率較為緩和。一般陽性樹種比陰性樹種單株所占之生長空間大，林木株數減少速度較快。

一、林分高生長

係指單位面積內，於林分中選取樣木，進行樹高測量。因所選取之樣木數量及種類不同，林分層級之高生長有如下三種不同定義之高生長。

❶ 算術平均高：$\bar{h} = \frac{\sum h_i}{N}$即全部樹高總和 (Σhi) 以總株數 (N) 除之即得。

❷ 加權平均高：$h_0 = \frac{\sum h_i g_i}{G} = \frac{h_1 g_1 + h_2 g_2 + \cdots}{g_1 + g_2 + \cdots}$即以各林木之樹高 (hi)，分別乘其胸高斷面積 (gi)，加權平均之，亦即斷面積加權平均高 (weighted mean height by basal area)。

❸ 林分高：選取樹冠級中之優勢木與次優勢木數株，量測其樹高，平均之即為林分高；林分高可用來評估地位級。

二、林分直徑生長

單位面積內，各樹種、各單株林木胸徑之總和；由於各單株立木參差不齊，可由次列各法計算之：

❶ 算術平均直徑：$\bar{d} = \frac{\sum d_i}{N}$，即全部立木直徑總和 ($\sum d_i$) 以總株數 N 除之即得。

❷ 平均斷面積直徑：為單位面積內所有林木胸高斷面積合計除以株數，再將平均胸高斷面積轉算為胸高直徑，稱為「平均林分直徑」，或稱二次方根平均直徑 QMD(quadratic mean diameter)，QMD= $\sqrt{\sum di^2} / N$；單位時間之林分直徑增加量即為林分直徑生長。林分直徑的變化可用來表示林分的密度變化。

三、林分斷面積生長

單位面積內各單株立木之斷面積合計，即為林分斷面積，而單位時間內之林分斷面積增加量，即為林分斷面積生長 (basal area growth of stands)。

❶ 林分斷面積生長與林木者不同。因林木年齡增加，則株數減少，斷面積生長因而漸次緩慢，尤以株數減少快速者。

❷ 林分斷面積生長，幼齡期上升甚速，自開始疏伐之後，其定期生長量，因疏伐而減低，故自壯齡以後，斷面積生長曲線，大致呈現平衡穩定狀態。

四、林分材積生長

單位面積內各單株立木之材積合計，即為林分材積，而單位時間內之林分材積增加量，即為林分材積生長 (volume growth of stands)。森林植群 (forest vegetation) 長年發展後自然達到極盛相 (climax vegetation)，其材積達最高量，呈現平衡穩定狀態 (static equilibrium)。

5.1.2 依時間區分

一、現實生長量 (Current increment)

林木之生長依據量測之時間而分類，在一定期間內實際所生長之量，隨期間之長短可分類如下：

❶ 連年生長量 (Current Annual Increment, CAI)

一年間所生長之量，可以下列公式表示之：

$$c.a.i = G_{n+1} - G_n$$

式中之 G_{n+1}：第 n+1 年生之大小

G_n：第 n 年生之大小

❷ 定期生長量 (Periodic Increment, PI)

在一定期間所生長之量，可以由下列公式表示之：

$$p.i. = Gn+p - Gn$$

式中之 $G\ n+p$：第 n+p 年生之大小

Gn ：第 n 年生之大小

p ：定期年數

❸ 總生長量 (Cumulative Increment)

由發芽到現在生長所累積之總量。

二、平均生長量 (Average increment)

一定期間內之現實生長量被期間年數所除得之商，表示平均一年間之生長量。依期間之不同，又可分類如下：

❶ 定期平均生長量 (Periodic Annual Increment, PAI)

定期生長量被定期年數所除得之商，計算如下：

$$p.a.i = \frac{G_{n+p} - G_n}{p}$$

由於連年生長量僅為一年間之生長量，數量微小，測定困難，普通多使用定期平均生長量代替連年生長量。

❷ 總平均生長量 (Mean Annual Increment, MAI)

現在大小被實際生長年數所除得之商，計算公式如下：

$$m.a.i = \frac{G_n}{n}$$

一般簡稱之平均生長量，多指總平均生長量而言。

❸ 連年生長與平均生長

連年生長與平均生長之關係，如圖 5-1 所示。兩種生長皆在幼時微小，隨年齡而漸增，達到極大值後漸減，但曲線之下降比上升緩慢。連年生長比平均生長提早達到極大值，而且平均生長在極大值時與連年生長相交。平均生長達到極大值以前，小於連年生長；達到極大值以後，大於連年生長。上述關係為生長正常時之現象。因受生育環境因子及林分密度結構狀態之影響，生長曲線多成不規則形狀，或兩條曲線相交數次，但變化趨勢皆與圖 5-1 相似。

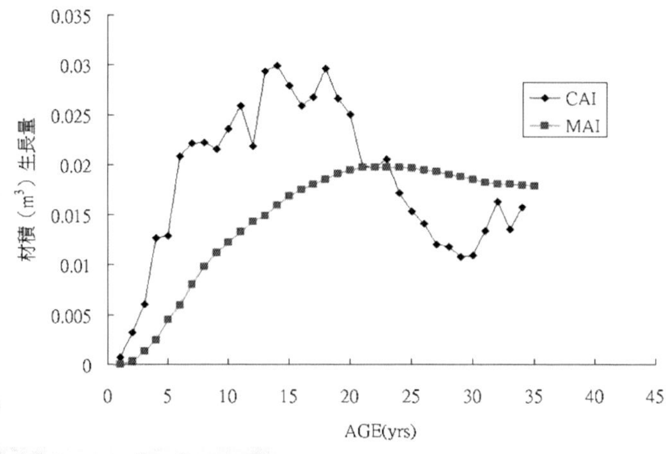

▲圖 5-1　柳杉連年生長與平均生長之關係

5.2 材積生長

材積總生長量隨年齡變化之情形如圖 23 所示，呈拉長之 S 型曲線。此類曲線普通稱做生長曲線 (growth curves)。直徑、斷面積、樹高、材積或重量等因子之總生長曲線，雖然不儘相同，但大體上皆是如此變化。

開始時其值為零，初期上昇緩慢而後快速，達到反曲點 (point of inflection) 以後，曲線斜率 (相當於連年生長量) 減退並趨近其最後極限值 (ultimate limiting value)，亦即趨近其漸近線 (asymptote)。實際上，可以分成幼壯、成熟及衰老三個時期。幼壯期生長緩慢，以後繼續加速生長，概略依照複利法則變化。成熟期為從加速生長逐漸轉移到一定生長，中間部分幾呈直線，其後為減速生長以至衰老期。衰老期為減速生長，及至達到一定大小之後，曲線則接近其漸近線。每一生長季節之變化亦有三個不同階段，即開始時緩慢，其次速度加快，最後緩慢以至停止。

總生長曲線可根據實測資料，應用最小二乘法求出其數學模式之實驗式，供預測或進一步研究與分析，但有時亦有應用簡單省時之手描曲線法，同樣可以達到目的。如果所要探討的僅限於曲線之一部分時，為使問題簡化起見，可使用直線表示較短年齡間之曲線。

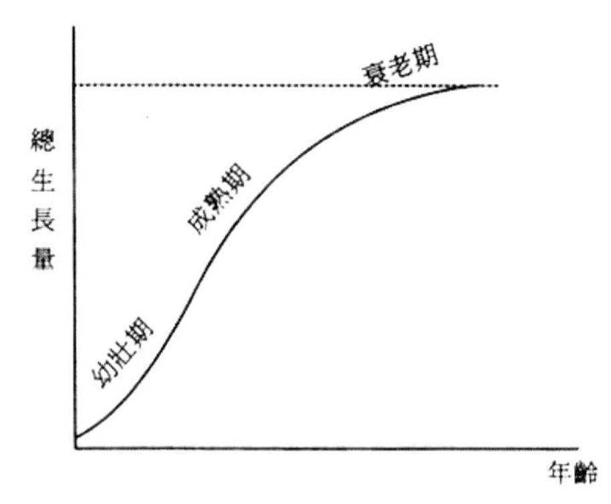

▲ 圖 5-2 樹木總生長曲線模型

5.3 形質生長

5.3.1 用材之形質生長

除市場供需之影響外，木材之單價通常在樹木生長達至一定大小或達到當地最常使用之年齡時，最為昂貴。如木材之單價上升或達到最高後仍能繼續生長，則其輪伐期可以延長。是故經理上常根據形質生長以決定林木之純益最大及財政輪伐期。因樹齡愈高，徑級越大，一般用材之單價，通常均隨樹齡之增高而提高。材價因徑級之晉升而提高之理由，亦即大徑材之所以較小徑材昂貴之原因，有如次 5 點：

❶ 大徑材之用材率高

❷ 大徑材可以取代小徑材，故其用途寬廣。

❸ 大徑材之節疤少心材多，因而工藝及力學性質優良。

❹ 大徑材之成材期較久及產量較少，故供應量較少。

❺ 大徑材之單位材積採集費少，故立木材積之單價較高。

5.3.2 薪炭材的形質生長

不同大小的薪炭材，其使用價值相差無幾（因薪材主要的要求為熱能）；故其市價受形質生長之影響不大。惟大材單位材積之採集費少，生產費用之支出較低；又其木材密度一般較大，熱值較高，故其單價仍較一般薪材稍高。

5.3.3 工業原料材的形質生長

工業原料材主要的要求為纖維量多，並易於處理；故對木材形質之要求不高。但如供紙漿用材，則重視木材密度。

5.4 騰貴生長

一般商品在不同時間，均有不同的市價。此種價格的變動，或漲或落，起伏不定。而木材則因人們生活水準提高、工業發達、人口增多、品位提升、伐木受限等原因，需求不斷增加，材價日趨騰貴。在不同時期中，木材價格的變動，若以曲線表示，雖有其不規則之波動出現，但消除貨幣購買力的影響、季節變動與循環變動後，就其長期趨勢觀察，則通常均有上升的傾向。其因供需關係而發生的變動，稱絕對的騰貴生長；其因貨幣數量或貨幣流通速度（即貨幣購買力）的增減而發生的變動，為相對的騰貴生長。一般的騰貴生長多為此二者之綜合；欲辨別其間何者為絕對的騰貴生長、何者為相對的騰貴生長，頗為困難。一般騰貴生長受客觀經濟因子的影響，非林業經營者主觀所能左右。

5.5 生長率

生長率（growth rate）為表示生長量對期初大小之百分率。前述各種生長量皆為絕對生長量，而生長率則為相對生長量。生長率隨生長量及產生生長量的母體而變化。幼齡樹木的生長母體小，所以生長率大。隨樹木的生長，生長母體增大，生長率逐漸下降。

如果生長絕對值逐年增加而達到一定量以上時，則生長率保持不變。如果生長絕對值年年不變，則生長率將逐漸下降。生長率可就直徑、樹高、斷面積及材積等因子計算之。推算生長率之公式甚多，茲選擇數種重要者分述如下：

設 P：生長率；S_0：期初大小；S_n：期終大小；n ：生長期間之年數；i：第 i 期間

❶ 單利公式：$P_{is} = \frac{100(S_n - S_0)}{nS_0}$

單利公式所算出之生長率，為平均一年之生長率。因為計算生長率期間不只限於一年，所以使用期間數 n 除定期生長量，再對期初大小之比。

❷ 複利公式：$P_{ic} = 100\left(\sqrt[n]{\frac{S_n}{S_0}} - 1\right)$

複利公式所根據之前提，為由於生長量之累積，使公式中之期初大小值逐年增加。如果生長期間僅為 5 年或 10 年之短期時，單利公式或複利公式所求出之生長率大致相等。然而兩種公式所得結果，將隨期間延長而相差越大。

❸Pressler 公式：$P_{iP} = \frac{S_n - S_0}{S_n + S_0} \bullet \frac{200}{n}$

Pressler 公式為由 n 年定期平均生長量 $\frac{S_n - S_0}{n}$ 對期初大小與期終大小平均值 $\frac{S_n + S_0}{2}$ 之百分比所導出，計算簡單，結果適當，所以廣被採用。然而使用本式預測生長時，對於生長旺盛之壯齡木可能得到過小值，生長衰退之老齡木可能得到過大值。

5.6 林分密度與管理

林分密度與林木生長間既然高度相關，可以將其數式化，供決定栽植密度與解決疏伐撫育、間伐留存木數量留存之依據。單株樹木或林木之生長，除時間因素外，尚與許多其他因素相關聯，如林地之位置、土壤、氣候，林分結構以及林分密度等。其中之位置及土壤屬穩定性因素，很少改變，例如林地所在之海拔高、坡度與方位以及土壤結構與濕度。然而林木之根系發育深廣，可從 10 公尺以外之土壤吸收養分及水分。生於土壤貧瘠及表層乾燥之林木，幼時生長緩慢，當其根系伸展到適當土壤時，則生長量增大。反之，生長旺盛之林分，一旦其根系遇到硬質土層時，則生長受阻(Husch 1966)。此外，土壤因受森林火災或雨水沖蝕等破壞，可能使林地退化；不良土壤亦可藉造林、耕耘或施肥等維護林地方法加以改良。

林木有碩大之樹冠及樹幹生於空氣之中，所以氣候因素對於生長有顯著之影響。氣候因素包括陽光、溫度、濕度、降水量及風速等，多呈週期性之變化，致使林木生長之變化發生波動現象。然而此種波動現象不易測出，同時亦不易與其他因素分離，所以森林測計上很少觸及此等氣候週期性變化對於生長影響之問題。因為林地利用與森林經營方法以及土壤種類等對於生長之作用，能遮蓋氣候對於林木生長之影響，所以實際上很少使用氣候因素決定林地之生產力。

林分結構及林分密度，最易藉人為之力加以調節與改進。如控制林分組成與結構，以緩和林木之過度競爭，促進林木生長及提高木材品質。同時，疏伐亦能調節林分結構及組成，改進土壤結構，減少土壤沖蝕及微氣候因素，間接有助於林木的生長。近年來，研究環境因素對於樹木或林木生長之影響，在森林測計上，多為應用多元迴歸分析方法求出各因素之相對重要性，以及求出某一因素當其他因素固定時對於生長之影響。總之，環境因素對林木生長力的綜合影響，在森林經營上占有重要地位。森林家利用環境與生長關係之知識，實施各種撫育作業，調節林分密度及林分結構方法促進林木生長，以發揮環境對於林木之生長潛力。日本森林學家根據植物生態學家所建立之密度效果法則，開發出林分密度管理圖，供林分撫育管理應用，主要由永久樣區資料，求出密度效果法則，等平均樹高線，等平均胸高直徑線，最大密度線及自然枯死線等，供作檢討不同生長過程中之間伐與主伐收穫量，再從中選定合理之撫育經營，做為不同林況、地況單位面積株數控制之用。由於疏伐作業在人工林經營相當重要，有鑑於此，林務局對於國有人工林的疏伐作業也訂定相關規範（延伸閱讀請見 https://afrch.forest.gov.tw/File.aspx?fno=18266），以利全國各林區管理處在疏伐實務上推行之參考。

5.6.1 森林蓄積與林分密度

林木生長潛力雖然可由地位品質決定，但實際生長在林地上之林分蓄積量，則依現存樹種及林分密度而定。林分蓄積表示林木之生長潛力實際對生育地之利用程度，而林地生產力的提升，可藉由撫育作業來改變林木之生長特性，其為森林經營者用來控制生長與收穫的主要手段。森林經營時，林木生長與收穫之間須維持平衡，才能達成永續經營之目標。保留過多的林木蓄積量，不但不符合經濟效益，且對林分的健康度亦受影響。林分蓄積量的評定可利用立木度或稱林分密度來表示，其測定方式包括每公頃株數、胸高斷面積、立木度指數等。林木蓄積在美國林學會定義為，林分中現實林木數量與經營上生育在最佳狀態時該立地應有林木數量之比率。

5.6.2 林分密度指數

表示林分密度之指標種類，一般稱為立木度的測定方法，常用的林分密度指標可大致劃分為：

一、以絕對值測計的林分密度

包括單位面積株數、單位面積斷面積、單位面積材積：

❶ 每公頃立木株數：單位面積林分上之立木株數，稱為「每公頃立木株數 (number of trees per hectare)」，其為一簡單的立木度測定方法。每公頃株數雖簡單合理，但因未考量林木大小，因此在蓄積量推估上無法以此單一變數進行推估，必須配合其他與立木大小有關之變數才能達成推估之目的。

❷ 每公頃胸高斷面積：單位面積之單木林木胸高斷面積合計，稱為「每公頃胸高斷面積 (basal area per hectare)」，其可用來表示林分蓄積量的大小，測定時以林分中所有林木之胸高直徑換算為斷面積 (cross-sectional area) 累計之，並改算為每公頃胸高斷面積，以 m^2/ha 表示。此種測定具有客觀性、容易性及一致性。斷面積計算視樹幹斷面為圓形，以 $A=\frac{1}{4}\pi\times D^2$，D：胸高直徑。一般直徑測定以 cm 紀錄，斷面積以 m^2 表示。

❸ 每公頃材積：因林業經營的施業目標直接、間接以材積為準則，因此每公頃材積 (volume per hectare)，理所當然可當作立木度測定之用。利用每公頃材積來表示立木度時，必須要有理想林之每公頃材積量來進行比較，通常將收穫表上同林齡之材積，當作理想林材積，將現實林每公頃材積量與理想林每公頃材積量相比以百分率表示立木度。

二、以相對值測計的林分密度

以單位面積林木直徑與株數關係為計算基礎之林分密度，如林分密度指數 (Stand Density Index, SDI) 及樹冠競爭指數 (Crown Competition Factor, CCF)。

林分密度指數亦可稱為「Reineke’s 林分密度指數」，係以單位面積林木株數與林木平均胸高斷面積為基礎，所推估計算之立木度量測方法。林分密度指數亦可定義為單位面積內林木之競爭 (聚集)(Degree of crowding) 程度，測計時係以樹冠長或直徑、立木高或直徑及各種生長空間比例為基礎。林分密度指數通常與林分材積與生長有密切相關。林分密度指數亦為林分密度管理圖製作之基礎。Reineke (1933) 研究發現許多樹種最大密度（全立木度）(Full stocked) 之同齡林其林分平均直徑對數 ($\log_{10} \overline{D}_q$) 與每公頃林分株數對數 ($\log_{10} N$) 存在直線關係，且此種關係不受地位級林齡的影響。在全立木度下其所定義之最高立木度或稱為「最大密度曲線」(Full density curve)，或稱為「自我疏伐線 (self-thinning curve)」。

根據單位面積內林分調查資料求得二次方根平均胸高斷面積直徑 QMD (quadratic mean diameter) 與其達到密度上限時相對應之最大株數 (maximum number of trees, limiting number)N 間的關係式如下：

$$\log N = b_0 + b \log QMD$$

式中 N：達最大密度上限時之株數

$$QMD=\sqrt{\sum di^2} / N$$

Di：單木胸徑

b：迴歸係數

b_0：隨樹種而變化之迴歸常數

林分密度指數與林齡及地位間之相關程度較低，林齡及地位相同之林分，其林木株數及林分平均胸高斷面積直徑可能不同。此種方法可以彌補胸高斷面積密度，未能明白表示出林分為由多數小樹或由少數大樹所組成之缺點。所以林分密度指數為森林調查時表示林分密度之適當尺度，以及編制收穫表時可能引用之另一個獨立變數。

5.6.3 樹冠競爭指數

將林分內的林木視同疏立木 (Open-grown tree)，以疏立木樹冠所占之林地投影面積為最大樹冠面積 (Maximum Crown Area, MCA)，就每公頃林木合計之 MCA 對林地面積的百分比，稱為「樹冠競爭指數」(Crown Competition Factor, CCF) (Krajieck et al. 1961)。然而由於單株林木所利用之生長發育空間測定困難，實際應用時則改為由多數林木所構成之群體為基準，所以樹冠競爭指數為表示一群林木最大樹冠投影面積總和與其可能利用之林地面積的比率，當林木樹冠鬱閉，枝條發生交叉重疊時，樹冠競爭指數會超過 100%。當林木密生而樹冠競爭指數計算分三個步驟：

❶ 建立疏立木之胸高直徑 D 與樹冠寬度 (Crown Width, CW) 之關係

$CW = a + bD$

❷ 計算林分內各個林木如同生育地在空曠地的最大樹冠面積 (MCA)。

$MCA = \frac{\pi}{4}(CW_i)2 = \frac{\pi}{4}(\alpha + \beta D)2$

❸ 就一公頃全部林木之最大樹冠面積總計之，除以面積即為樹冠競爭指數。

$$CCF = \sum_{i=1}^{N} MCA_i \times \frac{100}{10000} = \left(\sum_{i=1}^{N} MCA_i\right)\%$$

以上所述，為衡量林分密度之形式上的分類法。然而當評估現實林時，又有所謂立木度，其重要性幾乎跟林分密度相等。立木度為現實林立木株數跟所其望之材積與生長最近似林分立木株數的比率，可以分成完全立木度林分 (fully stocked stand)，過小立木度 (understocked stand) 及過大立木度林分 (overstocked stand) 三種。實際上，過大立木度林分由於競爭激烈造成林木枯死，因而向完全立木度狀態推移。反之，過小立木度林分能夠自然趨向正常林分，此即一般所稱之法正性趨勢 (trend toward normality)。

5.7 練習題

① 立木材積生長之推估以哪兩個變數爲主？如何量測及計算單木材積生長量？
② 森林生長量中，林分生長量是經營決策之重要依據；請說明現實生長量及平均生長量之意義及內涵。
③ 說明形質生長及騰貴生長之意義。
④ 請簡述「國有人工林疏伐作業規範」的內容。

延伸閱讀 / 參考書目

- 楊榮啟、林文亮 (2003) 從保育重於收穫觀點論台灣的森林經營管理 台灣林業 29(3):32-40。
- 林務局 1013 國有人工林疏伐作業規範 https://afrch.forest.gov.tw/File.aspx?fno=18266

CHAPTER

06

森林作業規劃

撰寫人：邱志明、顏添明、王兆桓　審查人：王兆桓、邱志明、顏添明

6.1 森林作業法（邱志明撰 王兆桓審稿）

森林更新作業法，係指森林在生長期間所有作業處理之全部方法，包括更新、育林、保護及利用；換言之，樹木自造林更新迄至伐採，全部所經之處理，均可容納於作業法或更新範圍之內。因此，森林作業法可以顯示三種意義，即（一）樹木發生及成長之方式，（二）樹木組成森林之更新方式，（三）參酌造林上、保護上及林產物利用上之理由，而對新植林木或成林樹木加以疏伐、修枝、撫育管理。一般森林作業法可分類如下：

6.1.1 中後期撫育

有關人工林之中後期撫育，是指對 7 年生以上之造林木繼續進行撫育管理，由於距離主伐期尚遠，通稱期中撫育。由於枯枝及生長弱勢活著之側枝對林木材質有不良影響並減低其利用價值，為改進木材品質與促進林木生長，選擇七年生以上之林木，進行修枝。為促進林木肥大生長，在主伐之前需施行多次除伐、疏伐，將形質不良及遭病蟲為害之林木亦於同時疏伐。疏伐之時間與數量當依林分生育狀況及市場價格而決定。7 年生以上之造林地，若生長良好、造林成功，需進行期中撫育－疏伐、修枝、切蔓、除害伐等作業；但若林分有遭受鼠害、氣象為害及欠缺期中撫育，致形質及生長均不良之造林地，則需針對不同之林分現況，進行不同之經營期中撫育，期能培育成生物歧異度高、生態穩定性高之優良形質之林相。25 年生以上，林木徑級已具有市場價值者，則進行商業性疏伐，保留木併行高度修枝之後期撫育工作。

期中撫育作業之施行，主要依非伐木為主之人為撫育及依伐採林木為主之撫育。期中撫育著重於後者，但前者仍選擇使用。因不同之作業各有不同目的與效果，如圖 6-1 所示。本文所討論者以疏伐（除伐）、修枝為主。

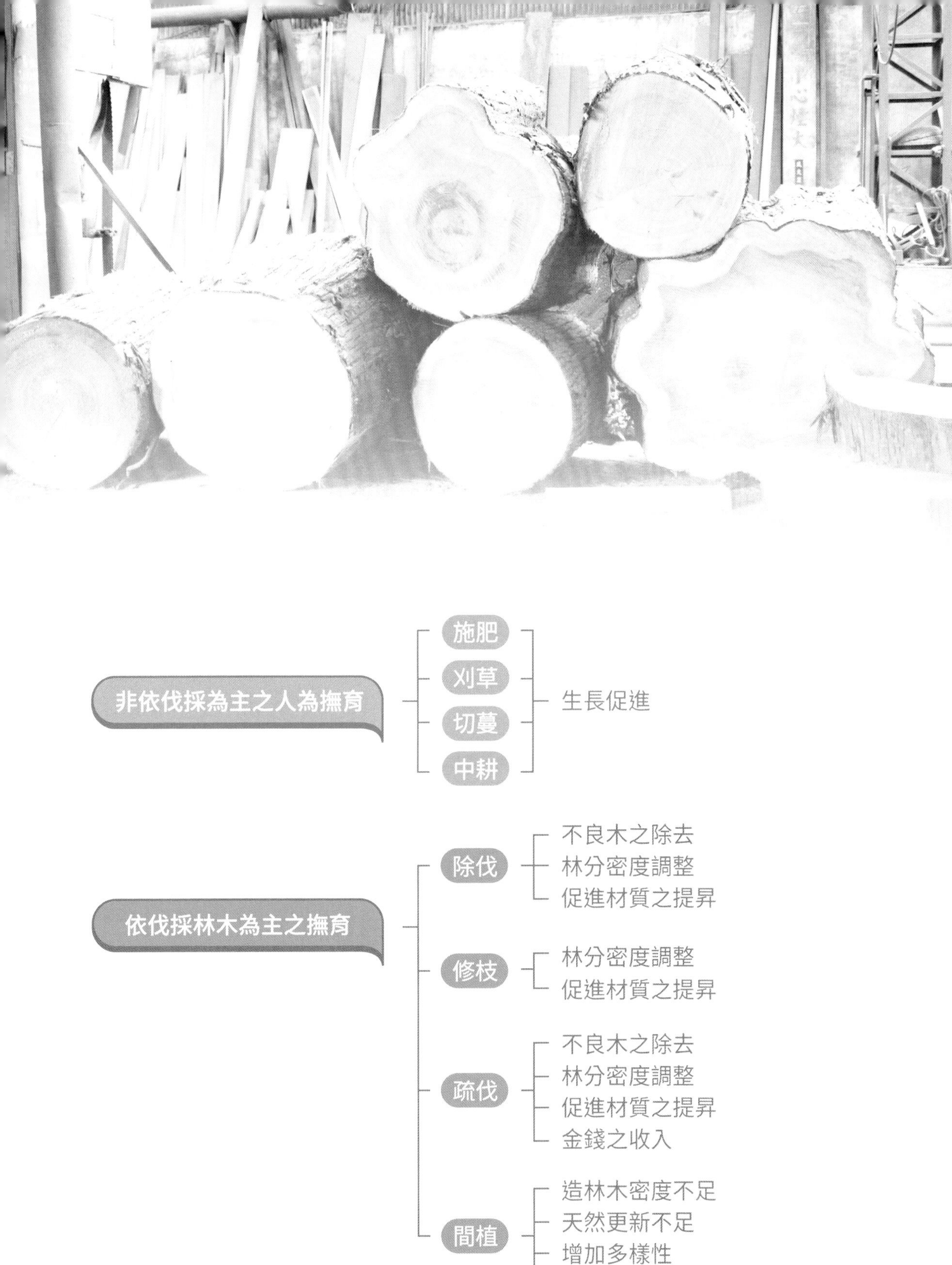

▲圖 6-1 期中撫育作業的方法與效果

故期中撫育作業之基本構想，乃為針對不同之林分現況，利用不同之撫育方法，進行不同之期中撫育經營：

一、7～10 年生，林相良好之造林地，進行不良木除伐及低度修枝、切蔓工作。

二、10～20 年生，已成功之造林地，林分鬱閉良好者，進行切蔓、非商業性疏伐和修枝，每公頃預定修枝 800～1000 株。

三、20～25 年生以上，林分生長良好者，市場達配合第二次修枝及切蔓作業，進行首次商業性疏伐。

四、鼠害、乾旱、風害及欠缺期中撫育形質不良之造林地，如紅檜（分叉）、肖楠（分叉）、香杉（鼠害），擬進行除害伐或強度整理伐，再混植原生闊葉樹，建造針闊混交林或複層林，或以二階段造林方式，先種植先驅樹種，抑制雜草之生長、林冠鬱閉後進行疏伐，再栽植目標樹種，以提高林地生產力並能增進森林之病蟲、氣象之抵抗力，增加生物歧異度，維持生態之穩定。

五、造林失敗地若立木度不足，天然更新也不足，則可伐除形質不良造林木，並保留形質良好之天然更新木，空隙地進行林下栽植，以增加林分之多樣性及提升林地生產力。

六、若人工同齡林欲轉換為複層異齡林，在林分將達到伐期齡時，可分 4 個階段砍伐收穫主林木，並配合天然更新及人工栽植與原主林木不同樹種，如主林木為柳杉，則可栽植闊葉樹烏心石、櫸木、光蠟樹等，進而形成異齡複層林。

6.1.1.1 修枝作業

一、修枝作業之效益

在促使林木能在輪伐期早期即生產無節材及控制枝節之大小及數目，並避免死節、腐節之產生，以提升林木之利用價值，此外，亦同疏伐一樣具有增進地力、減少土壤沖蝕，提高生態穩定性及改善景觀之效果。

二、修枝與材質之關係

修枝對材質之影響非常明顯，除枝節外，對比重、年輪寬、晚材率、幹形、纖維走向皆有影響，以枝節而言，林木製材之品等常和板面上節之種類（生節、死節、腐節、數量、大小、捲皮）密切相關。枝節為林木與生俱來之特徵，無法避免，但可藉由修枝技術加以控制。

三、修枝與環境生態之關係

林分鬱閉後，因林內光度不足，致地被植物、灌木層減少，地表裸露，降雨易造成地表逕流及土壤沖蝕。林木修枝後，冠層疏開，陽光可射達地表，促使地表植物及灌木層之滋生、繁茂。另因修枝將病株及枯死枝條伐除，空隙地可促使他種林木發育。同時，因枯枝、落葉及部分樹幹留存於林地，增加微生物、昆蟲、動物多樣性之棲地，增加生物多樣性。並因林內光度增加、溫度上升，加速枝葉及腐植質之分解回歸土壤，增進地力。

四、修枝與林分密度之關係

林分密度與森林之生產量及品質具有密切關係，一定面積上個體數之多少，頗影響個體之大小、形狀及品質。密植之林分，林木樹冠生長遭受限制，因此枝徑較細，枝長較短，樹冠下側之枝條因光線不足，容易造成自然修枝之效果，枝下高較高，幹形較圓滿；而疏植林分則反是。故密植者，修枝效果較不顯著，但疏植者相反。

6.1.1.2 **疏伐（間伐）作業**

一、疏伐作業之效益

疏伐為鬱閉林分調整林分結構與組成，減少林木彼此間之競爭。疏伐作業除了眾所周知的可增加林木之肥大生長及提升形質外，尚有下述之正面效益：

(1) 可促進地被植物的生長，喬木冠層、灌木及地被具有緩衝降雨衝擊之效果，減緩地表逕流及沖蝕。

(2) 增加生物多樣性，疏伐後促進土壤種子庫之發芽，前生樹及地被植群之生長，形成複層林相。

(3) 土壤溫度變化擴大，促進腐植層之分解，提高土壤肥沃度。

(4) 留存生長旺盛之林木，光合作用效率高，故能增進 CO_2 之吸存，緩解溫室效應。

(5) 林地留存部分倒木或枯立木，可提供昆蟲、鳥類及野生動物之棲息場所。

(6) 增進林分景緻，經過疏伐之林分，林內透光良好，令人舒暢沒有壓迫、雜亂之感覺。

(7) 減少病蟲害之發生。

二、疏伐（間伐）方法與原則

森林經營者依據其意願，配合造林類別及經營目標後，決定疏伐種類。

❶ 下層疏伐：

下層疏伐的目的在於淘汰下層被壓之劣勢木，再依序疏伐中庸木，以利上層留存之優勢木生長。換言之，疏伐之選木順序依次為：枯死木、病害木、劣勢木、分叉木、彎曲木、斷頭木、中庸木等。

❷ 上層疏伐：

上層疏伐之目的並非將優勢木全部伐除，而是伐除部分樹冠擴張之優勢木及樹幹彎曲或分叉的上層木，調節林木生長空間配置；此外也需對於劣勢木及病害木進行伐採。

❸ 機械性疏伐

(1) 空間疏伐

依固定之距離選擇留存保留木，其餘林木全部伐除。如株距為 4 公尺，則在兩株林木間距少於 4 公尺之林木全部伐除，每公頃留存 625 株。

(2) 行列疏伐

依固定行間距離，做狹長帶狀選擇保留木或伐採。如砍 3 行留 10 行，或砍 6m 保留 20m。

❹ 選擇性疏伐：

依照特定的經營目的選擇疏伐木，例如市場有特定規格之需求，則可採用選擇性疏伐的方式。此外，在實施選擇性疏伐時，也應將劣勢木及形質不良立木一併伐採，以利保留木之發展。

❺ 孔隙或塊狀疏伐或群狀留存：

將欲疏伐之林木，以孔隙或塊狀方式疏伐，孔隙大小直徑約為樹高 1~2 倍，孔隙大小可一致或在某一範圍內變動，孔隙之分布亦可規則或逢機，惟逢機時，為避免加乘效果對環境造成太大衝擊，孔隙大小直徑不可超過樹高。孔隙可再進行複層林營造，其目的在創造林分垂直及水平結構之異質性，以生物多樣性保育為目的。總疏伐之孔隙面積，在總面積之 25~40% 間。塊狀疏伐，一般一次疏伐面積在 0.2 ha 之上者稱之，一般需配合作業道或林道做適當配置，分年施作。

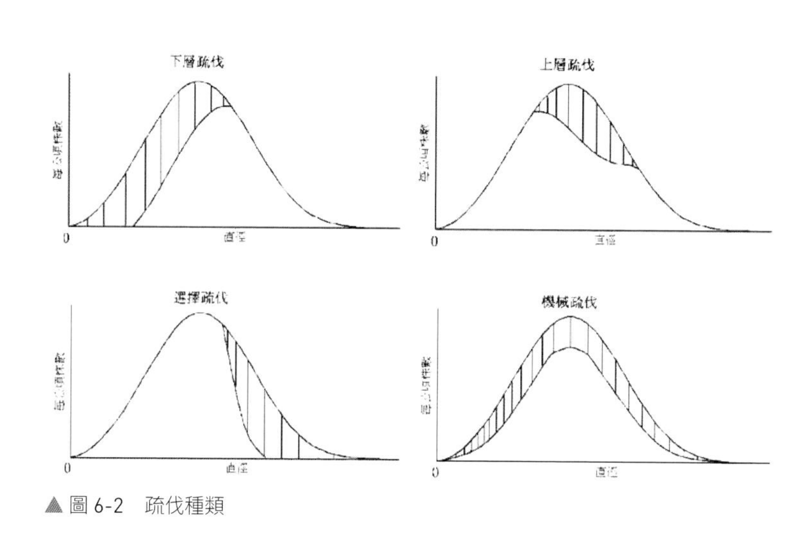

▲ 圖 6-2　疏伐種類

❻ 目標樹（未來木）之經營

(1) 簡單的說，人工林建造成林，樹冠鬱閉後，產生優勢木、次優勢木、中庸木、劣勢木等樹冠分級，因此在林分中選擇最有生長潛力之單株，將其標定做為目標樹（未來木）之候選樹。一般 1 公頃標定 200 ～ 300 株，然後針對會影響目標樹生長之立木優先逐步伐除，而天然更新之闊葉樹則留存，如此促進目標樹之生長，至終伐時僅餘 100~200 高價大徑木。這是結合自然保育與經濟利用的經營模式，在林木獲得經濟之同時，亦能維護生物多樣性、水土保持與生態之效益。

(2) 目標樹之選育與管理

A. 目標林相：瞭解多樹種特性及林分發育過程。

B. 目標樹及目標直徑，目標樹培育中，將林木分為四類：用材目標樹、生態目標樹、干擾樹、一般林木。

C. 目標樹密度：每公頃選擇約 200-300 株，做為候選樹，並定期檢視、汰選，最後林分愈伐愈優。

(3) 目標樹選育條件

A. 用材目標樹：即長伐期留存之目標樹，目標樹選定條件為樹幹通直無缺點，樹冠量大，具有肥大生長之潛力，樹幹無遭受損傷、腐朽、未癒合之傷口，林木經過修枝，枝下高可達 9-10m。

B. 生態樹：為提高林分結構或生物多樣性之林木（如針葉林中天然更新之濶葉樹）。

C. 干擾樹：影響上述二大類目標樹生長，需要疏伐利用的林木。

D. 一般林木：近期內不影響目標樹生長，可以留存。但經過一段時間後，可能會影響目標樹之生長，此時再將其伐除利用。

▲ 圖6-3　目標樹經營是經濟與保育並重之經營方式（邱志明攝）

三、疏伐時機

❶ 依林分現況判斷：需疏伐之林分為

(1) 林木樹冠已鬱閉而彼此競爭，毗鄰木樹冠枝條交叉之林分。

(2) 樹冠下側枝條枯死，甚至開始脫落。

(3) 被壓木已枯死。

(4) 林地光度減弱，地被植群減少，甚至地表植群死亡。

❷ 配合市場需求，以造林地內，林木直徑已達到市場上具有交易價值，且數量達到利及費者，亦可開始進行疏伐。

四、疏伐強度及疏伐間隔之決定

❶ 造林類別及經營目標

(1) 生產木材：重視林木品質及幹形，則疏伐度宜弱，兩次疏伐間隔宜短。

(2) 海岸林、生態林：期望維持林分之動、植物多樣性或林分的垂直結構複雜度，則疏伐度宜強，疏伐間隔宜長。

(3) 景觀林：依其景觀目的，若需大的徑級及樹冠幅，疏伐度宜強，以便留存木有較大空間生長。

❷. 樹種特性

(1) 針葉樹、耐陰性樹種或樹冠較窄，如肖楠，保留木留存之空間可較小，約為樹高之 1/4~1/3。如樹高 15 公尺，株距 3.8~5.0 公尺，每公頃留存株數約為 700~400 株。

(2) 闊葉樹、陽性樹種或樹冠擴張之樹種，保留木留存空間約為樹高的 1/2~1/3。如樹高 15 公尺，單株間距為 5.0~7.5 公尺，每公頃留存 400~180 株。惟若需抑制枝條之擴張，以免產生較大枝節，保留木留存之間距宜較小，則疏伐度宜弱。惟若屬開濶地，以景觀為目的，則宜保留較大之樹冠，疏伐度宜較強，株距宜較大。

(3) 樹種生長速率快之速生樹種，如杜英，疏伐度可較強，生長速率緩慢者，如櫸木、肖楠，疏伐度宜較弱。

❸ 抗風性

(1) 栽植之樹種主幹纖細，形狀比 (樹高 / 胸徑之比值) 超過 100 者，抗風力較弱或易受風害樹種，疏伐宜弱，每公頃須保留較多之株數。

(2) 形狀比小於 70，即樹幹較尖削者，耐風力或抗風性較強之樹種，可行較強度之疏伐，保留較少之株數。

❹ 生育地條件

(1) 生育地地位佳，土壤肥沃，較避風之環境，疏伐度可較強。

(2) 生育地地位不佳，石礫地，衝風地，疏伐度宜較弱。

❺ 林齡

一般無法以林齡決定是否疏伐或留存株數，因受到栽植密度、立地環境、樹種和生長狀況所影響。但若同一樹種、同一密度及立地環境，則林齡小時，兩次疏伐間隔時間宜較短，林齡愈大，疏伐間隔時間宜較長。

五、最適林分密度之決定

樹種別每公頃留存之適當株距，可參考表 6-1。青壯齡林，疏伐後每公頃留存之適當株樹，依林木生長狀況及樹種特性而定。若以樹高及樹種特性來決定林木適當株距，經研究發現，每一樹種界定一範圍，主要因為生育地環境、林齡及經營目標不同，疏伐後之留存株數，在此範圍內可維持完整林相及整體生產力，減少對環境造成衝擊；留存較密之株數，則以木材生產為目的，一般留存較少者，則以景觀或生物多樣性維護為目的。

例如樹高 10m，櫸木適當株距為樹高 45~50%，因此，適當的株距為 4.5~5.0m。每公頃 =10,000 m^2，若株距為 4.5m，則一株林木適當之範圍為 20.25m^2，每公頃之株數為 10,000m^2/(4.5m)^2 ≒ 500 株 /ha 左右較佳；若為景觀林則以 10,000m^2/(5.0m)^2 ＝ 400 株 /ha 較佳。桃花心木適當株距為樹高 30-35%，則每公頃適當株數範圍為 10,000m^2/(3.0m)^2 ≒ 1,100 株 /ha ~10,000m2/(3.5m)^2 ≒ 800 株 /ha。

表 6-1 重要造林樹種青壯齡林留存木適當株距（邱志明，2012）

樹種	樹高之百分比	樹種	樹高之百分比
茄苳	50 ～ 60%	烏心石	40 ～ 45%
印度紫檀	45 ～ 50%	杜英	40 ～ 45%
櫸木	45 ～ 50%	桃花心木	30 ～ 35%
苦楝	40 ～ 50%	肖楠	25 ～ 30%
樟樹	40 ～ 50%	紅檜	25%
光蠟樹	40 ～ 50%	杉木	20 ～ 25%
楓香	40 ～ 50%	臺灣杉	20 ～ 25%

6.1.2 森林更新之種類

廣義的森林更新作業法，依更新時之伐採方法及伐區形式，大致分為下列各種。

6.1.2.1 **皆伐更新作業法**

皆伐更新，乃就森林之更新作業，全林一次伐完，然後造林。伐採跡地之造林法，通常以人工造林或播種或天然更新為主，以育成造林。

皆伐作業法之目的，乃在實行人工更新，其優點為：

(1) 方法簡單，無需特殊技術，實行容易
(2) 集材便利

(3) 生長均勻，形成之林相整齊，易於育成優良林分

(4) 地點集中，管理方便。

而其最大之缺點，則為：

(1) 伐木跡地全部暴露，土壤乾燥硬化，易生逕流，引起土壤沖蝕

(2) 常形成林相整齊之同齡純林，若有病蟲災害及火災等，則易於蔓延，而難控制，且對於氣候災害之抵抗力亦弱

(3) 物種單純生物多樣性較低。由此可知，皆伐作業法，利弊兼備，採用時必須考慮砍伐面積、位置、經營目標及其得失之程度，以為決定之標準。

一般言之，皆伐更新法，僅可在有利條件之下行之，如

(1) 林地坡度較緩或近於平坦地者

(2) 坡度不陡而土層深厚堅密不易流失者

(3) 距離河川遠而面積小者

(4) 以林木生產為目的者。

又在許多情況下，皆伐作業法絕對不宜採行者，如

(1) 水源集水區之範圍

(2) 水庫上方及兩側之山坡

(3) 河川之兩側 50-100 公尺之內

(4) 各種保安林

(5) 風景林

(6) 古跡林及紀念林。

臺灣之地理情況特殊，地勢峻陡，土質疏鬆，風強雨豪，河短流急，森林經營上，應該儘量避免採用大面積皆伐作業法，以免引起水土沖蝕，藉以減少釀成洪水為災之機會。

普通零星之小面積私有林，通常均係採用皆伐作業法，但必須設保護帶或鑲嵌狀分布，希望環境、經濟與生態兼籌並顧。國有林地，處在 21 世紀之今日，環保意識高漲，宜儘量避免大面積皆伐作業，惟成本考量，可使用小面積 (4 公頃以內)，並以鑲嵌狀實施皆伐更新較佳。

6.1.2.2 留伐更新作業法

留伐更新又稱保殘作業法，頗似皆伐作業法，惟在林地上保留少數之單株或群狀母樹，以達成天然更新之目的，必要時，輔以人工栽植，為皆伐作業以外，最為簡單易行之作業法。

留伐作業之優點與缺點，與皆伐作業者相近似，即其優點為

(1) 有皆伐作業相同之優點

(2) 為天然更新法之最簡便易行者

(3) 作業法選留優越之母樹，天然下種，養成優良之林相

(4) 母樹兼為保護樹，並可養成大徑之良材。

其缺點則為：

(1) 有皆伐作業相同之缺點

(2) 母樹易受風害，只有深根性之樹種及陽性樹種，始可適用

(3) 僅限於小粒種子之樹種，始可實行

(4) 所需母樹將來伐採時，傷害附近之新生幼樹，若留置不伐，全部材積棄置不用，亦非良策，或可留至與次代新林同時伐採，但在經營目標上經濟與生態必須斟酌權重。

留伐作業之目的，主要在實行天然下種更新，為天然更新方法中之最簡單易行者；在林地不太乾燥，坡度不大之通風地帶，可以採用。如果天然下種所發生之幼樹不勻，尚須加以人工之疏拔及補植，以使幼樹散佈接近均勻，林相易於整齊。

留伐作業法之可否採行，其所應注意之客觀條件，與皆伐作業者相同，而在樹種方面之限制較嚴，即僅以陽性、深根、小粒種子之樹種，始克適用。

臺灣海拔 1,000 m 以上山地之臺灣赤楊、松類、鐵杉、檜木等林分，可用此法以行天然更新，而中低海拔地區，由於雜草繁生迅速，雖然樹種具備適當之條件，但氣候因素所構成之植生環境，實難適用此種作業法。

6.1.2.3 傘伐更新作業法

傘法更新作業法，乃將全林分為數部分伐採，在達伐期齡之極短時期內，分為 (1) 預備伐，(2) 下種伐，(3) 後伐，三次伐完。即首先將林木疏伐一部分，使其易於開花結實，次再伐採其大部分，僅留小部份之母樹，以行天然下種，使新生之稚樹，可在母樹庇蔭之保護下成長，待其幼樹不需庇蔭，或老樹妨礙幼樹生長之時，再將老樹伐除。如此逐漸伐採，又稱漸伐作業。

傘伐作業，因其實施之方式不同，分為：
(1) 全面傘伐更新作業

(2) 帶狀傘伐更新作業

(3) 群狀傘伐更新作業，或劃伐作業，可視林地及林相之實際情形，而選擇使用。

傘伐作業，即前更新作業，亦即漸伐作業。其優點為

(1) 全林留有大量母樹，天然下種容易

(2) 幼苗獲得大樹庇護，成長容易

(3) 構成整齊之林相，可以生產優良木材

(4) 林地常有被覆，可免水土沖蝕。

其缺點為

(1) 需要較高之技術，且實行手續繁多，常必傷害幼樹

(3) 淺根性之樹種，易遭風折

(4) 如更新期短者，無異育成同齡林，對於病蟲害及火災之抵抗力小。

總而言之，在同齡林之作業法中，傘伐作業既可保持地力，又可構成整齊之林相，產生優良之大材，堪稱優良之方法，頗值採用；雖然手續及技術較繁，且伐木集材費用亦較高，但較之擇伐作業，尚稱簡易。故欲以天然更新法育成同齡林時，當以傘伐作業法為最佳。

臺灣中高海拔森林，不宜採行皆伐更新者，若試行採用傘伐天然更新法，必可減少水土沖蝕之機會，尤以針葉樹林為然。

6.1.2.4 **擇伐更新作業法**

擇伐更新作業，乃就全林中衰老或生長不良之林木，選擇伐採之，通常每隔 5 至 10 年（北溫帶隔 20 年）伐採一回，此相隔之期間，謂之回歸期。擇伐之方式，或為單株或為塊狀，幼樹及由伐採跡地上藉其周圍立木之保護而成長。此種天然更新之方法，常在同一森林中，經常定期伐採，幼樹按期成長，全林永無伐盡之時，常保其老幼林木共存之林相，亦即一般所稱之永續作業。

擇伐作業法，按其實施之方式，可分為 (1) 單木擇伐，(2) 群狀擇伐，(3) 帶狀擇伐。在實施之技術上言，單株擇伐最為繁複，需要較高之技術及費用；群狀及帶狀擇伐均較單木者簡易，常視地形情況而採用之。

擇伐作業法，雖久被公認為各種作業法中之最佳者，但其優劣之點，亦極顯著，通常所共識者，其優點為：

(1) 林相無大變更，永續保持正常繁茂

(2) 林內伐木空隙不大，地力易於保持，可免土砂沖蝕之慮

(3) 林木中之上層大樹，受充分陽光，結實優良，天然下種，效果優良

(4) 幼樹受有老樹之庇護，發育優良，可少病蟲害及氣候害

(5) 林冠有上層下層之分，根系有深淺之別，可以充分利用空間地力，宜於水源涵養。

(6) 收穫之材種多，可以之適應市場之需要。

(7) 生物多樣性高，生態較穩定。

其缺點則為：

(1) 伐倒木零散，集材困難，且易傷害幼樹。

(2) 需要熟練之技術。

(3) 需龐大人力且作業費用高。

實際上，擇伐作業法，不僅為保安林、風景林等之唯一作業法，即使一般經濟林，亦為最優良之作業法，尤其對於小規模之私有林主，定期收穫木材，可以連續獲得收入，對於經費之週轉運用上，裨益甚大。臺灣之地理情況特殊，土壤沖蝕至為嚴重，所以無論公私有森林，均宜儘量採行擇伐作業，縱因費用高而經營成本大，但利於水資源之保育，其由保持水土所生之功效及生物多樣性，生態穩定之維持，實遠超出於費用之增加數目，確值慎密思索。

▲圖 6-4a　單株擇伐前之林相（虛線為待伐除之林木）

▲圖 6-4b　單株擇伐後之林相

▲圖 6-5a　群狀擇伐前之林相（虛線為待伐除之林木）

▲圖 6-5b　群狀擇伐後之林相（改編自 Nyland，2002）

▲圖 6-6a　孔隙擇伐前之林相（虛線為待伐除之林木）

▲圖 6-6b　孔隙擇伐後之林相

6.1.2.5 矮林更新作業法

矮林更新法，又名萌芽更新法，乃於林木伐採後，利用殘留之伐木根株，萌芽發育成林。此為育成同齡矮林最為簡單之更新方法，對於菇蕈用材、薪炭林、剝皮林、採枝葉林等特別適用，可以皆伐，亦可擇伐。

矮林作業法之採行，有其優點，即 (1) 方法簡單易行，成林容易，所需技術與費用均少；(2) 伐期短，短期內可有經濟收入；(3) 生長速，單位面積材積多。但亦有其缺點，即 (1) 不能產生大材；(2) 生長迅速，地力之消耗大，非肥沃地不易持久。

此項作業方法，對於農民之小面積森林，如菇蕈用材、薪炭材或採枝葉等為主，可以連年或定期均有收穫，頗為有利。臺灣之土肉桂、紅豆杉等林，以採葉為主者，或杜英、相思樹、楓香以菇蕈用材為主者，均可採用萌芽更新之矮林作業。路側山坡之防止崩坍，其造林更新亦以矮林作業為宜。

▲ 圖 6-7　杜英砍伐後利用根株萌蘖更新，不需重新栽植（邱志明攝）

▲ 圖 6-8　相思樹矮林更新後之狀況（邱志明攝）

CHAPTER 5

CHAPTER 6 森林作業規劃

CHAPTER 7

6.1.2.6 中林更新作業法

中林作業法，乃在同一林地上，森林由上木與下木混合組成。其上木為實生苗成長之喬林，下木則可為無性繁殖之萌芽林，或因上木強度疏伐後，進行人為之林下栽植。

中林作業法之優點，乃在 (1) 上木下木之根系有深淺之分，可以充分利用地力；(2) 上木生產良林，下木保護地力，並可充為菇蕈用材及薪材；(3) 林地有各徑級林木，可之隨時伐採，應市場需要；(4) 所需資本小，適於私人經營。其缺點則在：(1) 上木須行擇伐，需要技術高，生產費用高；(2) 下木徑級小，祇可充為薪材，或菇蕈用材太空包或紙漿材；(3) 需要肥沃土地，始可適合。

中林作業法，對於環境保護林之經營，特別實用。臺灣西海岸平原區之耕地防風林，以由上、下木混合組成者最為理想，是為適用中林作業之明證。至於目前常營造之異齡複層林，廣義上亦可說是中林更新作業法。

6.1.2.7 竹林更新作業法

竹林更新作業法，為對竹類更新所特用之作業法，竹類繁殖法，通常乃利用其地下莖之萌芽或分株，以培育成林。近年臺灣之竹林經營，日漸受重視，因而竹類之繁殖方法，據已獲之試驗結果，以竹桿扦插或平臥育苗栽植，成果較佳。

竹林作業法，一般多用擇伐法，砍伐 5 年生之上老竹，並利用其地下莖之出筍，以成新林。有時亦用皆伐法，再由原地之原有地下莖，以萌芽成林，即天然更新法；或另取他處之同種或別種竹株或竹鞭，以行人工栽植造林，或以理想竹種之竹桿，以扦插法，栽植成林，將來再以擇伐法以行天然更新。

實際上，竹林作業法本身尚待研究試驗之問題甚多，於今討論竹林作業法之優劣，亦即討論經營竹林之利弊。經營竹林利點計有：(1) 竹類生長速，伐期短，同面積之土地上，平均收穫量高，利益大；(2) 實行擇伐更新，年年均有收穫，經濟收益多；(3) 經營技術簡易，適於一般農民經營；(4) 竹材為最佳纖維工業用材，經營成紙漿原料林或能源林，可以充裕供應工廠需要；(5) 竹鞭橫行蔓延，可以固結土砂。而其弊點亦不在少，即 (1) 生長迅速，地下莖入土不深，土壤肥力消耗大；(2) 竹林內雜草不能繁生，土壤滲透力小，雨天容易發生逕流；(3) 掘筍鬆土，容易導致土壤流失；(4) 地下莖擴展力大，易於侵入鄰接地帶，妨害其他林木之發育。

臺灣地處亞熱帶，溫度高，雨量多，適合竹類之生長，其保土之功效，亦尚稱優良；惟對於蓄水之功效較差，在集水區內之水源地帶，推行竹林作業並不適宜。

6.1.2.8 **近自然林的經營（目標樹之經營）**

人工林純林，由於樹種單一，結構簡單、集中連片、形成大面積同齡純林，有些甚至利用單一或少數優良品種或基因，這種單純栽培 (monoculture) 雖可一時獲得大量之木質生物量，但使生態系統十分脆弱，引發了一系列的人工林生態問題。而人工林的營造以往以純林為主，由於人工林達不到天然林物種間的互存互榮關係，因而引起了森林生態失調而無法永續性經營。

隨著社會的發展和環境的變遷，人類對森林生態系統服務功能的需求日益增加，把按照農耕模式的人工林營造為生機蓬勃的近自然林生態系統，亦即 (1) 把單一林分樹種結構調整為多種樹種組成的狀態。(2) 把同齡結構調整為異齡結構。(3) 把單層的垂直結構調整為多層的林分垂直結構狀態。

林木材積隨時間的變化，可將森林永續經營體系 (Sustainable forest management system) 簡單區分二種，一種稱為輪伐森林經營系統 (Rotation Forest Management, RFM)，其特徵是周期性的皆伐 (clear felling) 與人工更新 (planting) 即人工栽植造林；另一種稱為連續森林覆蓋林業系統 (Continuous Cover Forestry, CCF)，特徵是擇伐收穫 (selective harvesting) 和天然更新 (natural regeneration)，表現為異齡林結構和多樹種森林，此 CCF 在歐洲已經推行多年，如德國正努力實現由輪伐森林經營體系 (RFM) 向連續森林覆蓋林業體系 (CCF) 轉變 (transformation)，這種轉變引發育林、森林經營、林業政策和林業經濟等一系列學科內容的轉變。就森林經理 (Forest management) 來說，正由以往之法正林理論與技術體系向永續林理論與技術體系轉變，包括森林資源調查 (inventory)、評價 (assessment)、預測 (forecasting)、收穫控制 (sustainable harvest control)、情境模擬 (scenario planning)、監測 (monitoring) 等技術全面轉變。因此，今後之林業經營，尤其人工林之更新、撫育、收穫等經營作業，應依生態原則而行之，亦即師法自然，力求森林生態結構之永續性 (perpetuation of forest ecological structure) 為可思考之方式。

一、近自然林的內涵與經營目標

Moffett 和 Macdam (2004) 認為，近自然的林業並不是回歸到天然的森林類型，而是盡可能使林分更新、撫育、採伐的方式和天然森林植被的自然關係相接近；近自然林業的經營目標是建立複層異齡混交林的永續林，即通過一系列的育林措施（如擇伐、塊狀伐採、推行天然更新和人工促進天然更新等），同時將人為的干擾降低到最小，並且不影響森林的結構和景觀，使同齡純林逐步過渡為接近天然的複層異齡混交林。永續林經營不僅要求形成複層異齡混交林，而且要求林地上持續地有林冠覆蓋且不斷地有木材收穫。目前，德國等國家正在按照接近自然的林業原則，建立目標樹撫育技術和理論，因地而異，建立異齡混交結構的永續林經營體系。

二、目標樹單木生長撫育

❶ 目標林相：

亦即林分的樹種組成及結構，未來樹種應該是由立地適應的鄉土樹種為主；其樹種構成，應該體認林分發育和演替過程是陽性樹種，向演替過度期的中性樹種到極盛群落的耐陰樹種構成的發展和預測。純林的近自然化改造擬採用目標樹單木培育體系，其目標林相為針濶葉複層異齡混交林。但是，由於地理環境位置及其生態條件不同，因此不同地區混交的樹種組成結構所有差異（圖 6-9）。

❷ 目標樹及目標直徑：

在目標樹單木培育體系中，將林分中所有的林木分為四類：

(1) 用材目標樹，是主林層中需要長期保留，完成天然下種更新並達到目標直徑後才利用的優良林木。

(2) 生態目標樹，為增加鄉土樹種比率，改善林分結構或生物多樣性等目標的林木（尤其是針葉林中的濶葉樹）。

(3) 干擾樹，影響 1、2 類目標樹生長，需要在近期或下一個經理期疏伐或擇伐利用的林木。

(4) 一般林木，近期內不影響目標樹生長可以保留並發揮生物多樣性作用的林木。

但是不同的林分其目標樹的選擇標準不同，在同齡的人工林內，林冠整齊、單一，應該選擇林冠上層樹冠長不小於樹高 1/3，生長勢好、形質優良的立木作目標樹。同時目標樹不僅要選擇林冠上層的大樹，而且要選一些林冠下層的小樹，這樣能保證群落動態的形成及林分的永續利用。目標樹確定後，主要的問題就是目標直徑的大小。根據市場加工要求和目標樹的生長特點，如臺灣杉的目標直徑暫定為 80 cm。

❸ 目標樹的密度：

目標樹的生長需要一定的空間，密度過大會影響目標樹的生長，密度過小又難以充分發揮林地生產力。因此，根據目標樹要盡量均勻的分散整個林分內的原則，以直徑和樹冠的關係，求出目標樹樹冠投影面積，據此確定其林分密度。一般最適密度之決定，可依其目標樹之直徑樹高和冠幅決定，如臺灣杉林木目標直徑 80 cm，其最適密度每公頃約 200 株。

▲ 圖 6-9 目標樹之林相（邱志明攝）

6.2 伐期齡（顏添明撰 王兆桓審稿）

6.2.1 伐期齡之概念

伐期齡 (cutting age, felling age) 一般應用於林分層級，為林分預定收穫的林齡，且多用於人工林或同齡林，係以林分內大部份林木進行收穫伐採的年齡做為訂定標準，如皆伐作業及留伐作業為實施主伐之林齡；傘伐作業為實施下種伐之林齡。一般人工林之營林規劃，當經營目標及栽植樹種選定後，其預定伐採的時間也呈固定，而此「預定收穫」的林齡即為伐期齡，屆伐期齡時林分中的大部份林木將被伐採，所以也被稱為林分的最終年齡 (final age)。林分伐期齡和農、園藝作物的收穫時期觀念相近似，但在訂定的技術上又較其為複雜，由於林木之生長期長，難由外觀特徵判斷收穫時期，因此在規劃林分收穫的時期，主要是依據經營目的來訂定，如林木的生長達到工藝上利用最佳性質、特殊規格的需求、平均材積收穫量達最大或平均投資報酬率達到最大等特性來訂定 (周楨，1968；劉慎孝，1976；林子玉，1991a；b；南雲秀次郎、岡和夫，2002)。在習慣上，伐期齡的訂定常以五或十年的倍數為原則。

6.2.2 伐期齡的種類

一、自然伐期齡

自然伐期齡又稱為生理伐期齡，為根據林木在生長過程中的生理特徵做為伐採的依據，在培育大徑木為主的喬林作業模式，如紅檜、扁柏、肖楠，可採用其可以產生大量的優良結實種子，即林分中大部份林木達到具充分更新能力的時期為伐期齡；而以萌芽更的矮林作業模式，如杉木、相思樹，可採用其萌芽力最旺盛的時期為伐期齡。此外，也有學者提議採用林分達到衰老或接近死亡的時期做為自然伐期齡。自然伐期齡雖以林木的生理特徵為依據，但幾乎很少採用其做為實際伐期齡的訂定。

二、工藝伐期齡

當林分經營目的在於培育特殊工藝用途或特定規格的用材，則伐期齡的訂定須考量林木生長達到工藝利用上最佳性質或符合特定規格需求的年齡來訂定 (以下簡稱為工藝伐期齡)。如法國專門釀酒的酒樽，訂定 250 年為專門製作酒樽的櫟樹伐期齡 (周楨，1968)。在日本的神社或鳥居的樑柱及建築所採用的日本扁柏，也長達到百年以上，因此常以 150 年或 200 年為日本扁柏的伐期齡。在臺灣應用於雕刻神像或製傢俱之肖楠或香杉，因對木材性質的要求較為嚴格，其伐期齡也長達 80 年或百年以上。

三、材積收穫最多之伐期齡

林分生長在正常情形下，隨著時間增加，

材積收穫量也隨之增加，但要達到收穫量接近最大值的時間通常較難以預期，所以材積收穫最多之伐期齡並非以林分達最大收穫量的時間做為伐期，而是指林分平均材積生長量達最大值的時間做為伐採的年齡（顏添明，2006）。林分材積之收穫量 (V) 為林齡 (t) 之函數，可用數學式 $V=f(t)$ 表示，則材積收穫最多之伐期齡為 $f(t)/t$ 最大值發生的時間，假如林分於不同時間進行間伐作業，其間伐之材積量亦應累加納入收穫量之計算（周楨，1968）。

茲舉例說明材積收穫最多之伐期齡的計算過程，假如有一紅檜人工林，根據過去的收穫記錄所建立之生長收穫模式為：$V=e^{6.8-60(1/t)}$（模式中：V 為林分材積收穫量，t 為林齡），茲以每隔 5 年計算平均材積收穫量，將其計算至 100 年，詳如表 6-2 所示，由表中可知材積收穫最多之伐期齡發生於林齡 60 年生時，此時之平均材積生長量為 5.50 m^3/ha/year。

表 6-2 根據生長模式所計算之平均材積生長量（單位：ha）

林齡 (year)	材積 (m^3)	平均材積 (m^3/year/)	林齡 (year)	材積 (m^3)	平均材積 (m^3/year)
5	0.01	0.00	55	301.60	5.48
10	2.23	0.22	60	330.30	5.50
15	16.44	1.10	65	356.71	5.49
20	44.70	2.24	70	381.02	5.44
25	81.45	3.26	75	403.43	5.38
30	121.51	4.05	80	424.11	5.30
35	161.70	4.62	85	443.24	5.21
40	200.34	5.01	90	460.97	5.12
45	236.67	5.26	95	477.43	5.03
50	270.43	5.41	100	492.75	4.93

四、金錢收穫最大之伐期齡

金錢收穫最大的伐期齡，主要是考量林分經營期間的所有金錢收入，包括：主伐收入，歷次的間伐收入及營林期間的一切相關收入（如森林副產物），將其加總後再除以林齡，以所獲得最大值之時間做為伐期齡，如 6-5 式所示（周楨，1968）。

$$\frac{A_u + \sum D_i}{t} \quad (6\text{-}5)$$

6-5 式中，Au：林分主伐之金錢收穫；Di：不同時期間伐之金錢收穫；t：林齡。

金錢收穫最大的伐期齡，雖概念上簡單易於瞭解，但僅採用粗收益（收入未扣除成本）

為基礎，並未將支出及利率因子納入考量，因此該伐期齡很少應用於實際伐期的計算。

五、森林純收益最大的伐期齡

森林純收益最大的伐期齡和金錢收穫最大的伐期齡，兩者主要的差異在於前者除了考慮營林期間的收入外，也將相關成本的支出納入計算。一般營林所需支出成本的項目很多，包括一開始所需支出的造林費（購買苗木並將其栽種於林地所需的費用）、管理費（每年或定期為管理森林所支付的費用，一般森林管理費常採每年定額的方式進行計算）及其他相關費用等，雖然森林純收益的最大伐期齡較金錢收穫最大的伐期齡考慮周詳，將相關成本的支出納入計算，但並未考慮利率因子，為此伐期齡之缺點。

六、林地純收益最大的伐期齡

林地純收益最大的伐期齡，主要考慮財政成熟 (financial maturity) 的概念，所以又稱為財政伐期齡或林地期望價 (land expectation value; soil expectation value) 最大的伐期齡。此伐期齡的計算是根據一個完整收穫期的成本與收益為基礎，將不同期間的成本及收益分別以利率計算至期末的淨收益，一般利率多採固定的方式計算。由於林地純收益最大的伐期齡本身即有土地所提供貢獻的概念，因此在成本計算上不將地租列入計算。

6.3 森林收穫規整（顏添明撰 王兆桓審稿）

6.3.1 森林收穫規整的概念

永續性營林的體系中，從造林、撫育到收穫必需要有完善的規劃（周楨，1968；Clutter et al., 1983），雖然目前的森林經營強調多元功能的發揮，以滿足人類不同性質的生態服務 (ecological service)，然而林木為森林之主要構成要素，木材生產亦為森林所能提供的主要生態服務項目之一，此概念從早期至今幾乎未曾改變。收穫規整 (yield regulation) 即在探討營林系統中，符合永續性精神進行林木之生產規劃，而伐期齡的訂定為收穫規整之基礎。營林的永續性收穫概念也稱為「保續生產 (sustained yield)」，其包含三個重要的特性，即長久（恆續）性、時間的連續性及林木供給的穩定性（羅紹麟，2006）。保續生產的經營模式不同於掠奪式的「森林開發」，森林開發只重視眼前利益並不考慮長遠的利益，雖可於短時間內獲得大量資源，但終將造成資源的枯竭（劉慎孝，1976；顏添明，2006）。

收穫規整係在永續生產前提下，規劃每年或特定經營期間可伐採之林木數量，即「容許伐採量 (allowable cut)」。此外尚需考量伐採地點的空間配置關係，考慮林木之空間配置進行規劃伐採區域，又稱之為收穫調節（regulation of cut）；其目的根據過去學者之論述，可以歸納為三大要項：以材積收穫、經濟收益及實現法正狀態為目的（周楨，1968；劉慎孝，1976）。

收穫規整的時間，一開始並無分期的觀念。在十四世紀歐洲廣為採用之區劃輪伐法，係以全林分完成一輪伐採的時間為經營期，而同一伐區兩次伐採之間隔期間又稱為「輪伐期（rotation）」。由於是同齡林之經營系統，如林地伐採後立即造林，伐期齡就等同於輪伐期。由於輪伐期時間過長，林學家認為營林應區分階段進行檢討改進，此階段性分期營林的概念稱之為「經理期（working period）」。十八世紀後即有許多營林方式將輪伐期劃分為不同的分期，採經理期的方式實施。臺灣之林業經營則以 10 年為經理期單位，由於目前森林經營之目標趨於多元，所以經理期並不只是林木收穫調節的時期，可廣義的解釋為森林經營計畫擬定及施行的時期。

6.3.2 森林收穫規整的種類

森林收穫規整的目的在於規劃每年或定期（經理期）的林木收穫量，區劃輪伐法是歐洲也是全世界最早應用於永續收穫的方法，主要應用於人工同齡林的經營；在林分伐期齡決定後，將全林區劃為和伐期齡數量相等的區域，每年伐採屆伐期的林分，並於伐採後立即造林，形成一永續收穫的系統，也稱之為法正林收穫模式。其後亦有考量以林分蓄積或生長量為主的收穫規整方式，根據吉田正男（1951）、周楨（1968）、劉慎孝（1976）等對於傳統的收穫規整種類，大致可分為六大類：（以下方法參考自周楨，1968；劉慎孝，1976；廖大牛，2000；顏添明，2006；陳朝圳、陳建璋，2015；吉田正男、1951；南雲秀次郎、岡和夫，2002；Buongiorno and Gilless, 1987；Leuschner, 1990）

一、區劃輪伐法

區劃輪伐法主要考慮林地連續性分配，以進行收穫規整，所以又稱之為面積配分法。將全林面積等量分配於伐期齡之各年，以求每年均有相等之收穫量。此法源於十四至十八世紀之奧地利，之後盛行於歐洲各國。本法在開始時係假設全林的林地生產力相等，其後因現況的差異，也發展出地位不同的修正方法以調節面積，目標仍為達到每年收穫量相等。

二、材積配分法

材積配分法主要考慮全林分的蓄積量和生長量，將其平均分配於各年，即以全林的蓄積量和年生長量為基礎，計算每年之容許伐採量，材積配分法過去發展之計算公式很多，較為著名者如 Beckmann 及 Hufanagl 法。

三、材積平分法

材積平分法係依作業級的概念進行規整，

先依照森林作業方式的差異性，區分為不同作業級，並就不同作業級的伐期齡，進行材積收穫量的計算，將其劃分為數個分期，再行規劃每個經理期可以收穫之數量，並適度進行收穫量調節，以達每個分期能獲得一致的收穫量，再計算分期中的各年容許伐採量。

四、面積平分法

面積平分法在作業級和伐期齡的劃分上，大致和上述之材積平分法相同；然面積平分法係採用分區或林班為單位，進行伐採之規劃，而非採用材積，這是和上述方法的主要不同，但其規整之精神和材積平分法相類似，其目的在於使每一分期的伐採量相接近。

五、法正蓄積法及齡級法

此兩種方法皆和法正林模式有關，法正蓄積法是以建立法正林的經營模式為目的，此法又分很多類型，如較差法、修正係數法及利用率法，其中又以較差法中之 Heyer 公式最具代表性，又稱之為稱奧地利公式 (Austrian formula)，採用現實林和法正林之比較來訂定年伐採量。齡級法為法正林模型的延伸應用，採用現實林之齡級與法正林相比較，以規整現實林之收穫量。本方法又可區分為純粹齡級法和林分蓄積法兩大類。

六、生長量法

生長量法主要是以林分的生長量規整收穫量，其種類很多，如一般應用於天然林的擇伐作業，係考量年伐採量和生長量相等，即以年生長量做為訂定年伐採量之基礎。

6.3.3 人工林經營之典範—法正林經營模型

法正林模型對後世人工林經營影響深遠，考量在整個作業級內規劃合理的齡級分配、林分排列及生長特性，以提供每年的伐採量，而這種作業模式奠基於區域式的皆伐作業，將整個作業級視為地位相同，在邏輯上易於瞭解，在收穫規整上容許伐採量也易於求得，所以法正林模型成了早期追求林木生長收穫的典範。

法正林是一種建構於理想狀態的森林，需具備齡級分配、林分排列、蓄積和生長皆符合法正林的規範 (周楨，1968；劉慎孝，1976；南雲秀次郎、岡和夫，2002)，茲將其要件及主要內容分述如下：

一、法正齡級分配

由於法正林在一個同齡林的收穫系統中，假設全林的地位皆相等，可將收穫系統劃分為和伐期齡 (u) 相等且面積相同的區塊，當全林之收穫系統達到法正狀態時，自 1 年生至 u 年生之林分都應具備。由於法正林是採皆伐作業法為基礎，每年伐採屆伐期的老齡林分，伐採後即行造林，所以當一個達法正狀態的森林，其結構可以維持自 1 年生至 u 年生皆具備的狀態，在皆伐作業系統中，常以數個齡階 (10-20 個) 的林分編入一個齡級，並以羅馬數字Ⅰ、Ⅱ、Ⅲ…表示齡級，此稱之為法正齡級(normal age class)。

假如在法正林中所栽植林分的伐期齡為60年，在規整上採用10個齡階林分為1個齡級，則齡級Ⅰ：1-10年生林分、齡級Ⅱ：11-20年生林分、齡級Ⅲ：21-30年生林分、齡級Ⅳ：31-40年生林分、齡級Ⅴ：41-50年生林分、齡級Ⅵ：51-60年生林分。

二、法正林分排列

法正林的林分在空間的配置，稱為法正林分排列(normal stand arrangement)。法正林分的排列，主要係考量林分伐採在保護上需避免稚樹受暴風危害、老林分伐採之搬運避免損害更新的稚樹及伐採跡地要考慮易於更新等特性(吉田正男，1951)。

三、法正蓄積

法正蓄積(normal growing stock)為法正林全林的蓄積量。由於法正林具備齡階從1年生至伐期(u年生)的林分，所以全林的蓄積量為1年生至伐期u年生的林分蓄積量合計。然而全林分的蓄積量會因為林分伐採前後而有所差異，林分伐採時期大多在林木生長停止的冬季，而林分屆伐採時期前之秋季，其生長已完成，所以此時全林的蓄積量最大，稱之為「秋季法正蓄積」。相對於秋季法正蓄積而言，林分於冬季伐採完成之後，翌年林分在春季的生長仍緩慢，幾乎和林分伐採完成後的蓄積沒有差別，此時之蓄積量較少，稱之為「春季法正蓄積」。因此秋季法正蓄積可視為法正林蓄積量的上限，而春季法正蓄積則為法正林蓄積量的下限，不論上限或下限，皆屬於蓄積量的特定狀態，一般如未指定伐採前後的法正蓄積，常採用秋季法正蓄積和春季法正蓄積的平均值來表示，此平均狀態又稱之為「夏季法正蓄積」。

四、法正生長

在一個完整的法正林系統中，其生長稱之為法正生長(normal growth)。假如齡階從1年生至伐期(u年生)林分年生長量分別為$z1$、$z2$、$z3$…zu，而林分屆伐期的蓄積量為Mu(秋季法正蓄積)，則各個林分生長的合計($z_1+z_2+z_3+\cdots..z_u$)恰好會等於林分屆伐期的蓄積量M_u，亦即法正林全林一年的各林分生長量的合計值，恰好等於一個林分屆伐期的蓄積量；又伐期平均生長$z=Mu/u$，所以$Mu=u\times z$，因此若以伐期平均生長量表示，法正林全林一年之生長量為$u\times z$，而$u\times z$也是法正林收穫系統中每年可提供之收穫量，即法正林系統經一個輪伐期的收穫量為$u\times u\times z$。

法正林的規劃可以滿足林木永續供給，提供永續性收穫的理論架構，在邏輯上簡單清楚，如以伐期平均生長的觀點計算全林的蓄積量為$u\times u\times z/2$，而年收穫量為$u\times z$，猶如資本與利息的關係，如以收穫量為分子，全林的蓄積量為分母，其比值恰為伐期齡的一半，這種關係讓營林者易於瞭解蓄積量和收穫量的關係（顏添明，2006）。

6.4 森林健康管理（王兆桓撰 邱志明審稿）

6.4.1 森林健康管理之意義

健康的森林具有一系列的效益，包括為野生動物提供棲息地、涵蓄水源、過濾水和空氣中的污染物、提供戶外遊憩場所、供應林產品和增加就業機會，支持當地經濟等。

生物和非生物的干擾因子，對世界森林的健康和活力有重大的影響，可以造成巨大的經濟和環境損失。全球氣候變遷加劇了這些影響，但是干擾因子、氣候變化與森林之間的相互作用，仍存在極大的不確定性。人類越來越頻繁的旅行和國際貿易，會導致本土和入侵性病蟲的損害增加。外來入侵物種是跨越國界的，管理外來入侵物種需要國家和區域合作，預防是防治森林病蟲害最具成本效益的第一防線（FAO，2017）。

森林健康管理是為了維護、促進或恢復森林生態系統的健康所採取的措施；森林健康管理的目的，是為了提高森林生態系統抗逆境能力，增強森林穩定性、和諧性，除去或避免系統中或系統外危害森林健康的因素，創建有利於森林生態健康的良好環境條件，使森林能提供更多的服務功能。

森林健康管理，可以落實在如何形塑未來森林的重要作用上，其可使土地進行自主管理，可提高森林對火、昆蟲和疾病危害的復原力。森林經營也將繼續提供急需的木材產品，並幫助當地經濟多樣化。當我們保持廣泛的林產品市場時，它們提供的經濟價值可以具有成本效益的方式，滿足人類所需的未來森林條件。

6.4.2 森林健康之定義與發展

林業上有關「健康」的名詞，包括林木健康、森林健康和森林生態系健康，彼此間的概念常以同義詞使用，但卻有所差異；且當企圖討論這個議題時，容易造成混淆。美國林務署對於森林健康的定義，是由超過 50 名自然資源的專家與各學科間共同研究的成果。專家們對廣義的森林健康所下的定義，則蓄意避免生態複雜性及森林可以滿足人類渴求目標的方式進行描述。其定義為「森林在提供人類需求之餘，仍維持一定複雜性、多樣性和生產力的狀況」。為了調查及量測森林健康之現況和變化，森林健康監測（Forest Health Monitoring, FHM）計畫的目的，在於透過長期監測指標，評估森林健康的狀況、變化和趨勢（馮豐隆，1996；王兆桓、陳子英，2002；謝漢欽，2003）。

森林恆定地維持著地球無價的生態、經

濟、美學和文化。長久以來，大氣污染（空氣污染和酸雨）、全球變遷（氣候變遷和極端的氣候）、火災、病蟲害等，可能對森林生態系造成重大的威脅。在空氣污染與全球變遷的例子中，森林生態系變化的早期監測，具有相當大的重要性；且一個連續、適當的監測計畫，可提供有用的資訊與基線資料（baseline data），以察覺未來的變化。在歐美各國，森林健康監測系統常附屬在其全國性的森林資源調查系統下，如此可以建立連年的森林健康變化情形，並藉此了解全國森林是否有健康衰退或需要重點撫育工作之處。

早在 100 年前，人類就已認清直接性污染對森林造成的威脅。1980 年代，森林健康在歐洲與北美地區明顯惡化，通常被假設與長期暴露在長距離空氣污染以及酸雨的擴散有關，使得森林的健康逐漸受到重視。許多歐洲國家自 1984 年，在「長距離越界空氣污染公約」（Convention of Long Rang Transboundary Air Pollution）的贊助與「聯合國歐洲經濟委員會」（the United Nations Economic Commission for Europe）的建議下，陸續進行大面積的森林健康狀況調查，以瞭解其受空氣污染的影響情況（Kohl et al., 1994）。

1988 年森林生態系與大氣汙染研究法案（Forest Ecosystems and Atmospheric Pollution Research Act 1988, PL 100-521）要求美國農業部林務署相關研究單位，在有關大氣污染問題下，增加森林調查的次數，以監測國家森林生態系生產力及健康的長期趨勢。森林健康係針對所期望的森林未來狀況，擬定一個中心目標，在某種程度上，它取代了森林經營維持有價值林產物產量的傳統目標。美國自 1990 年基於制訂相關法令與政策的需要，由林務署與環保署（EPA）共同發展監測計畫，採取大規模系統取樣，進行國家森林生態系健康監測，由各州或各林區提供調查報告，以瞭解森林生態系現況、變化和長期趨勢等資訊；而美國全國性的森林資源調查與分析（Forest Inventory and Analysis，FIA）於 1999 年也採用 FHM 的調查方式，後來也將將森林健康監測（FHM）併入 FIA 系統中（王兆桓、陳子英，2002；謝漢欽，2003）。

「森林健康」一辭早於「生態系經營」出現。但當 1993 年美國西北太平洋林區將生態系經營政策與理念推行於國有林地時，森林健康監測受其影響，也融入生態系經營的宏觀範疇之內，在諸多的文獻上開始採用森林生態系健康監測（forest ecosystem health monitoring）的同義辭表達。科學上「森林健康」應該是可量測、有定義的。較為廣義的森林健康定義為「森林生態系統在提供人類現在與未來之各種利用、產物、服務及價值需求時，能維繫其一定的複雜度，具跨越地景階層、可更新、可從一般干擾恢復及保持生態復原功能的狀態」。

當我們談及「森林健康」時，目的在於如何永續我們的森林生態系統；同時藉此定義也能促成有效溝通，有助於大眾瞭解森林的現況與趨向（謝漢欽，2003）。

6.4.3 森林健康之監測

在美國，由於空氣污染、酸雨、氣候變遷，以及長期資源經營等環境問題，使得森林生態系健康議題引起全國的關注。回應立法和政策的需求，美國農業部林務署與美國環保署必須提供有關國家森林健康狀態與趨勢的定期報告。在環境保護方面的環境監測與評估計畫架構中，美國林務署與環保署發展一個跨部會合作的森林健康監測（FHM）計畫，以提出分析與評價對森林生態系健康更有效益的方法。由計畫的監測、評估與報告有關美國森林生態系目前的狀態、變化和長期趨勢，作為森林經營與森林保護的方針（王兆桓、陳子英，2002；謝漢欽，2003）。

美國的 FHM 計畫包括檢核監測（Detection Monitoring）、評估監測（Evaluation Monitoring）、密集立地監測（Intensive Site Monitoring）與監測技術研究（Research on Monitoring Techniques）四個部分（Burkman et al., 1998）。前三個部分雖有區別，但三者間仍具有相關性。首先檢核監測依據大規模的調查資料，建立目前的基準線（baseline）狀況，以時間序列中的變化來評估其長期趨勢，再進一步決定森林的變遷是否正常。如果檢核監測發現有重要而無法解釋的變化，則以評估監測再進一步調查研究此異常變化的嚴重程度，以及是否有快速衰退而需要特別關注的情形（王兆桓、陳子英，2002；謝漢欽，2003）。

一、檢核監測（Detection Monitoring）

檢核監測包括航空、地面的偵測調查，也包含樣區測計。在全國範圍內建立永久性的樣點定期觀測，配合 GPS 定位技術進行航空遙感監測。檢核監測的指標主要包括：林木生長、林木更新、樹冠、林木損害情況、林木枯死率、地衣群落、土壤理化性質、植被生物和植物密度等。在建立基線期間內，野外調查人員在一組樣區中，測計選定的生物與非生物特徵之森林狀況指標，於每年或每定期後再度進行測計。有系統的收集來自永久樣區網絡與其他相關的森林資源調查資料、森林的變化狀況，在基線和重測間反映出自然的森林變化或生態系的擾動情形。當數值超出一般正常範圍，表示可能有異常的狀況，則必須更密切地監控。

二、評估監測（Evaluation Monitoring）

當發現明顯的原因或範圍與偵測的變化是未知時，開始進行評估監測，確定森林健康狀況發生變化的範圍、嚴重度和原因。提出異常的變化、證實被懷疑可能存在的變化、判斷及找出可能的因果關係，包括密集的野外調查取樣與結合生態學家、昆蟲學家、水文學家、病理學家、育林學家及其他相關領域的專家學者，共同進行評估作業，確定森林健康與森林逆境因子間的關聯，尋求減少逆境對森林的影響。這些資源學者，像是醫療團隊的專家，以詢問及診斷檢核結果，找出落在超出正常值的原因。

三、密集立地監測 (Intensive Site Monitoring)

密集立地監測與在長期生態研究立地中所進行的活動類似，是提供詳細影響森林生態系過程的資訊，以及評估森林生態系功能的構成要素。如果評估結果某一異常變化情形需要特別關注和深入研究，則以密集立地監測方式，建立一個小的立地網絡 (site network)，針對特定的生態型，研究與其變化因子相關的生態過程，加強對變化機制的了解，實為結合評估監測與長期集水區尺度下（如美國不同林型與典型生物社會的少數立地）研究的結果。結合檢核監測、評估監測與密集立地監測行動，幫助科學家在掌握確定的環境與管理狀況下，推測未來生態系的變化情形與發生的地點，並獲得有關森林生態系統的主要組成及變化過程的詳細資訊。

四、監測技術研究 (Research on Monitoring Techniques)

監測技術研究用以發展、測試與改進監測指標，其目的在於發展可靠的森林健康指標。所有森林健康監測所使用的指標是透過精確、書面化指標發展的過程而得。指標產生的過程必須經由初步的選定、篩選、論證，到最後的核心狀態；而準則的建立有助於指標評估的有效性。森林健康監測沒有任何一個指標在初期階段就可以達到核心的狀態，所考量的指標，取決於修改後的形式與精確的修正。而這些指標的選定和評估，都是藉同行審查 (peer review)、專家意見與文獻回顧為重要依據。

將航測與地面的定位監測網相結合，面相空間主要依靠每年一次的航測監測來達到宏觀監測的目的；點相空間則是透過地面定位觀測網對林分健康狀況進行深入微觀的監測。二者結合對整個森林的健康情況，作出質化和量化的分析。在美國，森林健康的理論和思想從開始萌芽到現在，前後經歷了很多年的時間，其間不少科學家為此進行調查研究，針對美國森林的特點，提出了一系列因應的森林保護對策，在森林健康的理論與實踐上已有許多理論探索和經驗累積，也發展出許多相關的研究。

6.4.4 小結

森林具有維護地球上無價的生態、經濟、美學和文化等功能。長久以來，空氣污染、氣候變遷、火災、病蟲害等，可能對森林生態系造成重大的威脅。透過森林健康監測，對森林生態系進行連續的監測，累積數據進行分析，提供森林狀況和變化的趨勢。對大氣污染、氣候變遷、有害生物等的發展情況，以及未來可能對森林的危害，作出精確的預報，供森林災害防治決策依據。透過營林促進健康措施(如選種、造林、撫育、伐採作業規劃、複層林經營)，促進森林生態系自然修復能力(如人工林以近自然經營為主)等方式，進行森林健康管理，以確保森林生態系永續發展。

6.5 複層林經營(邱志明撰 顏添明審稿)

6.5.1 複層林經營之目的

1990 年前後，為因應環境之變遷及社會的需求，美國發展出新林業理念及生態系經營方案，引進森林生態學知識，修正以往以木材生產為單一導向，並大面積皆伐與建造純林之經營方式(Kohm and Franklin 1997)。自生態遺傳學之觀點言之，人工單純林之物種歧異度小，基因資源貧乏，易遭受氣象、生物及疫病危害。因此如何謀求符合經濟、生態及社會需求的生產與保育策略，成為一重要思考之課題。亦即天然更新與人工造林交相應用，進行混合林或複層林經營，以營造出健康森林，已廣為各界所認同(早稻田, 1981；夏禹九等, 1988；Fujimori, 2001)。

由於最近二十餘年來社會環境之改變，森林經營已由傳統以林木生產為目標，轉變為重視森林健康之維護和增進生物多樣性。配合京都議定書 ARD(新植造林、更新造林、抑制毀林)及 FM(森林管理)，如何增進碳吸存效益，提升林地生產力、加強環境保護和生物多樣性維護，已成為森林經營者需面對之嚴肅課題。近年來導入生態系經營理念後，有別於過去同齡單純林之營林方式，森林經營者採取複層林、混合林經營以符合多樣化之育林策略，對於提高林分之結構、功能及組成之多樣性，有相當大之助益。

6.5.2 複層林建造過程

同齡單純林轉變為複層林之過程，茲以柳杉造林地為例，說明應用疏伐(或擇伐)方式，營建成針闊葉混合之複層林。

第一階段，鬱閉林分經過一系列疏伐，促成林下植物充分生長。此因疏伐後林冠破裂形成孔隙，陽光入射使地溫升高，促使土壤種子庫萌發，或周圍林木種子經動物或鳥類攜入，形成天然更新闊葉樹或灌木。假如天然更新之闊葉樹非目標樹種(如陽性樹之白匏子、山黃麻)，則於日後被移除；若為目標樹種(如臺灣樹、烏心石、櫧櫟、樟楠類)則留存。惟若柳杉或目標樹種之天然更新不足，則可人為栽植以為輔助，或以人工栽植為主，天然更新為輔，兩者相交應用，以完成目標複層林相之建造。

第二～四階段，同樣柳杉上木進行選擇性擇伐或疏伐，留存之上木維持一定之生長力，活樹冠比至少需 50%，而天然更新下層之闊葉樹、灌木或地被雜草則被留存，可維持或提升生物多樣性及水源涵養、水土保持之能力。

6.5.3 複層林經營之種類（案例介紹）

6.5.3.1 行列疏伐人工林複層林營建

茲以太平山之疏伐作業為例，說明營建複層林的方式。試驗地位於太平山事業區第 20 林班，海拔高約 1,100 m，坡向為東南東，林地坡度約為 15°～ 35°之間。試驗地原為蓄積良好之針闊葉混合林，經皆伐後，於 1966 年栽植柳杉，造林時行距為 2×1.5 m，亦即每公頃栽植 3,300 株。1990 年，林齡 24 年生時進行行列疏伐，此時林分密度每公頃約 1,200 株，平均胸徑約 19 cm，樹高約 15 m，立木材積約 280m^3/ha。

一、疏伐處理：採行列疏伐方式，計分為以下 4 種處理：

❶ 砍 2 行留 6 行：即疏伐帶寬為 6m，保留帶寬為 10m。

❷ 砍 3 行留 6 行：即疏伐帶寬為 8m，保留帶寬為 10m。

❸ 砍 4 行留 6 行：即疏伐帶寬為 10m，保留帶寬為 10m。

❹ 砍 5 行留 6 行：即疏伐帶寬為 12m，保留帶寬為 10m。

二、栽植樹種處理：疏伐帶內人工栽植樹種計有以下 4 種：

❶ 臺灣扁柏（*Chamaecyparis obtusa var. formosana Hay.*）；

❷ 紅檜（*Chamaecyparis formosensis Matsum*）；

❸ 香杉（*Cunninghamia konishii*）；

❹ 臺灣杉（*Taiwania cryptomerioidies Hay.*）。

栽植株行距為 2.0×2.0m，即每公頃栽植 2,500 株，各疏伐帶每一樹種栽植長度均為 30m。其栽植方式，若以砍伐帶寬 6m 為例，下木栽植是採取種 2 行（2 及 4m）方式進行，其他各砍伐帶栽植方式依此類推。進行不同帶寬之行列疏伐時，除對照區外，柳杉上木之保留帶同時進行定性之弱度下層疏伐，將保留帶中之病害木、斷頂木、分叉木及彎曲等幹型不良立木伐除，伐除率約為株數疏伐率 35%，材積疏伐率 20%，林分材積總疏伐率（疏伐帶 + 保留帶）為 50-55%，約為 150m^3/ha。

▲ 圖 6-10 疏伐後 20 年，形成不同針葉樹種複層林相（邱志明攝）

6.5.3.2 不規則孔隙複層林之營建

試驗地位於林業試驗所六龜研究中心第 3 林班，海拔高 1,300-1,400 m，坡度 15-30 度。該人工林於 1973 年 5 月建造，每公頃栽植 2,500 株，成活率約 80%；惟於 5 年生時（1978 年），陸續發生松鼠危害，林木枯死後之孔隙地即補植臺灣杉；1979 年 8 月又遭受賀伯颱風為害。於 1995 年調查發現，每公頃僅存平均株數 946 株，其中香杉 587 株，佔 62%，平均胸徑 28.3 cm，臺灣杉 178 株，平均胸徑 14.2 cm，佔 18.9%，其餘大多數為天然更新之闊葉樹。

試驗地于 1995 年調查時發現，受害木中之鼠害及風害大多為香杉，僅少數的臺灣杉受害，其餘樹種皆無受害現象。香杉受害木佔 92%，健全木僅 8%；依據香杉受害程度分級選木及伐採，再依據所設定之保留量，依序選伐嚴重之受害木，留存臺灣杉及天然更新闊葉樹。香杉上木留存株數，每公頃為 200、300、400 株。

林內已天然更新之闊葉樹種全數保留，胸徑 1cm 以上之木本植物，進行編號及定期調查，孔隙地於 1996 年 6 月栽植烏心石（*Michelia compressa*）、櫸木（*Zelkova serrata*）、江某（*Schefflera octophylla*）、香楠（*Machilus zuihoensis*）、印度栲（*Castanopsis indica*）、牛樟（*Cinnamomum micranthum*）等 6 種。苗木除牛樟為插條苗外，餘種子取自六龜試驗林之天然林中；目前已形成針闊葉混合異齡之複層林相。

▲圖 6-11 六龜試驗林針闊葉異齡混合林相（邱志明攝）
（A：受害木砍伐後形成孔隙；B：孔隙進行闊葉樹栽植；C：栽植闊葉樹生長情形；D：形成之針闊葉異齡混合林相）

6.5.3.3 不同策略異齡混合人工林之建造

試驗地位於林業試驗所六龜研究中心第 3 林班，海拔高 1,300- 1,400m，坡度 15-30 度。本試驗以環剝之方式漸進疏伐立木，模擬天然干擾造成林木立枯狀態，提供他種林木天然更新之空間，並間植耐陰樹種，使苗木可獲得上木庇蔭而促進生長，並可提供野生動物、昆蟲之食物及棲息場所。藉由加速青壯齡林分朝向老齡林分特性發育，促進及早具有與演替後期老林分相類似之生物多樣性，以測試不同空間、不同林分結構、樹種之組成，植物及動物社會和森林產物變異之效果。

為達成人工林生態系永續經營，修正傳統之疏伐撫育作業方式，針對不同林分經營目標及發展狀況進行不同之規劃，以提供將來臺灣杉人工林撫育經營作業之參據，其不同經營目標作業規劃如下（圖 6-12）：

❶ 對照區：

作為比對控制之用，並進行長期之監測，以做為比較之基準。

❷ 弱度疏伐：

以建立和維持大徑高品質木材之生產力為目標。

❸ 疏伐並行孔隙塑造及林下栽植：

期望人工林藉由人為之處理，建立最大水平和垂直林分結構之異質性，形成異齡、複層、多樣性，加速達到類似演替後期老林分構造，孔隙為 100m^2。

❹ 疏伐並行孔隙塑造：

期望將人工幼齡林，藉由人為處理促進天然更新，形成林分構造之異質性，孔隙為 100m^2。

▲ 圖 6-12 不同經營策略異齡混合林建造（邱志明攝）
（A：疏伐及孔隙塑造並行林下栽植；B：孔隙塑造並行天然更新；
C：以環剝樹皮方式形成孔隙，形成之枯立木為野生動物創造棲地；D：下層疏伐）

6.5.3.4 規則孔隙疏伐營造複層林

試驗地位於南投縣信義鄉，隸屬林務局南投林管處巒大事業區第 74、75 林班地之柳杉人工林。平均海拔 1,500 m，於 1971 年造林，2005 年底設置 12 個 1ha 之永久試驗樣區，並測繪記錄試驗區內所有胸徑大於 1cm 之木本植物。未疏伐前柳杉人工林每公頃平均株數為 1,050 株，平均胸徑約 25 cm，樹高約 17 m，每公頃蓄積約 450 m^3。疏伐方式如下：

❶ 林分於 2007 年 8 月完成三種疏伐處理（0、25、50%），四種區集（重複）。本試驗採用機械性之孔隙疏伐處理，每 1ha 處理區，配合共同試驗地每木位置之標定，劃分為 25 個 0.04ha 之樣區（圖 6-13）。0.04ha 小區中，再劃分為 4 個方形 0.01ha(10×10m) 之小區塊，因此本試驗地每一處理共有 100 個小區塊。25% 疏伐處理區，規則的每 4 個 0.01ha 之小區塊中，伐除 1 區塊（如圖 6-13）；而 50% 疏伐處理區則於每 4 個 0.01 ha 之方形小區塊中，伐除對角之 2 區塊（如圖 6-14）。

❷ 留存之孔隙不進行人工栽植，促進天然更新，並觀測林下天然更新闊葉樹之演替及留存木生長之變化，形成針闊葉混合之複層林。

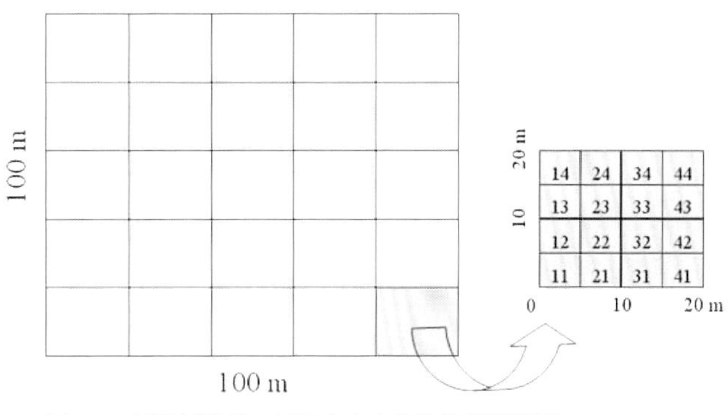

▲ 圖 6-13 共同試驗地，試區之木本植物位置規劃圖

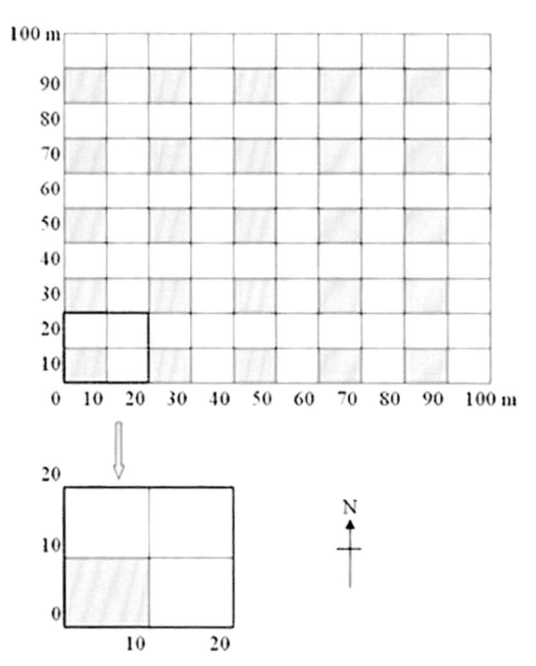

▲ 圖 6-14 疏伐率 25%之孔隙配置圖，灰色為砍伐部分，
每一小區塊 10×10m^2，在 0.04ha 小區中，疏伐 0.01ha (10×10m^2)

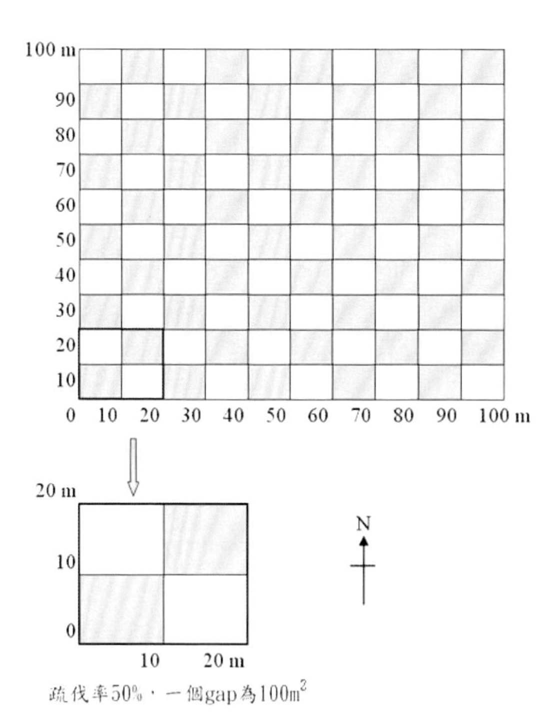

▲ 圖 6-15 疏伐率 50%之孔隙配置圖，灰色為砍伐部分，
每一小區塊 10×10m^2，在 0.04ha 小區中，砍伐對角之 2 個小區塊。

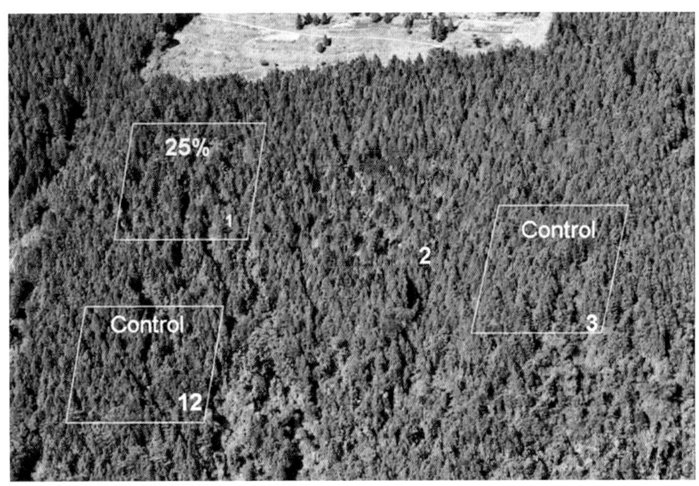

▲ 圖 6-16 柳杉規則孔隙疏伐複層林建造空拍圖（邱志明攝）

6.5.4 複層林建造所面臨之問題

林業機關針對不同經營目的及林分狀況，已建立各種形式之混合林，目前發現許多問題，必須思考解決。例如種間和種內競爭之問題，留存比率之問題，不同陽性樹種、陰性樹種混合栽植密度配置問題等。因此，必須進一步監測、評估，掌握林木生長競爭和物種演替消長變化等動態資訊，並分析不同經營階段人工混合林的水平及垂直結構量化指標，以做為後續複層林經營或人工純林轉化為混合複層林之參據，配合不同經營目標，提升植林減碳、水土保持、林地生產力及生物多樣性等功能。

6.6 練習題

① 何謂森林經營之期中撫育？說明期中撫育作業的方法與效果。
② 森林更新作業法中，哪些是同齡林作業、哪些是異齡林作業？
③ 請說明人工林經營之典範—法正林經營模型之內容要項。
④ 請概述美國對森林健康之定義及其監測計畫內容。
⑤ 說明複層林建造所面臨之問題

延伸閱讀 / 參考書目

- 王子定（1960）森林作業法（譯本）。教育部出版。266 頁。
- 王子定（1966）應用育林學。海風書店。328 頁。
- 王兆桓、陳子英（2002）林木健康指標評估方法之建立 - 以棲蘭地區老熟木為例。行政院農業委員會林務局保育研究系列第 91-6 號。47 頁。

- 邱志明、蘇聲欣、鍾智昕、唐盛林、林謙佑 (2015) 柳杉人工林行列疏伐異齡混合林經營研究。北京林業大學學報 37(3):44-54。
- 邱志明、蘇聲欣、唐盛林、博昭憲 (2014) 肖楠人工林之疏伐與林下闊葉樹栽植之效益評估。中華林學季刊 4(2):137-154。
- 邱志明 (2014) 重要經濟造林木修枝作業手冊。林務局印行。76 頁。
- 邱志明、鍾智昕、唐盛林、劉錦坤 (2010) 孔隙疏伐對柳杉人工林材質與碳吸存量影響之研究。人工林疏伐對生物多樣性與生態系功能影響論文集。林業叢刊第 223 號 277-306 頁。
- 林子玉 (1991)a. 森林作業法解說 (1)- 皆伐作業方法之技術解說 臺灣林業 17(1):2-6。
- 林子玉 (1991)b. 森林作業法解說 (2) - 漸伐作業方法之技術解說 臺灣林業 17(2): 17-24。
- 林謙佑、邱志明、林世宗、鍾智昕、林進龍 (2010) 棲蘭山地區柳杉人工林行列疏伐更新之研究。中華林學季刊 43(2)：233-247。
- 郭幸榮、林世宗、邱志明、卓志隆 (2006) 人工林疏伐實務手冊。行政院農委會林務局羅東林區管理處。115 頁。
- 陳朝圳、陳建璋 (2015) 森林經營學。中正書局股份有限公司。417p
- 陸元昌 (2006) 近自然森林經營的理論與實踐。科學出版社。249p
- 馮豐隆 (1996) 介紹美國國有林健康監測計畫。臺灣林業 22(9): 39-42。
- 黃裕星 (1999) 生態系經營理念下之育林作業法。臺灣林業 25(6): 4-9
- 楊榮啟、林文亮 (2003) 林測計學。國立編譯館。309 頁。
- 劉慎孝 (1976) 森林經理學。國立中興大學農學院森林經理學研究室出版。956 頁。
- 謝漢欽 (2003) 淺介美國森林健康監測的近況。林業研究專訊 10(5):31-37
- 顏添明 (2006) 森林經營學講義。國立中興大學森林學系森林經營暨林政學研究室。
- 顏添明、李久先 (1998) 七種生長模式模擬紅檜人工林疏伐林分單木胸高斷面積生長適用性之比較。中華林學季刊 31(1):13-24。
- 羅卓振南、鐘旭和、邱志明、黃進睦 (1997) 棲蘭山林區柳杉人工臨行列疏伐營造複層林之研究。台灣林業科學 12(4):459-465。
- 早稻田収 (1981) 複層林の仕立て方。日本林學改良普及協會。
- 坂口勝美 (1980) 間伐のすべて。日本林業調查會。245 頁。
- 南雲秀次郎、岡和夫 (2002) 林經理學 森林計畫學會出版局。
- Alexander, S.A. and Palmer, C.J. (1999) Forest health monitoring in the United States: first four years. Environ. monit. assess. 55: 267-277.
- Bruce D, Schumacher FX. (1950) Forest mensuration. McCraw-Hill, New York. 425 p.
- Burkman, W.G. and Hertel, G.D. (1992) Forest health monitoring: a national program to detect, evaluate and understand change. J. For. 90(9): 26-27.
- Chiu CM, Chien CT, Nigh G. (2016) Density-dependent mortality in Taiwania cryptomerioides and Chamaecyparis formosensis stands in Taiwan. Cogent Environmental Science (2016), 2: 1148301.

- Chiu CM, Nigh G., Chien CT, Ying CC. (2010) Growth patterns of plantation-grown Taiwania cryptomerioides following thinning. Australian Forestry 73(4):246-253.
- FAO (2017) Forest health. <http://www.fao.org/forestry/pests/en/>
- Ferretti, M. (1997) Forest health assessment and monitoring — issues for consideration. Environ. monit. assess. 48:45-72.
- Fujimori T. (2001) Ecological and silvilculture strategies for sustainable forest management. Elesvier sci. Tokyo. 398 p.
- Koch, L., Rogers, P., Michelle, F., Atkins, D. and Spiegel, L. (2001) Wyoming forest health report: a baseline assessment, 1995-1998. Rocky Mountain Research Station, Forest Service, U.S. Department of Agriculture. 52 p.
- Kohm K, Franklin JF. (1997) Creating a forestry for the 21st Century-the science of ecosystem management. Island press. Washington, District of Columbia, 475 p.
- Nyland RD. (2002) Silvicultive concepts and applications. Second edition. McGraw Hill. New York. 682 p.
- Philip MS. (1994) Measuring trees and forests. CABI publishing. 310 p.
- Rogers, P., Atkins, D., Frank, M. and Parker, D. (2001) Forest health monitoring in the interior west: a baseline summary of forest issues, 1996-1999. Gen. Tech. Rep. RMRS-GTR-75. Rocky Mountain Research Station, in cooperation with USDA Forest Service, State and Private Forestry, Regions 1-4. 40 p.
- Smith, W.B. (2002) Forest inventory and analysis: a national inventory and monitoring program. Environ. pollut. 116: S233-S242.
- Vancly JK. (1994) Modelling forest growth and yield-Applications to mixed tropical Forests. CABI International, Wallingford, Oxfordshire, UK. 312 p.

CHAPTER

07 森林經營資訊

撰寫人：邱祈榮、顏添明、陳朝圳　審查人：黃裕星

7.1 森林經營資訊概論（邱祈榮撰 黃裕星審稿）

森林經營系統可由資源、需求與經營等三個次系統所組成。從經營決策的過程來看，經營決策需要有適當的資源資訊與需求資訊的提供，所以資訊相關的森林經營決策系統，如圖 7-1 所示：

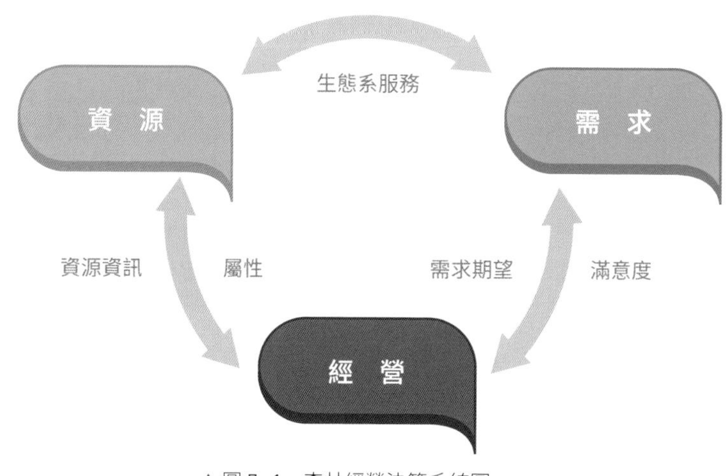

▲圖 7- 1　森林經營決策系統圖

一、資源資訊

包括生物及環境資源資訊兩大部分，生物資源除傳統上森林資源調查所得的林木與林型資料外，亦包含野生動植物等資料。在環境資源方面，除經營前的基本環境資訊，也包含經營作業後對環境的衝擊影響資訊，讓經營者能夠進行經營前規劃，亦能掌握經營後對於生態衝擊的情形，進而做出經營調整。

二、需求資訊

泛指對於森林經營有興趣相關利害人的各種資訊，例如木材方面包括有木材供銷與木材價格等資訊，森林遊樂方面則應瞭解遊客的期望需求與事後滿意程度，便於掌握遊客的行為。

三、經營資訊

泛指對於經營實施所牽涉的各種資訊，如人員、經費、法規等基本資訊，以及森林管理系統相關資訊，如造林地管理資訊、保護區及租地管理資訊均屬之。

森林資源調查所得多為初步的資料，這

些資料要經過適當的分析與判讀之後，方能形成有用的資訊，提供決策參考使用。在分析或判讀過程需要藉由良好的資料存取與管理介面，因此會藉由資料庫方式來存取與管理資料；經由資料庫管理系統做為介面，讓使用者能夠快速方便進行資料管理。隨著資料量的增加，與電腦科技的進步，讓資料庫技術進入資料倉儲的時代，有系統處理更大量的資料，也更有效率地進行分析。此外，森林經營尚對於資源的時空配置非常重視，尤其在廣大的空間範圍要進行規劃，更顯得空間資訊的重要。空間資訊方面，由於 1980 年代地理資訊系統技術興起，讓空間資料能夠有效管理與分析，已廣泛成為森林經營資訊的重要工具。

7.2 森林資源資訊系統（顏添明撰 黃裕星審稿）

森林為一龐大而複雜的生態系，森林內的林木會隨時間生長，具有變化的特性；而林木著生於林地除非遭移除或伐採，否則在所處的位置上不易改變，具有固定的特性。因此森林資源調查資料的記錄，涵蓋時間及空間的概念，換言之，在森林資訊的提供上，可包括：林地資訊、林木資訊及其它相關資訊（如環境或經營上的特性）等。資訊可視為資料的延伸應用，傳統林業在資料的記錄與保存上，常用圖籍、影像與文字表格等三種方式。

圖籍資料例如森林資源調查常使用之 1/5,000 林區像片基本圖或相關地籍圖；影像資料例如航空照片或具有林業文化意涵的歷史照片；文字表格例如森林資源調查紀錄與報告。這些資料其實在保存上並不容易，且需使用很大的貯存空間，尤其在資料的分析和查詢上相當耗時，因此所能提供的資訊也較為有限；這些傳統的資料在概念上屬於類比資料，在延伸應用上較受限。隨著時代的進步，電腦科技發展快速，數位化資訊科技對於森林資源系統的發展帶來革命性的影響，不論在資料的貯存、維護、更新、分析、查詢或展示上，都較傳統類比資料具優勢，尤其是經數位化的資料可貯存於電腦資訊系統中，不似傳統資料需佔用很大的貯存空間，在資料的分析運算上也相當便利，因此數位化資訊科技，已成為發展森林資源資訊系統應用的主流。

依陳永寬（2005）指出，森林資源資訊系統應涵蓋 5 項基本功能：「資料獲取與驗證（輸入）」、「資料存取與管理」、「資料轉換與處理」、「資料分析與查詢」、「資料輸出與展示」。茲將此 5 項基本功能整理如表 7-1。

表 7-1 森林資訊系統的 5 項基本功能及內容（參考陳永寬，2005）	
項目	說明
資料獲 取與驗證	森林資訊系統首需建立資料庫，而資料庫的資料來源可涵蓋森林經營所需的相關資料，如數化後之航空照片、地籍測量資料，造林臺帳、森林資源調查資料等。在資料獲得後需有查核機制檢驗資料的有效性，避免錯誤的資料導致錯誤資訊的產生，因此在資料輸入過程中不可產生錯誤。
資料存取與管理	在驗證資料的有效性後，需能將資料貯存於資料庫中。由於資料的屬性龐雜，所以資料庫在系統的建構上需將不同的資料分門別類，做系統性的規劃，才能有效率的進行資料庫的管理。因此資料的輸入與分類在資料庫的管理上扮演著重要的角色。
資料轉換與處理	由於資料庫的資料來源不一，因此在資料分析前需先進行資料的轉換與整合。如不同座標系統的轉換、不同尺度森林調查資料的整合、不同調查精度的處理與不同單位的轉換。而資料處理也包括：資料的維護、更新與編輯等。
分析與查詢	資料的分析乃擷取資料庫中的相關資料進行分析，以提供經營者參考，藉由適當資料分析方法與技術，可提供具體的資訊。較為複雜的資料分析技術，需仰賴軟體的分析功能才能達成，可視為資料庫的延伸應用。此外資料庫建立後也需具有查詢的功能，讓使用者能查詢應用。
輸出與展示	資料經分析完成後即成為資訊，經營者可參考此資訊進行決策。由於整合性的森林資源資訊系統之資料庫內容涵蓋層面廣泛，可由經營者依所需之資訊擷取資料進行分析，並將結果輸出，以提供科學化的具體資訊。

總而言之，森林資源資訊系統包括電腦硬體設備與相關之軟體，係將相關資料數位化，具有貯存、維護、更新、分析、查詢或展示的功能，以科學化的分析結果支援經營者進行決策，以提供森林經營所需的之具體資訊。因此森林資源資訊系統不僅是資料庫的概念，也包括資料分析結果的延伸應用。而森林資源資訊系統在空間資訊分析上，由於地理資訊系統的發展在技術上已趨成熟，因此在森林領域的應用日益受到重視，也成為林務人員必備的技能之一，尤其已廣泛地應用於森林資源調查後的資料分析處理，其相關應用將於下個章節中深入介紹。

7.3 地理資訊系統在森林資源調查上之應用（陳朝圳撰 黃裕星審稿）

地理資訊系統 (GIS) 是一套電腦軟體與硬體的組合，用來處理空間性和非空間性資料。其軟體大致包括四個系統：資料輸入、資料儲存、資料處理與分析、資料輸出。將空間性和非空間性資料輸入地理資訊系統，便可以用不同的角度和方式進行分析處理，進而協助林業人員從事森林資源經營規劃與監測等工作。航遙測與地理資訊系統互相配合，可以讓人以一個新的角度來看待問題，並提供問題的解決方式。簡單來說，航遙測提供必要的資料，而地理資訊系統則整合各種環境資料，作為環境規劃與監測進一步分析的基礎。這樣的配合除了更能了解過去環境的時空變化和趨勢之外，更可供預測環境改變後生態系的可能反應。

GIS 為一處理地理資料及協助空間決策的電腦系統，其結合電腦製圖、航遙測、資料庫管理系統等技術，具有資料輸入（input）、儲存（storage）、搜尋（retrieval）、分析（analysis）及展示（display）的資訊系統，能將不同來源的地理資料（包括空間圖形資料與其屬性資料），透過轉換為統一的座標系統，而整合成完整的地理資料庫，再應用模組工具，使用者可以作快速查詢、更新、套疊、分析，甚至可以作專案規劃與方案研究，其成果可供決策者參考。

由於電腦科技日新月異，資料儲存媒體容量增加與 GIS 研究發展的應用範圍擴大，再加上價格合理，已被政府、民間及學術機構大量採用。研究發展應用的課題如自然資源變遷、資源開發管理、交通管理、旅遊服務、通路配銷、軍事用途等，尤其 GIS 能有效建立圖、文共存之生態資料庫與進行衛星影像分析，更適合應用於森林經營規劃。森林經營規劃管理之重點工作，包括永久樣區的設立、物理環境調查、生物資源調查及生態介量與結構調查等，而地理資訊系統與資源調查在各重點工作中相互搭配所扮演之角色，分述如下：

7.3.1 永久樣區的設立

大面積的森林生態系為達成監測目的，除以遙測影像所獲得之大尺度生態環境資訊外，通常因限於經費及時間，無法進行全面性的地面調查，故需從大面積的生態系中，設置足以代表該生態系的永久樣區，以為估測及監測之依據。永久樣區之設立涉及定位問題，GPS 可配合雷射測量儀，進行樣區的設置及立木調查，其為一可行之方法。而對於樣區設立之代表性問題，GIS 可快速的提供相關資訊以供分層取樣使用。

7.3.2 森林物理環境調查

森林經營目的之一在於維持生態系或珍稀物種，因此所占面積廣闊，區內因地形之變化會產生區域性或微棲地之物理環境，而該物理環境資訊之掌握，為探討生態區位之基礎。在此種大尺度之空間資料建立，必須藉由地理資訊系統之分析能力才能快速有效的掌握。目前對

於空間物理環境的推導方式係以 DEM 為材料，利用 GIS 之分析能力，推導與生態環境有關之地形因子或複合性因子包括坡度、坡向、溫量指數、水分梯度、全天光空域、日輻射潛能等。另外為掌握保護區之水文現象，則可利用 DEM 配合 GIS 進行集水區範圍之劃定及河流萃取等，更可藉由農業非點源模式 (Agricultural Non-point Source Model, AgNPS)，模擬空間性之水文資料，其對於森林經營之生態環境掌握，提供了快速有效的分析方法。

7.3.3 生物資源調查

森林經營的保育對象除維護其環境屬性與結構外，生物資源通常為森林經營主要的保育對象。生物社會中各種動植物的分布位置、結構及其數量，則為生物資源調查的主要項目，而於不同時間的重複調查則可獲得時間上的動態變化。生物資源在生命層譜中的組成順序為：生物個體、生物族群及生物社會。由動物及植物共同棲息的區域所形成的歧異社會，便是森林經營主要的保育主體，而其於空間及時間上的分布結構，是維持生態過程的架構，因此空間性與時間性的生物資源調查，將是保護區進行評估監測之主要依據。由於遙測資料具有時間解析力、空間解析力及波譜解析力，其對於大尺度之空間資訊建立，將是一有效資料。另因單一物種在區內之分布狀態，亦為森林經營管理之重要工作，尤其是稀有物種的分布狀況，因此以 GPS 進行物種定位，再藉由地理環境資料庫之套疊功能，將可推導物種之空間分布模式，其結果對保護區之物種管理將可提供更完整之資訊。

7.3.4 生態介量與結構調查

物理環境加上所孕育出的生物資源，即形成整個生態系，是為生命層譜的最高層次，在生態系階層中可形成其特有的生態介量與結構，如：植物群落、演替階段、物質循環 及能量的流動等。有了上述種種的生態介量，再加上物理環境的描述，便可掌握生態系的主要結構。

所以定期的綜合評斷生態介量，便可得到生態演替的指標。一般所謂生態介量包括族群結構、豐富度、歧異度、優勢度等，此等生態介量與結構因受空間物理環境之影響，因此，以 GIS 所建立之地理資料庫，將是建立空間性生態介量與結構之基礎。另外，因遙測資料據實的記錄地表狀態，藉由波譜特性推算各種指標以解釋生態現象、結構或變遷已有豐碩成果。森林經營之目的，包括以人類干預生態系，維持人類所 期望之生態平衡及管制人類活動，避免自然資源的不當利用，促使完整的生態系結構得以維持，而森林經營硬體設施最適地點的選擇、人為活動之規劃，為避免干擾生態平衡，必須進行事前預防及事後的監測，此工作之進行需依據生態資源的特性與時空分布資訊來判斷，RS 及 GPS 可提供迅速確實的資源調查與定位的技術；GIS 可提供空間性之資料，並可作為干擾模式的運算平臺。

7.4 練習題

① 說明森林經營資訊中，資源資訊所包含的內涵。
② 一套完整的森林資源資訊系統，應至少具有哪 5 項功能？
③ 何謂地理資訊系統 (GIS)? 試述其在森林經營規劃上之應用。

延伸閱讀 / 參考書目

陳永寬 (2005) 森林資源：森林資源的管理 - 空間資訊系統《科學發展》389:32-39

CHAPTER
08 森林永續經營

撰寫人：王兆桓　審查人：顏添明

8.1 森林永續性之意義

「永續性」代表的是「長期可持續性」，往往指的是無限期的未來，無論外界的影響為何，都能保持資源的可利用潛力，使品質或數量都不會下降。雖然我們不再主張在所有土地上實行永續性概念（因為管理計畫需要把重點放在土地擁有者設定的目標），但是如果我們要考慮一塊土地所生產各種產品之永續性，一定數量之規劃是十分必要的(Bettinger et al., 2009)。

森林永續經營是依據永續發展原則來管理森林，而永續發展是「符合當代所需，但不損及後代需求供應能力之發展方式」；林業部門在這方面的演變，是從傳統的生產性永續收穫，演變為同時注重生態、經濟和社會功能的森林永續經營（羅紹麟，2006；Davis et al., 2005；Bettinger et al., 2009)。

8.2 森林永續經營之定義與發展

自工業革命以來，全球森林銳減，危及自然生態，也使人類社會遭受巨大損失。有鑑於此，1992 年聯合國世界環境與發展大會，在巴西里約召開第一屆地球高峰會，發表處理森林問題的森林原則 (Forest Principles)，針對遏阻森林破壞以及森林經營提出對策。1993 年芬蘭赫爾辛基及 2005 年澳洲布里斯本之世界林學大會，皆討論了「永續性森林經營 (Sustainable Forest Management；SFM)」，表達了世界成員對環境問題更深層的思考，如何進行森林的永續發展成為重要議題（鄭欽龍，1999、2007；陳朝圳、陳建璋，2015)。

1993 年歐洲森林保護的部長級會議，曾針對森林永續經營提出完整的定義，其認為森林永續經營必須考慮地區性、國家及全球層級的生態、經濟及社會功能。森林及林地資源的經營與使用，其經營目標雖然尚無定論，但目前可以歸納四項共同點：(1) 重視森林的健康，(2) 維持森林的生產力、活力、森林生物多樣性，(3) 經營作業必須與環境、經濟、社會文化整合，(4) 重視世代之間的公平性（鄭欽龍，1999、2007；陳朝圳、陳建璋，2015)。

由此可知森林永續經營是以社會福祉為依據，追求社會的公平正義及世代之間的公平性；以生態系為基礎，維持生物多樣性與生態系長期結構的穩定性；重視森林的健康，發揮林地生產力，追求經濟效益與消費的合理性。國際上目前主要的森林永續經營工作包括：(1) 設置永續性森林經營的準則與指標以及 (2) 推展森林及木材認證制度，這兩項工作彼此關連 (鄭欽龍，1999、2007)。

8.3 永續森林的四個觀點

進入 21 世紀，人類社會在歷史發展上所指的「永續森林」有四個觀點常被拿來討論。Davis et al. (2005) 在下表中概述了個別觀點的主要決定因素，而它們之間有很大的差異。在各個觀點貢獻的論爭上，沒有一個觀點是絕對最好的，但最後一個觀點試圖整合前面的所有觀點，因而在分析和政治上最受重視。

表 8-1 永續森林的四個觀點

永續森林的觀點	觀點 1	觀點 2	觀點 3	觀點 4
常用名稱	永續生產	多目標利用的永續生產	自然功能的森林生態系統	永續的人類與森林生態系統
人與自然的關係	人類主宰大自然	人類主宰大自然	人類通常被忽視	人與自然並存
在規劃中考慮人類人口因素	不明確；部分對木材的需求	不明確；部分對產物和服務的需求	無	在環境保護基線水準下考慮人類需求
主要森林狀況和成果的關注	商用木材	木材、水、飼料、野生動物、遊樂	森林生態組成、結構和過程；關注本土物種	包括前面所有項目

(翻譯自 Davis *et al.*, 2005)

8.3.1 木材產品的永續性

二十世紀初，很多人關注自然資源利用議題，認為「資源生產水準可以無限」的觀點不切實際。因此，當時採用的傳統森林經營核心，在於控制等流量 (even flow) 的木材產品，而等流量的概念在林業知識史上，可溯及歐洲德國 (羅紹麟，2006；David et al., 2005；Bettinger et al., 2009)。

許多早期的森林永續性思想，都集中在以最低的成本，產生最高的產量，以及找出最有效的方法，來滿足本地和區域市場的需求。在任何情況下，受到木材產品之永續生產政策的影響，組織的核心問題，為確定可以從森林中不斷地收穫木材，或者確定收穫的水準可隨時間的推移而增加，不會衰減。保持永續的收益，成為森林經營之重要策略(Bettinger et al., 2009)。

一、森林永續收穫之優點

❶ 收支均可近於穩定狀態：

所經營之森林，可在每年或定期獲得同等之收穫，連續實施，恆久不墜，收支均可近於穩定狀態，易於實現合理的經營計畫。

❷ 每年或定期之收入相同：

使林主能有計畫的運用財源。

❸ 木材之供應固定，可使市場穩定：

每年或定期之收穫固定，即木材之供應固定，可使市場穩定。

❹ 可使經營有規律而實現合理制度化：

每年或定期之作業量相同，則管理費及設施費之開支，亦可固定，可使經營有規律而實現合理制度化，亦可使作業員工之生活安定。

❺ 使公眾之福祉持續穩定：

每年或定期之作業量相同，則對於維護景觀、涵養水源、調和氣候等公益作用，能維持正常，使公眾之福祉持續穩定。

二、森林永續收穫需要考慮的問題

❶ 政策的規模：

管理人員需要決定是否將永續生產量政策，適用於土地擁有者、鄉鎮、事業區、縣、林區、地區或一個國家。地理範圍越大，則永續生產的收穫量就越大。

❷ 森林管理強度的假定：

當前和今後的林分可搭配各種育林處理，可能會影響擁有者或區域的長期木材收穫潛能。假設所有的土地擁有者均採取非常集約的經營法，可能未能意識到公共和私人土地擁有者在經濟或管理的現實面。

❸ 市場波動：

木材價格受不同地區、區域、國家和全球的影響，但是規劃的永續性採伐量，常會忽略這些影響力。

❹ 永續生產的概念對於未規整森林之應用：

若要使用永續生產目標來管理未規整的森林，需要先將森林的齡級分布，轉換為法正林齡級配置。

❺ 受自然力量的森林枯竭：

木材供應可能受森林收穫的影響，以及自然的干擾(如病蟲害、火災等)，導致減少森林的面積、生長和品質，顯然會影響一片森林的永續收穫量。

8.3.2 多目標利用的永續性

二十世紀中期，由於美國居民休閒時間增加，以及交通系統發達，促使更多人關注遊樂、野生動物及其他非商品的森林資源。

此外，美國國會正式確定永續性的國家觀點，是在聯邦土地上兼顧穩定當地社區需求及提供社會多元效益。1944 年的永續生產森林經營法案 (Sustained-Yield Forest Management Act of 1944) 由國會通過，試圖鼓勵發展永續生產的單位或產業，和聯邦土地合作，以成為支持依賴木材採伐及其他資源設施或服務的社區之手段。儘管永續生產森林經營法案中，提出多元資源永續性的重要性，但是直到 1960 年國會通過了多目標利用永續生產法案 (Multiple-Use Sustained-Yield Act of 1960)，才將它具體化；多元資源包含 (1) 木材 (timber)、(2) 集水區 (watershed)、(3) 牧草原 (range)、(4) 野生動物與魚類 (wildlife and fish)、(5) 戶外遊憩 (outdoor recreation)，成為森林多目標利用的經營理念。

8.3.3 自然森林生態系的永續性

這種觀點的概念為，讓森林發展和過程順其自然，無需人工干預。自然主義體系強力採用的是「自然所做的任何事情確實比人類做得好」，這幾乎是「自

然優於人」的觀點。國家公園和自然保護區的建立，主張不干涉昆蟲、疾病和火燒過程；而對於減少人類活動的要求，是其典型的政策立場 (Davis et al., 2005)。

8.3.4 人類與森林生態系的永續性

這一概念設想「人與自然共存」之審慎經營，體認人口增加、依賴森林生活的人群、人類不斷變化的需求，以及他們與森林之間的關係。而應對這些日益增加的需求，同時要維護健康的森林生態系功能，是件重大的挑戰。可想而知此一觀點已有許多不同的定義被提出，而每個意義反映作者或機構的特定角度。在這些差異中具有一致的通則，即反應出企盼保護和復原危險的生態結構、功能與過程 (Davis et al., 2005；MacDicken, 2015)。

Bettinger et al.(2009) 認為，需要兼顧森林生態系與社會價值的永續性；關於森林和自然資源，在全球部分地區的公眾態度，已經從視資源為地方經濟的生產中心，轉變為將其視為功能性生態系統，強調生態系完整性價值之增加，已經超過了在商品上的生產價值。森林經營者在這種模式下運作，必須認識和評價非木質林產品，並且森林經營活動需要進行相應的調整。應注意從森林獲取的所有產品和服務之流量，取決於維持和發展永續生態系的功能和進程。國家森林經營必須以生態系之永續，進行計畫之研擬。新規劃過程是戰略性的，並允許每個國家森林發展廣泛目標，不必被森林法令限制，這意味著計畫的執行，留給野外管理人員更大的彈性。

當前美國林務署的森林計畫，將花費較 1980 年代制定的森林計畫更多經費，因為需要 (1) 與專案關係人合作，(2) 分析多個備選方案，(3) 制定決策，(4) 記錄所涉及的流程，(5) 評估永續性要求，(6) 監控計畫的實施。然而，正如規則所建議的那樣，以這種方式管理永續性，可以充分地提供各種資源的維護，而不損害土地的生產力，這是多目標利用永續生產法案的要求。

8.4 森林永續經營之準則與指標

森林永續經營理念的執行手段，係以國家或經營單位層級，發展一套永續發展之評估準則與指標 (criteria and indicators)，用以評估森林經營之永續發展程度。森林永續經營準則是指考量各地森林情況，並依據永續經營目標，所訂出之森林經營規則；而指標則是依據規則所設的衡量標準。對於森林資源保

育評估、決策規劃、執行、經營管理、監測與適應策略之進行，準則與指標都是相當重要的指引（鄭欽龍，1999；高義盛、馮豐隆，2000；鄭欽龍，2007；李宣德、馮豐隆，2009）。

用於評估森林永續經營之準則與指標，因不同的地域、尺度和目的，而產生很多的標準和差異。常見的準則可以歸納如下（鄭欽龍，1999；馮豐隆，2003；李宣德、馮豐隆，2009；Holvoet, 2003）：

❶ 生物多樣性的保育。

❷ 森林生態系生產力的維持。

❸ 森林生態系健康與活力的維持。

❹ 國土保安、水土保持。

❺ 森林對環境及全球碳循環貢獻的維持。

❻ 維護與促進森林長期生態、經濟、社會的綜合效益。

❼ 法律及政策的保障體系。

❽ 科技的支撐與資訊的普及。

Holvoet(2003) 針對森林永續經營，收集全球不同區域、不同尺度、不同目的之標準，先依照 Lammerts van Bueren and Blom (1997) 的等級架構，制定一個「參考標準」，然後以隱現法產生資料矩陣，再使用多變量分析比較異同點進行分群。結果顯示，在永續性與多功能性森林經營之政策與規劃方面，北半球區域的國家較有經驗、知識與研究能力，而相對上南半球區域的國家少有相關的經驗與技術。然而在永續森林利用和確保森林更新，以維持森林生產性功能等方面，北半球區域的國家面對的是較不複雜的生態系、低度的物種多樣性，但卻具有較高的監測能力；而南半球區域的國家，面對的是較複雜的生態系、高

度的物種多樣性，卻僅有較少的的監測能力。

羅紹麟 (2006) 認為，純正嚴謹的永續性森林經營，可能將是一種高資訊、高成本，換句話說是一種高預算經營，到最後也可能是一種高難度的森林經營。Bettinger et al. (2009) 認為演變中的永續性概念，在世界的發展中地區之應用，可能比較困難；特別是木材資源被視為社會財產的地區，其木材利用只是為了滿足人們的日常能源需求。在這些情況下，既不可能是永續性的生產，也不是永續性生產的環境條件，除非林產品有更高價值和更好的利用，才會與永續生產有關。

森林生態系永續經營必須整合不同領域的專家學者、經營者、以及公眾參與，共同研究討論訂定準則與指標，其背後存在著濃厚的人本核心價值 (馮豐隆，2003；羅紹麟，2006)。然而社會價值觀不斷演變，其結果為，未來世代對於永續性的看法可能不同於我們 (Bettinger et al., 2009)。因此，需要以科學方法提升產品實體的質與量，也需要心靈體會，以提升產品無形的藝術與文化層次，持續地學習、調適與創新，使產品能有更高和更好的價值，才能確保永續性森林經營之執行。

8.5 小結

永續性已成為人類需求的根基與天然資源管理的指導原則；尋求滿足當代的需求，而不破壞自然資源基礎和損害未來世代使用相同資源的能力。然而，難題在於社會價值觀不斷演變，未來世代對於永續性的看法可能有別於我們。

純正嚴謹的永續性森林經營，將是一種高成本、高難度的森林經營，可能不易施行於森林價值偏低的區域。因此，持續學習、調適與創新，使產品能有更高和更好的價值，才能確保永續性森林經營之落實。

8.6 練習題

① 請說明近代人類所稱之永續森林，有哪四個主要觀點？

② 說明永續性森林經營 (Sustainable Forest Management；SFM) 之定義及內涵重點。

③ 用於評估森林永續經營之準則與指標，會因爲不同的地域、尺度和目的而有所差異；試歸納列舉常見的永續經營準則。

延伸閱讀 / 參考書目

- 李宣德、馮豐隆 (2009) 森林生物生態面向之永續發展指標。林業研究季刊 31(2)：61-76。
- 高義盛、馮豐隆 (2000) 準則和指標 - 談加拿大永續森林經營的測量。台灣林業 26(2):50-61。
- 馮豐隆 (2003) 臺灣森林生態系經營準則和指標。森林資源評價學講義。國立中興大學。
- <hppt://web.nchu.edu.tw/pweb/users/flfeng/lesson/332.pdf>
- 陳朝圳、陳建璋 (2015) 森林經營學。正中書局。
- 劉愼孝 (1976) 森林經理學。國立中興大學農學院森林經理學研究室。
- 鄭欽龍 (1999) 國際森林認證制度及其對台灣木材市場影響之探討。中華林學季刊 32(4):495-504。
- 鄭欽龍 (2007) 森林經營學及實習講義。台灣大學。<http://homepage.ntu.edu.tw/~kimzheng/MGT/mgt03a.htm>
- 羅紹麟 (2006) 從社會經濟與生態談森林永續經營－執教大學三十年的回顧。林業研究季刊 28(1)：79-84
- Bettinger, P., Boston, K., Siry, J., and D. L. Grebner (2009) Forest Management and Planning.
- Davis, L. S., Johnson, K. N., Bettinger, P., and T. E. Howard (2005) Forest Management：To Sustain Ecological, Economic, and Social Values.
- Holvoet, B. (2003) Comparison of standards for evaluation of Sustainable Forest Management between countries from the South and the North. Amsterdam.
- <http://www.forest-trends.org/documents/files/doc_1209.ppt>
- Lammerts van Bueren, E.M. and E.M. Blom (1997) Hierarchical framework for the formulation of sustainable forest management standards. The Tropenbos Foundation.
- MacDicken, K. G., Sola P., Hall, J. E., Saboga, C., Tadoum, M. and C. Wasseige (2015) Global progress toward sustainable forest management. Forest Ecology and Management 352 (2015) 47–56.

CHAPTER

09 參與式經營

撰寫人：林增毅　審查人：盧道杰

9.1 參與式經營之定義、演化、種類及目的

「參與式森林經營」是利用森林資源而獲得利益的關係人，共同參與森林經營決策的通稱 (Gilmour 2016)。FAO (2012) 將其定義為「透過所有因利用森林資源而獲得直接權益的關係人，參與森林經營各方面決策，包括制定政策的過程和機制」。森林經營權益關係人的背景十分多元，他們或許會是即將繼承森林土地權的年輕人、仰賴森林資源維生的女性，抑或是只注重短期利益、跟森林資源及管理有直接利害關係的對象維持合作關係的木材商 (FAO 2012)。因此，參與式森林經營應當盡可能具有包容性。

儘管現有許多形式的參與式森林經營，但以社區為基礎的林業，或稱社區林業 (community-based forestry, CBF) 一詞，是其中最能表述任何形式之合作機制的通用術語。這種合作制度可應用在需要取得社區土地集體作業核准，以及僅需要獲得私人土地許可的經濟活動。惟被視為整合型農作系統的混農林業，因為其側重森林經營多於散生農地上的樹木，加上其涉及作物、果樹、林木等，被排除在社區林業定義之外 (Gilmour 2016)。另外，社區林業的定義也會依照不同的情勢，如配合當地文化，而有不同。RECOFTC(2013) 提出一個較完整的定義：社區林業旨在增加當地居民參與經營與管理森林資源的倡議、科學、政策與進程。FAO(2011) 則認為：特定情況裡，社區林業政策目標將以人權為主，如決定不同使用權的認可，可謂結合了社會經濟與生物物理。

Lawrence(2007) 提出，社區林業的演變是遵循從化約性到科學系統性思考、從簡單向複雜，以及從主動規劃進化到適應的趨勢。她將社區林業過去 30 年來的發展沿革，分成三個世代：第一代的社區林業多數以建立能解決土地占用權問題、保護與規範森林資源之利用，和編製經營計畫工作的基礎為主。在此階段，社會生態系統的運作應當是穩當，且發生的問題都能被理性處理的。一旦參與者從第一代社區林業中收穫經驗，多樣性的社會面以及社會與生態系統的互動也隨之浮現。第二代則強調多元化、社會公義以及組織的發展，同時帶起社區自主管理商業產品的趨勢、建立夥伴關係，以解決權益關係人間的衝突。第三代的社區林業把焦點放在建構更複雜的森林經營系統觀；在此階段，權益關係人會開始有機會參與及認識經營管理的過程，同時也能通過持續參與，發展研究與監督行動，以應對永續發展的問題。

可以說，第三代社區林業也是在嘗試調適性的森林資源經營管理。總而言之，社區林業是知識密集型的過程，且當社區從配置期轉為開發期時，其對技術的要求也隨之提高 (Brown et al. 2002)。

雖然社區林業的形式十分多樣，但 Gilmour (2016) 依照權利範圍、參與度和賦權度之遞增，將其分為五大類：參與式保育、聯合森林經營、部分和全部權力與責任下放的社區林業，以及私人經營管理。

一、參與式保育的主要特點，包含部分社區需為保護森林負責任，但決策權力卻極微，以及當地社區極少或近乎沒有獲取與使用森林產品的權利。涉及參與式保育的社區，常被鼓勵利用保護區的緩衝區以減少使用森林產品的壓力，並建議尋找替代的生計。

二、聯合森林經營的特點，則是政府將受限制且被設定範圍之收穫與使用林產品的權利，分享給當地社區，並通過共享收穫林產品利益，鼓勵當地社區參與保育森林的工作。

三、部分權力與責任下放的社區林業，則是在森林經營計畫發展的規範下，授予部分經營、收穫與利用森林資源的權利給社區，社區可享受林產品的利益，政府則扮演監督者的角色。

四、全部權力與責任下放的社區林業則強調，授予主要的權力給社區，讓社區居民分享到較多的利益；前提是社區必須能提出完整的森林經營規劃。

五、私人經營管理森林，則是森林擁有者具有大部分的權力，可決定如何經營、收穫及利用資源與生產產品，所以他們也享有經濟活動中產生的所有利益。而政府在此過程中可能、或不會參與監督的活動。

9.2 參與式經營國際案例

社區林業為最容易讓大家瞭解的一種參與式經營，臺灣自 2002 年開始推行社區林業，至 2017 年政府投入社區林業計畫超過 3 億元，不同篇章之申請件數已逾 1,500 件 (夏榮生等，2018；延伸閱讀 https://www.forest.gov.tw/0000104/0000520)，目前仍繼續在推行，為臺灣參與式經營的林業案例。除了臺灣以外，世界各國也有不少參與式經營的案例，茲分述如下：

9.2.1 尼泊爾[1]

尼泊爾瑞士社區林業計畫 (Nepal Swiss Community Forestry Project, NSCFP) 已施行超過 20 年 (1990-2011)，且被列為近年來在社區發展上取得重大進展的長期林業計畫之一。此計畫盛行的契機，源於越來越多人注意到喜馬拉雅山，坡地退化所引發的環境不穩定問題，以及資源可能不足的困境。計畫施行初期，主要在發展當地的森林資源經營技術和環境，例如設立苗圃、舉辦植樹造林活動、技術轉移與宣導教育活動等。直到後期，計畫的重心逐漸轉向，協助解決當地社會和政治面向的議題，例如消弭貧窮、發展偏鄉森林使用者的培力機制、解決性別不平等和社會歧視問題。換言之，此計畫的重要成就包括：抑貧、促進社會融合、永續經營樹木與森林，以及創造以森林為基礎的企業。

尼泊爾瑞士社區林業計畫曾於 2000 年執行一項嚴謹的調查，並總結出下列因素：階級、種姓、種族、性別、地域差異，以及脆弱度，是造成長期貧困的根本原因。因此，該計畫首先鎖定的對象即為森林權益關係人中，根據社會福祉排序的瘰瘰極端貧困族群。他們通常是遭受到社會歧視、食物自足量少於六個月、每人每日平均收入低於 1 美元的人。這個計畫以改善他們的生計為目標，而從包含經濟面、物質面和生物面，甚至涉及資產的方案來探討與努力。所採取的行動，包括放棄社區林業之部分收入 (約 35%) 以惠及這些貧困族群，另亦提供零利率貸款計畫以改善生計。於 2004-2006 年進行的研究發現 ，透過上述方案與行動，84% 的極端貧困家庭，已取得足以支撐全年生計的顯著經濟收益。除此之外，參與社區林業計畫的 76% 社區，也因社會地位提高而產生較少的焦慮情緒。

尼泊爾原即普遍存在各種因種姓、經濟地位、種族、性別、年齡、殘疾與脆弱度產生的差異，而導致社會排擠問題。尼泊爾瑞士社區林業計畫於 1995 年認知到兩性一起處理性別議題的重要性，計畫從種姓制度著手，改善涉及此計畫的關係人之生計利益。而為增加對社會融合道義上的認知與提高社區凝聚力，社區林業計畫也指導和培力，以增加眾人對女性與弱勢種姓族群 (如鐵匠種姓) 參與工作的接受度。計畫結束時，參與決策執行委員會的女性比率為 35%，高於全國平均水準 (26%)，其中大部分的女性領導人都是剛畢業的年輕人 (Chhetry 2010)。而少數族群達利特人 (Dalits) 在 2000-2008 年間，加入決策執行委員會的人數比率，也由 5.2% 增加至 9.9%。

尼泊爾瑞士社區林業計畫早期著重在退化土地的造林，並嘗試透過提供種苗，鼓勵更多的私人造林 (Carter 1992)。1990 中期，計畫焦點逐漸轉向實施永續的森林經營。其所面臨的最大挑戰之一，乃是將單一的松樹林相轉變為針闊葉混合林相，以符合生產飼料和燃料的需求。而轉變行動的第一步就是執行參與式森林調查，以量化森林的林分蓄積；接著利用調查數據，制定一項便於社區居民調度日常生活用品，以及商品化藥物、油料及纖維作物的作業計畫。此外，為了讓社區有機會嘗試不同的經營方式，也設置一些示範樣區。結果顯示，計畫範圍內森林覆蓋率每年以 1.96% 的速度增加，每年疏林長成茂密森林之轉換率，則為 1.13-3.39%。

尼泊爾瑞士社區林業計畫中，最具爭議的部分是嘗試建置森林企業 (Carter 1992)，希望計畫結束時，參與的社區能自籌資金，且在一定架構下能保有充分的獨立性，同時也可透過處理與銷售森林產品，獲取更高的收入，並創造當地就業機會。有鑑於木材砍伐向來是備受爭議的敏感課題，所以計畫特別重視非木材林產物 (NTFP) 的市場潛力。森林企業的建置主要是對 500 名居民進行產品經營銷售訓練，協助其中的 200 名居民發展微型企業；其中大部分屬家庭企業，少部分則發展成中型企業。由於計畫成立這些企業的目的在消弭貧窮，因此多數的中型企業會聘僱被社會排擠的人，這即是日後眾所周知的「益貧企業模式」。截至 2006 年為止，尼泊爾瑞士社區林業計畫協助加工與上市約 23 種不同的森林產物，平均每年創造高達 1,200 萬盧比的營業額，利用其中約 6 成的金額，每年聘僱為期三個月至十個月的居民 1,500 名。

9.2.2 墨西哥

根據 FAO(2006) 的數據顯示，墨西哥的森林面積達 6,420 萬公頃，超過其總土地面積的 33%，其中一半以上的林地為天然林。Klooster(2003) 概估墨西哥有 1,200 萬人居住在森林或其周邊的 8 千個社區中，並倚賴森林為生。墨西哥大概有 6 成至 8 成的林地屬共有財產體制 (Antinori and Bray 2005)，為具備木材生產能力的社區經營型森林 (Bray et al. 2006)。據統計，墨西哥生產的木材約有 12% 已獲得認證 (Klooster 2006)。

墨西哥的社區林業，可謂深植於農民與國家關係的歷史發展脈絡中。仰賴森林維生的人群通常居住在一般的村社 (ejido) 或農業社區裡，社區成員擁有私人與公有地之使用權。此種權力分配緣於 1917 革命後期進行了土地改革，為當時無土地的農民創造出由農地與林地構成的村社 (Charnley and Poe 2007)。自 1992 年起，現存的村社也經歷改革，原本的國有財產權，也逐漸轉為私有化 (Klooster 2003)。簡而言之，現階段村社的社區成員，皆擁有公有或私人土地的所有權。另外，每個村社都具有公共的治理結構，這也是日後發展為社區林業企業的基礎。

正因為土地使用權私有化了，社區現階段都全力參與森林經營活動，例如伐木和營運鋸木廠與操作具附加價值的工廠設施 (Antinori and Bray 2005)。儘管如此，墨西哥社區林業所產出的林木或非林木產品，仍受環境法規約束，同時任何利用森林的經濟活動，也都需事先獲得政府的許可。雖然墨西哥的社區林業取得了明顯的成就，但其運作上仍存在諸多問題，如：內部鬥爭、腐敗、小部分社區成員非法砍伐森林、過度且不穩定的監督架構，以及社區間彼此互不信任 (Bray et al. 2006)。

9.2.3 加拿大

加拿大是另一個具有參與式森林經營模式的國家，該國約 5 成土地為森林所覆蓋 (Beckley 2003)，94% 是公有林地 (Crown Land)，其中 71% 屬省有，其餘則屬聯邦政府 (Bull and Schwab 2005)。公有林地通常透過長期租賃，讓擁有採伐設備與工廠的自營林業公司生產木材 (Berkeley 1998)。因此，加拿大的森林經營主要由森林產業、省及聯邦政府一起決策調整。然而，在 1990 年代，這樣的模式因決策過程缺乏社區參與而飽受抨擊，故公有林地的經營管理逐漸轉向更切合社會、經濟、生態上可永續發展的經營模式。舉例來說，1992 年加拿大森林計畫、共同經營公有森林計畫及社區森林等倡議，皆是鼓勵更多民眾參與決策的新型態公有地使用權行動計畫。

社區林業在加拿大非常流行，如安大略省、魁北克省與英屬哥倫比亞，皆執行了不少社區林業計畫 (Teitelbaum et al. 2006)。在加拿大的定義中，社區林業是作為利益來源，並由社區管理的公共森林；但英屬哥倫比亞省的森林協約計畫，則是以類似出租土地給私營公司的方式，分配限定區域公有地的使用權。這項協議內容表明，國家仍保有森林產權，但社區對管理決策有重大的影響力，並且需要承擔更多的責任。通過五年的初步試營運的社區，可以申請期限最少 25 年、最長 99 年的使用權，管轄的森林面積則可從數百公頃至 6 萬多公頃不等。

在加拿大，參與的社區林業必須是法定機構，包括：第一民族 (原住民)、市政府、非營利環境組織或在地團體等。因其必須以地方為基礎，故經營目標會因各地文化差異而有所不同。當在地社區在制定經營政策和木材伐採決策上握有更多控制權時，即可為當地創造更多的利益，提供更多的工作機會，並增加木材生產收入 (Charnley and Poe 2007)。儘管如此，省政府對森林經營仍握有一定程度的管控權。截至目前為止，英屬哥倫比亞省的社區林業所涉及的森林，占林地面積約 1%，其生產的木材量占全省總產量的 1 成 (McCarthy 2006)。

(1) 本案例若無特別註記係摘錄自 Carter et al. (2011)。

9.3 參與式經營之優點、挑戰及評估機制

參與式森林經營或以社區為基礎的林業，其優點如下：1) 在一定程度上分權化 (decentralized) 和轉移權力、責任及權限給社區；2) 結合生物多樣性保育理念，並以更永續生態的方法利用森林；3) 當地方對握有更多的森林經營決策權，能提升森林的健康，並以更永續的方法管理森林；4) 更多在地居民的參與能創造更多的利益，從而消弭貧窮和授權予代表性不足的社區成員。

雖然上述列舉了許多優點，但參與式森林經營或社區林業也面對諸多挑戰。Charnley and Poe (2007) 指出，在某些情況下，參與式經營或社區也會出現只有部分權力分權化，而重要的決策權依然掌握在政府手中。儘管參與式森林經營期望能藉此保育生物多樣性，但要如何兼顧社區發展，並在兩者間取得平衡，還需要認真討論與談判。另外，參與式森林經營或社區林業所創造的社會與經濟利益，經常遭逢難以確實均衡分配的困境。最後，內部的鬥爭、腐敗、暗自私有化土地、不穩定的管制機制以及社區間互不信任等問題，都會削弱參與式森林經營或社區林業優勢 (Bray et al. 2006)。

判斷參與式森林經營和社區為基礎的林業是否實施成功的要素，包含：政策、體制與組織、當地生計利益、社會公平性、造林與森林永續性、市場、衝突管理等 (Lawrence 2007)。其中以政策面來看，Lawrence 認為評估社區林業成效的指標有：在地社區握有的使用權 (所有權和經營權)，以及決策、監督、利益分享的配置。若從體制與組織面切入，Lawrence 也表明，一個以社區為基礎的林業發展計畫，其能成功的條件在於內部機構是由特定組織構成，且此組織能夠對發展計畫的規則章程具有修訂、掌控與嚴格執行的能力。而計畫成功的程度也取決於參與其中的社區，包括代表性不足和權力較少的社區所分配到的利益比率。除此之外，施行參與式森林經營的核心要素還包含：造林與經營知識的分享，以及技術的轉移，以確保社區具備永續經營與利用森林的必要知識。從市場面向來看，社區開放市場，對於社區林業進入木材或非木材產品的市場是十分關鍵的。為促使每個經營計畫有效率且成功運作，權益關係人都需共同協商，以妥善管理森林。這種協商過程與合作關係會反映在森林管理的成效中，也唯有透過這樣的經營模式，才能化解多重且頻繁的利益衝突問題。

9.4 練習題

① 儘管目前有衆多關於「社區林業」之定義，社區林業的定義何者較貼近我國國情？

② 參與式森林經營或以社區爲基礎的林業，其優點爲何？

③ 請問尼泊爾與墨西哥兩國在實施社區林業上，其所採用的方式有何差異？

④ 請問土地使用權制度是如何影響墨西哥與加拿大的社區林業之運作？

⑤ 請問臺灣及國際間之社區林業正面臨何種挑戰？

延伸閱讀 / 參考書目

- 夏榮生、羅尤娟、陳超仁、呂郁玟 (2018) 2018 社區林業計畫。臺灣林業 43(3):3-11。
- Antinori C, Bray DB. (2005) Community forest enterprises as entrepreneurial firms: economic and institutional perspectives from Mexico. World Dev. 33(9):1529-43.
- Beckley TM. (1998) Moving toward consensus-based forest management: a comparison of industrial, comanaged, community and small private forests in Canada. Forest. Chron. 74(5):736-44.
- Beckley TM. (2003) Forests, paradigms and policies through ten centuries. In Two Paths Toward Sustainable Forests: Public Values in Canada and the United States, ed. BA Shindler, TM Beckley, MC Finley, pp. 18-34. Corvallis: Or. State Univ. Press
- Bray DB, Antinori C, Torres-Rojo JM. (2006) The Mexican model of community forest management: the role of agrarian policy, forest policy and entrepreneurial organization. Forest Policy Econ. 8:470-84.
- Bull G, Schwab O. (2005) Communities and forestry in Canada: a review and analysis of the model forest and community-forest programs. In Communities and Forests: Where People Meet the Land, ed. RG Lee, DR Field, pp. 176-92. Corvallis: Or. State Univ. Press.
- Carter EJ. (1992) Tree cultivation on private land in the middle hills of Nepal: lessons from some villagers of Dolakha District. Mt Res Dev 12(3):241-255.
- Chanley S, Poe MR. (2007) Community forestry in theory and practice: Where are we now? Annu Rev Anthropol 36:301-336.
- Chhetry B. (2010) Independent review of NSCFP. Kathmandu: Nepal Swiss Community Forestry Project.
- Gilmore D. (2016) Forty years of community-based forestry: a review of its extent and effectiveness. Rome: Food and Agricultural Organization of the United Nations 168 p.
- FAO. (2006) Global forest resources assessment 2005: progress towards sustainable forest management. FAO For. Pap. 147. Rome: Food and Agricultural Organization of the United Nations.

- FAO. (2011) Reforming forest tenure: issues, principles and process. FAO For. Pap. No. 165. Rome: Food and Agricultural Organization of the United Nations.
- FAO. (2012) Community-based forestry. Rome: Food and Agricultural Organization of the United Nations. [Available from: URL: www.fao.org/forestry/participatory.]
- Klooster DJ. (2003) Campesinos and Mexican forest policy during the 20th century. Lat. Am. Res. Rev. 38(2):94-125.
- Klooster DJ. (2006) Environmental certification of forests in Mexico: the political ecology of a nongovernmental market intervention. Ann. Assoc. Am. Geogr. 96(3):541-65.
- Lawrence A. (2007) Beyond the second generation: towards adaptiveness in participatory forest management. CAB Reviews: Perspectives in Agriculture, Veterinary Science, Nutrition and Natural Resources 2(028). 15 pp.
- McCarthy J. (2006) Neoliberalism and the politics of alternatives: community forestry in British Columbia and the United States. Ann. Assoc. Am. Geogr. 96(1):84-104.
- Paudel D. (2009) Status and potential of community forestry in generating local employments and pro-poor economic growth in Nepal. Kathmandu: NSCFP.
- Teitelbaum S, Beckley T, Nadeau S. (2006) A national portrait of community forestry on public land in Canada. For. Chron. 82(3):416-28.

CHAPTER

10 森林經營評估與干擾管理

撰寫人：林增毅、裴家騏、林朝欽　審查人：盧道杰、邱志明、顏添明、李桃生

10.1 社會評估（林增毅撰 盧道杰審稿）

森林經營對當地經濟的影響有許多指標，包含就業率、地方稅收、基礎建設、學校數量、公共建設維護資金，以及新創企業的數量。創造就業機會和自創收益週期是改善當地社區的關鍵。因此，任何林地所有者都應該考慮其經營活動對個人和地方的影響。森林經營活動需要雇用工作人員進行記錄、保存、記帳和設施維護等日常業務，經營者也需要聘請林務員進行清查、監測林木伐採或建造新的伐木林道。這些新的職缺可以刺激當地經濟，提供其他部門專業人員就業機會，這些專業人員支持林務工作並提供在地社區服務，如零售業和銀行員工 (Bettinger *et al.* 2009)。隨著更多的就業機會，資本收益和支付給伐木承包商的收入，也為當地政府帶來新稅收，然後將部分資金用於改善基礎建設和學校，從而有助於當地社區對於新業務和未來經濟成長的吸引力。

森林經營提供穩定的社區體系案例，早在 1800 年代的北德就已經開始實踐 (Waggener 1977)。Wear *et al.* (1989) 的研究也表明，晚近美國西部森林工業蓬勃發展，進而穩定社區資本收益。

此外，由於森林經營除了可採用上述因子進行社會層面之評估外，也需考量文化因子，尤其臺灣在近年來逐漸著重文化層面，如原住民文化與林業經營之關係，此部份也是森林經營在思維上所不可或缺的。

10.2 作業評估（林增毅撰 邱志明審稿）

森林經營的成功與否取決於是否有明確的目標、預期結果和達到預期結果的方法。為了評估一項經營作業之成功程度，明確的指標是至關重要的。聯合國開發總署 (UNDP) 於 2014 年針對如何制定森林經營作業的評估指標，提供了明確的指南。評估指標必須蘊含「S.M.A.R.T」五點。

一、具體 (Specific) 指標必須用明確的語言描述具體的狀況；

二、可量測 (Measurable)：指標必須可

以量化使用，並用特定價值計算，以便確認指標是否達成；

三、可達成 (Achievable)：指標必須是人員或機構所能做到的事，不能超出現實條件的能力範圍；

四、相關性 (Relevant)：指標不僅要對森林進行經營，也要對國家政策做出貢獻；

五、有時限 (Time-bound)：指標不應該是開放式的，而是要指定一個預期的完成日期。

10.3 環境評估（林增毅撰 顏添明審稿）

有關環境評估的面向很廣泛，茲將其區分為水資源、土壤資源、碳循環及生物多樣性等加以說明。

10.3.1 水資源

水資源是森林經營者在評估不同森林經營活動時，需要考慮的重要價值 (Bettinger et al. 2009)。消費行為、可持續農業、育樂和工業製程等人為活動，對水資源供給造成越來越大的壓力。在這些活動中，森林經營對水質和水量都有正面和負面的影響。水的價值取決於水源的遠近、水質以及水量季節性的變化。在美國，每個州都要向美國環保署報告其水資源的狀況 (EPA 2007)。

美國環保署還要求各州監測水質，以維護水資源的利用。評估水資源的主要標準之一，是最大日負荷總和 (TMDL)，限制許多不符合環境標準的現存汙染物含量 (Bettinger et al. 2009)。其他標準包括濁度、酸度、溶氧量、營養物、大型無脊椎動物量及水溫等。至於水量評估可以包含年度水流量、主要降水事件和洪峰水量等指標。測量尺度從單一林分到整個森林地景。

森林經營也可能影響水質，如溪流淤積 (stream sedimentation) 和水溫。森林提供了許多水文上的益處，例如防洪、降低洪峰流量、防止土石崩塌、降低地滑潛在風險等。森林經營可以顯著影響洪峰流量，有報告指出，樹冠層所吸收的洪峰流量，可達整體逕流量的 40% (USFS 2007)。已經有一些標準指南被採用，例如在造林作業之前，標記森林流域管理區域，將林道設計採用低侵蝕和沉積的方法等 (Bettinger et al. 2009)。

10.3.2 土壤資源

土壤被認為是森林生態系的重要組成，因此保護和加強森林經營至關重要 (Anon 1994)。土壤品質與其他因素一同影響樹木的生長情況，又常被視為立地品位 (site quality) 的重要影響因子 (Bettinger et al. 2009)。土壤品質指標是重要的，是確立土壤品質基準的適當手段，便於觀察森林經營導致的變化 (Moffat 2003)。

最早的土壤品質標準指南由美國林務局開發 (Griffith et al. 1992)，記錄土壤位移、土壤壓實、機械車轍、侵蝕、土壤覆蓋、有機質含量和燒毀狀況 (Page-Dumroese et al. 2000)。這些土壤品質的評比都有標準值和閾值 (threshold，臨界值)。閾值是以少於 15% 的森林地景受到干擾後的影響為基準 (Bettinger et al. 2009)。另一方面，Powers et al. (1998) 提出一系列森林土壤品質指標：

一、基於土壤強度的物理指標，綜合土壤密度、結構與含水量；

二、基於土壤可礦化氮的營養指標，綜合土壤有機質含量、品質和微生物活性；

三、基於土壤大型生物群的生物指標，結合土壤有機質活性與物理化學性質；

四、森林土壤物理指標，土壤質地、粒子分布和土壤深度；

五、森林土壤生物指標，根部生物量、化學或微生物指標、蚯蚓和螨的存在與否。

10.3.3 碳循環

碳吸存和碳匯計算，是目前森林經營的主要議題 (Bettinger et al. 2009)。其中一個主要原因是，森林經營不可避免的會影響生態系統中的碳資源，而碳循環又高度融合在生態系統中。此外，森林經營活動的影響，對碳匯的變化攸關國際利益，碳信託和認證計畫中，重視碳匯存底的監測和評估 (Savilaakso et al. 2015)。碳有著先決的條件和優勢：有許多代理商和潛力市場。碳同時可以明確地量化成為商品。碳的封存和吸存可以在許多不同的地點進行。此外，相較於其他生態系服務，計算碳量的方法相對較成熟而簡單 (Meijaard et al. 2011)。

評估森林經營如何影響碳吸存的指標選擇，取決於監測和評估的規模。在森林地景方面，可以使用防制毀林、新植造林或更新造林地區的指標 (Savilaakso et al. 2015)。兩種指標都可以透過遙測系統來進行森林監測，但缺點是費用較高。對於單一林分，指標可以包含永續收穫水準 (sustainable harvest levels)、林火預防、永續採伐作業 (sustainable harvesting practices)、防止非法採伐以及復育區等。但使用這些指標也有優缺點，如某些森林類型的永續收穫水準很難估計，因為收穫水準可能是虛報；林火預防則很容易取得驗證；永續採伐作業能從經營計畫中獲取資訊，但仍需花費昂貴成本，進行實地驗證或利用遙測系統監測 (Savilaakso et al. 2015)。

10.3.4 生物多樣性

生物多樣性是一個多面向的概念 (Krebs 1999)，因此許多指標只提供關於總體生物多樣性水準或狀態的部分資訊 (Dudley et al. 2005)。評估森林經營如何影響生物多樣性變得十分具挑戰性，畢竟沒有一個指標可以充分涵蓋所有影響。大多數指標描述一個或多個指標物種的存在，而描述棲地品質的卻很少 (Dudley et al. 2005)。使用傘護種 (umbrella species) 或關鍵種 (keystone species) 作為指標是一個典型的例子 (Simberloff 1998)。傘護種和關鍵種的存在，間接假定其他相關物種也存在，並共享相似的棲地環境。另一種做法是從森林資源清單中蒐集物種清單，再利用香農多樣性指數 (Shannon's diversity index) 和辛普森多樣性指數 (Simpson's diversity index) 進行計算 (Magurran 2004)。Scholes and Biggs(2005) 發展出生物多樣性綜合指數 (Biodiversity Intactness Index, BII)， 試圖將物種的「存在」與棲地的「品質」考慮進去。其做法是將不穩定的森林環境（例如嚴重劣化的森林）中的物種組成和對照組（例如原始森林）中的物種組成進行比較。生物多樣性綜合指數描述了受干擾森林中一組物種的完整性，並與原始森林做比對。有關該指標的更多訊息，請參閱Magurran and McGill (2011)。

10.4 野生動物與原住民狩獵權利（裴家騏撰 李桃生審稿）

我國憲法增修條文第 10 條第 11 項規定：「國家肯定多元文化，並積極維護發展原住民族語言及文化。」因此，為保障原住民族基本權利並促進其發展，遂於 2005 年訂立了「原住民族基本法」（以下簡稱：原基法）。之後，我國更於 2009 年通過《公民與政治權利國際公約及經濟社會文化權利國際公約施行法》，以落實並維護這兩個公約所承認的基本人權 2。這兩個重要的國際人權公約，均要求文化權應該受到國家法律的保障 3。學者指出，狩獵行為和捕魚、採集行為一樣，都被視為原住民族的文化或生活的一部分，並且都具體呈現原住民族與土地資源高度關聯的生活型態，因此是兩公約保障的文化權內涵（鄭川如，2016)。綜觀兩公約自 1976 年生效以來的案例，可以大致歸納出國際上對原住民狩獵權和捕魚權的權利內涵，包括（但不限於）：(1) 狩獵權既是個人的權利，也是集體的權利；(2) 狩獵活動既是文化活動也是經濟活動；(3) 原住民既可用傳統的方式（例如：使用傳統獵槍）進行狩獵，也可以用現代的方式（例如：使用現代獵槍）進行狩獵；(4) 原住民既可在其私有土地上進行狩獵，也可以在國有土地上進行狩獵；(5) 兩公約保障的狩獵權既是消極的防禦權，也是積極的保護措施（鄭川如，2016)。

檢視我國現行相關的法律，均未符合兩公約的要求。所有的保護區（國家公園、自然保留區、野生動物保護區）皆完全禁止進入狩獵，即使是設在原住民族地區或傳統領域上的保護區也不例外，目前都沒有如野生動物保育法（以下簡稱野保法）第 21-1 條的特許狩獵規定（表 10-1），是屬於相對嚴格的狩獵管制。由於幾乎每一個保護區的範圍都僅含括某部落或族群的部分傳統獵場，因此產生僅部分族人的狩獵活動受到嚴格限制的情形，其他族人則因為獵場在保護區之外，仍可依野保法第 21-1 條申請在傳統祭儀的季節進行所需之狩獵活動。這種同一部落或族群分制的現象，反而不利野生動物與其他資源的永續利用與保育（黃長興、戴興盛，2016；戴興盛等，2011；呂翊齊等，2017）。

(2) 該施行法規定「（第 2 條）兩公約所揭示保障人權之規定，具有國內法律之效力」，並要求「（第 4 條）各級政府機關行使其職權，應符合兩公約有關人權保障之規定，…，並應積極促進各項人權之實現。」（http://weblaw.exam.gov.tw/LawArticle.aspx?LawID=A0035000）

(3) 《經濟社會文化權利國際公約》第 15 條第 1 項 (a) 款規定，人人有權參與文化生活。（http://www.cahr.org.tw/lawdan_detail.php?nid=77）《公民與政治權利國際公約》第 27 條規定，「凡有種族、宗教或語言少數團體之國家，屬於此類少數團體之人，與團體中其他分子共同享受其固有文化、信奉躬行其固有宗教或使用其固有語言之權利，不得剝奪之。」（http://www.cahr.org.tw/lawdan_detail.php?nid=78）

表 10-1 我國現行法律中與原住民族狩獵相關的條文和規定

法規名稱	對原住民狩獵之規定	不符合兩公約之處
國家公園法（1972 年）	第 13 條 國家公園區域內禁止左列行為：二、狩獵動物或捕捉魚類。	(1) 禁止原住民進入國家公園內狩獵。 (2) 當國家公園與原住民傳統領域重疊時，並沒有排除限制狩獵的規定。
文化資產保存法（1982 年）	第 86 條 自然保留區禁止改變或破壞其原有自然狀態。為維護自然保留區之原有自然狀態，除其他法律另有規定外，非經主管機關許可，不得任意進入其區域範圍；…。	禁止原住民進入自然保留區狩獵 當自然保留區與原住民傳統領域重疊時，並沒有排除限制狩獵的規定。
槍砲彈藥刀械管制條例（1983 年）	第 20 條 原住民未經許可，製造、運輸或持有自製之獵槍、魚槍，或漁民未經許可，製造、運輸或持有自製之魚槍，供作生活工具之用者，處新臺幣二千元以上二萬元以下罰鍰，本條例有關刑罰之規定，不適用之。	原住民只可以擁有和使用「自製」的獵槍或魚槍，無法使用現代化、較人道且安全的制式獵槍、魚槍。

法規名稱	對原住民狩獵之規定	不符合兩公約之處
野生動物保育法（1989 年）	第 10 條 地方主管機關得就野生動物重要棲息環境有特別保護必要者，劃定為野生動物保護區，擬訂保育計畫並執行之；…。主管機關得於第一項保育計畫中就下列事項，予以公告管制：一、騷擾、虐待、獵捕或宰殺一般類野生動物等行為。…	(1) 目前設立的 20 處野生動物保護區均禁止原住民狩獵（http://conservation.forest.gov.tw/protectarea） (2) 當與原住民傳統領域重疊時，並沒有排除限制狩獵的規定。
野生動物保育法（1989 年）	第 21-1 條 台灣原住民族基於其傳統文化、祭儀，而有獵捕、宰殺或利用野生動物之必要者，不受第十七條第一項、第十八條第一項及第十九條第一項各款規定之限制。 前項獵捕、宰殺或利用野生動物之行為應經主管機關核准，其申請程序、獵捕方式、獵捕動物之種類、數量、獵捕期間、區域及其他應遵循事項之辦法，由中央主管機關會同中央原住民族主管機關定之。	根據本條文所訂定的「原住民族基於傳統文化及祭儀需要獵捕宰殺利用野生動物管理辦法」之規定及其附表，原住民族只可以申請祭儀和生命禮俗（如：結婚、除喪、成年、房屋落成、尋根、家祭、祖祭等）之狩獵需求，至於日常自用之需求雖為生活（文化）中的一部分，但未被許可申請。 前述附表不但所提供之祭儀資訊多有錯誤，且相當不完整，作為申請准駁之依據時，勢必無法維護文化權的主張。 需事前申請獲得核准後才能執行狩獵的規定，也與原住民族傳統的狩獵禁忌（文化）相違背。例如：對很多族人來說，能夠獵得什麼樣的獵物是由神決定，不是由他們決定，族人若預先設定獵捕動物的種類、數量，是大不敬的行為。當申請狩獵的區域範圍中，有本表中所列其他各種禁止狩獵地區時，也會被排除於許可範圍之外。
原住民族基本法（2005 年）	第 19 條 原住民得在原住民族地區依法從事下列非營利行為：一、獵捕野生動物。…	僅可進行非營利性的狩獵，無法從事商業性獵捕。違反兩公約關於文化權之規定。

（資料來源：法務部全國法規資料庫 http://law.moj.gov.tw/Index.aspx）

至於目前禁止商業性狩獵（營利行為），以及禁止使用現代化狩獵工具（例如：制式獵槍）的規定，雖然同樣與兩公約的要求相左，不過這兩個議題的後續探討，還會牽涉到臺灣社會整體的經驗。眾所皆知，缺乏管理的商業性狩獵，確實會對野生動物族群造成傷害；我國在 1970 ～ 80 年代，就因為山產市場的興盛，也曾經造成部分物種因過度狩獵而數量明顯減少（例如：黑熊、水獺、石虎、穿山甲、水鹿），甚至需要受到一定程度的禁獵保護，以確保族群得以恢復（McCullough，1974； 王 穎，1988；Patel and Lin， 1989）。因此，除非未來的非營利狩獵管理，能在實務上顯現其永續資源管理的成效，否則開放營利性狩獵的主張將很難獲得支持。同樣的，我國基本上是全面禁止私人未經許可擁有槍械或火器，大眾也都因為社會安全或社會秩序維護的需要，而普遍支持這樣的規定。因此，即使制式獵槍在其他工業化國家都是現代狩獵活動的標準配備，但除非能夠消除大家的疑慮，否則開放原住民使用現代化、較精良獵槍的可能性，將微乎其微。

近年來原住民族在土地與資源上的傳統權益，不僅受到國際社會的注目，也是世界上討論永續發展的重點內容。相較於國外原住民自然資源自主管理，截至目前為止，我國在自然資源管理上仍然採取國家集中管理。事實上，國內過去針對屏東霧台魯凱族的研究（Pei，1999；裴家騏、羅方明，2000），已經顯示當地的獵場治理制度不但可以有效落實管理，也展現了永續利用野生動物的科學性（裴家騏、賴正杰，2013；Haas et al.，2014）。因此，部落自主管理野生動物有其優勢（例如：對於在地生態知識的了解、維繫原住民傳統文化、既存的制度規範與社會網絡…等），且可在永續經營的概念下，促使保育與在地發展的目標結合。

目前臺灣的原住民族對野生動物資源有效治理的迫切性，雖已普遍具備相當的部落共識及文化認同，但仍然缺乏國家在政策、法律層面和適當制度的支持，亟待以更有效、更實質的管理狩獵活動，做到名符其實的文化尊重和野生動物保育（翁國精、裴家騏，2015；呂翊齊等，2017；裴家騏、張惠東，2017）。

10.5 林火管理與應用（林朝欽撰 李桃生審稿）

臺灣位處亞熱帶，雨量充沛，濕度很高，照道理不應該有很多森林火燒，但由於台灣的地形特殊，高山林立，使得臺灣島因為不同海拔高度而形成熱、暖、溫、寒四個氣候帶，在溫寒帶地區，近年更因風景秀麗及蔬菜水果栽培，而成為國民旅遊及農業勝地，所以常常因人為不慎而引起森林火燒。

為了應付森林火燒，全世界的林業機關都具有森林火管理的措施與制度，臺灣依據《災害防救法》規定，森林火燒屬於災害之一種，由主管機關林務局負責林火管理。林火管理分為火災發生前防範與發生火災之應變，分別論述如下。

10.5.1 火災發生前防範

10.5.1.1 林火危險度預測

林火危險 (fire danger) 指森林火災發生前，利用林火引燃機率之推算，將引起燃燒之機率劃分等級，並發布於森林區域之週邊，以提醒進入森林的人注意與意識發生森林火災的危險，並讓森林管理單位可以依據火險的等級，進行防範措施 (林朝欽 , 1995)。

森林火災危險度預測是利用推導之計算模式，建立動態預測每日引發林火潛力的實務技術，是林業單位作為先期防範或準備救災的有效方法，各國林業機關普遍均設有此系統。1952 年美國與加拿大首先透過林火之物理性，發展林火危險計算模式 (Deeming et al., 1977)；澳洲於 1963 年也利用試驗燃燒，發展桉樹林火危險計算模式 (Cheney, 1991)。自 1950 年代迄今，各國林火危險計算模式，所使用的方法大致上可歸納為四類：統計方法、燃燒試驗、社會調查及地理資訊分析 (Lin, 2000)。其中統計方法是利用燃燒理論所定義林火危險的因子，配合實際發生之林火紀錄加以推導，除準確性較高外，且比較沒有地域性的使用限制。Lin(1999) 以燃料溼度、風速及燃料遮陰度等三個因子，推導臺灣二葉松林之林火危險度；蕭其文 (2003) 則利用氣溫、降雨量及乾旱量等，配合地理資訊建立臺灣之林火危險度預測模式；林朝欽等 (2005) 以大肚山地區實測已發展的預測模式。這些研究是臺灣森林火災危險度預測的主要基礎；另實務上配合地理資訊系統及網際網路自動化處理，是林務局火災危險度預測呈現的來源。

▲ 圖 10-1 設立於森林區入口的火災危險告示

10.5.1.2 防火線

依林火學之定義，所謂森林防火線可分為防火用及救火用兩種。防火用的防火線一般稱為燃料防火線 (fuel break) (Show and Clark, 1953)，為移除林地上植被的條狀或區塊區域，其目的在切斷燃料的連續性，以降低森林火災發生後火燒蔓延的危險。燃料防火線建造是根據林火原理中之火三角 (燃料、空氣、熱能) 理論，將燃料移除，造成森林火災熄滅或停止傳播 (Pyne et al., 1996)。燃料防火線之建造早在 1899 年即出現在美國加州之森林，其後於 1960 年代，由於森林火災頻傳，而建造大量的燃料防火線系統 (Merriam et al., 2006)。但燃料防火線與森林火災發生時為阻斷林火傳播所開設的救火防火線 (fire break) 不同，燃料防火線是在森林火災發生前所建造的防火線，屬於火前的防範措施；救火防火線則是搶救森林火災期間，臨時開設的防火線，屬於火燒中的滅火措施 (Johnson and Miyanishi, 2001)。不過許多救火防火線在森林火災過後，因考慮未來作為防火措施之用，常亦將此類救火防火線一併納入燃料防火線系統，並定期維護。

燃料防火線建造的主要目的是為切斷燃料連續性，以達成阻斷森林火災傳播危險，因此必需定期清除地表之可燃物，以達到阻斷林火傳播之功能；但由於許多林地長期裸露，產生土壤沖蝕問題，地表清除原生植物後造成外來物種入侵機會，景觀美學的考慮，以及森林火災常發生團火 (spotting fire) 飛越防火線等因素，造成燃料防火線系統功能不如預期。恢復燃料防火線植生，改成具有防火、水土保育及林產功能的防火林帶觀念，逐漸被提出及推行，此類具有植物覆蓋的防火線被稱為防火林帶或林帶防火線 (Saharjo et al., 1994)。但由於任何植物均可被引燃，因而防火林帶實際上不甚符合火三角理論；不過某些植物具有較不易被引燃或延滯燃燒的特性 (舒立福等，1999)，因此防火林帶之建造乃依此觀念，需針對較不易被引燃或延滯燃燒特性的植物加以選擇。此外，此類植物是否能加以造林，及是否能適應該立地，亦需加以考量。故防火林帶樹種的選擇、育林與建造，均為評估防火林帶功能的重要指標。

臺灣的森林防火線包括了燃料防火線與防火林帶，其中以大甲溪上游的森林規模較大。大甲溪事業區之防火線以燃料防火線為主，燃料防火線長度共計 111,900 m，面積達 1,706,040 m^2；燃料防火線寬度由 5 m 至 50 m 不等，並每年進行刈草作業 (林務局 , 2003)。由於歷年森林火災發生時有多次團火飛越防火線之案例，以及燃料防火線上土壤裸露之水土保持問題，1989 年起試行防火林帶之建立，分別在燃料防火線上栽植闊葉樹種 (林務局，1996)，目前選用了 7 個主要的樹種建造防火林帶。

▲ 圖 10-2 森林防火線的阻火功能

▲ 圖 10-3 以木荷為主要樹種的防火林帶

表 10-2 林務局選定的防火林帶樹種						
樹種	含水率 (%)	熱值 (cal/g)	灰分 (%)	抽出物 (%)	纖維素 (%)	木質素 (%)
大頭茶	62.62	4,635	3.90	21.37	28.41	41.80
木荷	64.21	4,817	3.98	19.70	32.50	30.83
青剛櫟	60.89	4,855	4.59	15.49	46.89	31.38
狹葉櫟	63.60	4,837	4.84	17.02	40.84	20.33
細葉杜鵑	64.36	4,818	4.07	19.07	28.48	35.37
米飯花	74.25	4,900	3.35	21.09	39.79	31.00
楊梅	65.69	4,986	2.95	10.92	38.68	48.28

10.5.1.3 森林火災資訊系統

森林火災管理上所對應的管理工作為火前防火、火中救火。這兩大工作的完善，端賴資訊的提供與應用。火災發生前，主要是防火資訊收集、分析；火災發生後，主要以應變救火資訊之收集與分析為主，其目的在於儘快將火撲滅。實務上，火災資訊是火前管理工作之一，防火資訊並非與救火資訊完全分割，因為當林火發生時，防火資訊中的許多基本資訊（例如地形、燃料、救火資源等）立即可轉化為救火資訊中的靜態資訊。於救火過程中，光憑這些靜態資訊是不足的，需再加入即時所收集到的火情資訊，做為救火指揮決策的重要輔助資訊。因此，火中救火資訊應包含靜態及即時資訊部分。

綜觀上述內容，一個完整的林火資訊系統，從最基本的燃料資料建立與管理、氣象資料收集、防火林帶或防火線管理、救火技術及設備提昇，到救火作業的實施，乃至火災後的緊急措施及復育計畫，均應包括在內。換句話說，有關「火」的一切相關林業經營作業均在「林火管理」之範疇內。故而一個完整的林火資訊系統，應具備屬於燃料管理、林火預警、防救資源管理等火前系統；屬於火中的火情通報、火情分析（含林火行為模擬）與應變決策支援等林火應變資訊系統；以及屬於火後的損害評估、緊急處理管理與後續監測等一系列與林火相關的資訊系統（表 10-3）。

表 10-3 森林火災快報資訊分析表

項目名稱	內容	說明	靜態或即時資訊
報告	單位、姓名、發現者姓名、地址	需現場查報	即時資訊
時間	起火、發現、控制、熄滅	需現場查報	即時資訊
地點	事業區林班小班、轄屬、〔林班地、原野地、保留地、公私有林〕、像片基本圖〔地名、圖號〕、火場座標	可由 GIS 圖層直接提供資訊	靜態資訊
林況	天然針葉林、天然闊葉林、混交林、竹、年度人工造林、草生地、作業、伐木跡地、燃料密度	可由森林調查簿提供資訊	靜態資訊
地況	崖壁、急峻、緩斜、平坦、水源、天然防火線	可由 GIS 圖層直接提供資訊	靜態資訊
交通	到達路徑距離、乘車時間、步行時間	可由 GIS 圖層分析提供資訊	靜態資訊
動員情形	火場指揮、救火人員、支援救火、支援人數	可即時登錄以便統計	即時資訊
通訊情形	電信局、自設電話、無線電話、採用通信方法	可先登錄相關人員手機及連絡電話備用，另可即時登錄新號碼	靜態資訊 即時資訊
火場情形	火勢猛烈、火勢緩和、延燒迅速、延燒緩慢、團火、風向、風力、天氣	應配合火場資訊之收集與分析	即時資訊
搶救情形	發現、動員、搶救、控制、清理、監視、滅火法、防火線	應配合火場資訊之收集與分析	即時資訊
被害估計	面積、樹種、材積、株數、其他、調查中	需現場查報	即時資訊
原因	雷電、燒墾、吸煙不慎、狩獵、炊煮取暖、其他、調查中	需現場查報	即時資訊
火首	姓名、年齡、職業、警方偵查中	需現場查報	即時資訊
請求支援	人力、工具、糧食、請求空中偵察	空中偵察應屬火場資訊收集	即時資訊
補充報告事項			即時資訊

本次報告依據	火場報告、報告人	即時資訊
轉達火場 指示事項		即時資訊

10.5.2 發生火災之應變

臺灣過去對於森林火災撲救應變的相關研究較少，林務局 1993 年出版的林火防救實務（陳溪洲，1993），是林務局依據管理林火的實際經驗編寫的工作手冊，因缺乏相關研究，大都仰賴林務局森林救火隊，以直接撲打的傳統方式滅火。2001 年 2 月 11 日，梨山地區大甲溪事業區 22、23 林班發生林火，引起社會極大的震撼與關注，森林火災撲救的研究開始受到重視，也引進美國林務署所發展的林火應變指揮系統（Incident Command System，ICS），落實森林火災撲救的指揮與管理工作。

ICS 的用途，是要求處理緊急或非緊急事件須具經濟且有效率的系統，它的結構相當有彈性，組織大小可隨著不同需要而改變，是一個具有指揮、行動（應變）、計畫、後勤支援及行政管控的管理系統。

ICS 發展於 1970 年代，美國南加州地區因林火應變效率不彰，致森林資源受到嚴重損失，於是發展成型。歷經 40 餘年之發展，已成為全美國事件或災害應變的共用系統。此系統之特色為：

(1) 完整的應變管理功能，具有指揮與協調的統籌性，亦即具有統一的指揮權，使事件依照統合的行動計畫來處理。

(2) 應變組織架構具彈性，ICS 的組織建構在應變指揮官（Incident Commander, IC）、指揮團隊（Command Staff, CS）及一般團隊（General Staff, GS）等三層次的架構上，在這組織架構上可以只啟動有需要的崗位。

(3) 應變有計畫，為提供所有處理事件的管理人員未來可行的方向，避免應變決策造成資源與經費的浪費，或不安全的行動而導致的低效率，所以應架構事件計畫的處理程序：首先瞭解狀況，而後訂定事件目標與策略，進而擬定策略指示及任務，接著準備計畫與執行計畫，最後進行計畫的評估工作。

ICS 的研究成果已納入《災害防救法》中，森林火災發生後，按不同火災擴展程度，由小至大有不同的應變要求。以災害防救法所定之準則而言，森林火災擴展面積在 5 公頃以下，由林區管理處之工作站處理，工作站只須通報至林區管理處即可。當森林火災擴展面積達 5 公頃以上 10 公頃以下時，林務局局本部須成立應變中心因應。其細節詳見下表 10-4。

▲ 圖 10-4 森林火災應變系統的實際執行狀況

表 10-4 不同火場範圍權責層級

火場面積	通報層級	成立單位	現場指揮官
5 公頃以下	林管處	工作站現場指揮所	
林區管理處應變小組	工作站主任		
5~10 公頃	林務局	林務局應變中心	林管處處長
10~50 公頃	農委會	農委會中央應變中心	林管處處長
50 公頃以上	行政院	行政院中央應變中心	林管處處長

林務局自 2001 年改變以往森林火災應變方式，應用以 ICS、森林火行為、資訊理論所架構的森林火災應變系統，歷經 2002 年武陵森林火災之考驗，已成為各災害防救單位之學習對象，足見此系統在實務上的可用度。每年林務局更透過常年訓練與考核落實此制度，由森林火災發生後，即能迅速應變及滅火，已顯示各林區管理處在極短的時間內，均能體會到新系統的便利性與必要性。尤以各處融合了歷年森林火災所發生的實例，開創出一套本土色彩濃厚的林火應變系統，使森林火災應變朝向「專家為主」的指揮系統前進，而不再拘泥於「職位為主」的指揮系統。

10.6 練習題

① 評估森林經營對當地社區的社會影響，主要標準是什麼？

② 列出並說明 S.M.A.R.T.?

③ 爲什麼水資源對人類活動至關重要，如何評估森林經營活動對水資源的影響？

④ 如何評價森林經營活動在保護生物多樣性方面的有效性？

延伸閱讀 / 參考書目

- 王穎 (1988) 台灣地區山產店對野生動物資源利用的調查 (III)。行政院農業委員會 77 年生態研究。
- 呂翊齊、裴家騏、戴興盛 (2017) 原住民狩獵自主管理機制的架構與展望。臺灣原住民族政策之回顧與前瞻學術研討會 (2017 年 8 月 3-4 日) 台北。黃長興、戴興盛 。(2016) 國家公園對原住民族之衝擊：太魯閣國家公園內太魯閣族狩獵之實證研究 。台灣原住民研究論叢 16: 179-210。
- 林朝欽 (1995) 森林火災危險度預測系統之研究。林業試驗所研究報告季刊 10(3):325-330。
- 林朝欽、邱祈榮、陳明義、蕭其文、曾仁鍵 (2005) 大肚山地區林火危險預測模式之推導。中華林學季刊 38(1):83 － 94。
- 林務局 (1996) 防火樹種選擇研究。http://www.forest.gov.tw。
- 林務局 (2003) 大甲溪事業區檢訂調查報告書。林務局東勢林區管理處。
- 舒立福、田曉瑞、林其昭 (1999) 防火林帶的理論與應用。東北林業大學學報 27(3) : 71-75。
- 陳溪洲 (1993) 林火防救實務。林務局。96 頁。
- 鄭川如 (2016) 從兩人權公約檢視原住民狩獵權。輔仁法學 52：89-248。
- 裴家騏、張惠東 (2017) 我們對原住民族狩獵自主管理制度的看法。台灣林業期刊 43(4): 20-25。
- 裴家騏、翁國精 (2016) 台灣原住民族部落狩獵總量控管與回報機制探討。臺灣人類學與民族學學會 2016 年會 1-B-2(2016 年 9 月 10-11 日) 台北。
- 裴家騏、賴正杰 (2013) 台灣原住民族的傳統於野生動物管理之應用：以西魯凱族為例。2013 年原住民族生物多樣性傳統知識保護計畫成果發表暨研討會論文集：45-62。(2013 年 11 月 15 日) 台北。
- 裴家騏、羅方明 (2000) 狩獵與生態資源管理：以魯凱族為例。生物多樣性與台灣原住民族發展論文集：61-77 頁。蔡中涵 (編著)，財團法人台灣原住民文教基金會。

蕭其文 (2003) 台灣林火危險度時空分布推估之研究。 國立臺灣大學森林學研究所碩士論文。83 頁。

戴興盛、莊武龍、林祥偉 (2011) 國家野生動物保育體制，社經變遷與原住民狩獵：制度互動之太魯閣族實證分析。臺灣政治學刊，15(2)，3-66。

Anon. (1994) Sustainable Forestry - the UK Programme. HMSO, London. 32 p.

Bettinger P, Boston K, Siry JP, Grebner D. (2009) Forest Management and Planning. 1st edition. Academic Press, USA. 360 p.

Deeming, J. E., R. E. Burgan and J. D. Cohen (1977) The national fire danger rating system. Ogden(UT):USDA Forest Service, GTR-INT-39. 63pp.

Dudley N, Baldock D, Nasi R, Stolton S. (2005) Measuring biodiversity and sustainable management in forests and agricultural landscapes. Philos Trans R Soc Lond B 360:457-470.

EPA. (2007) National Water Quality Inventory: Report to Congress. EPA-841-R-07-001. Washington, D.C.: U.S. Environmental Protection Agency.

Griffith, R.W., Goudey, C. and Poff, R. (1992) Current application of soil quality standards. In Proceedings of the Soil Quality Standards Symposium. SSSA Meeting, San Antonio, TX, 21-27 October 1990, Washington, DC. USDA Forest Service, Watershed and Air Management Staff, WO-WSA-2, pp. 1-5.

Haas, C. A., E. A. Frimpong, and S. M. Karpanty. (2014) Chapter 6: Ecosystems and Ecosystem-based Management: Introduction to Ecosystem Properties and Processes. Pp. 106-142 In Sustainable Agriculture and Natural Resource Management (SANREM), Annual Report, Virginia Tech, Blacksburg, VA.

Hanna, S. S. (1998) Managing for human and ecological context in the Maine soft shell clam fishery. Pp. 190-211 In F. Berkes and J. Colding (eds.) Linking social and ecological systems: management practices and social mechanisms for building resilience. Cambridge Univ. Press, Cambridge.

Johnson, E. A. and K. Miyanishi (2001) Forest fires: behavior and ecological effects. Academic Press, New York, USA. 549 pp.

Krebs CJ. (1999) Ecological Methodology. New York: Harper & Row 624 p.

Lin, C. C. (1999) Modeling probability of ignition in Taiwan red pine forests. Taiwan Journal of Forestry Science 14(3):339-344.

Lin, C. C. (2000) The development, system, and evaluation of forest fire danger rating: a review. Taiwan Journal of Forestry Science 15(4):507-520.

Magurran AE. (2004) Measuring Biological Diversity. 1st edition. Blackwell Science Ltd. 256 p.

Magurran AE, Mcgill BJ. (2011) Biological Diversity: Frontiers in Measurement and Assessment. Oxford: Oxford University Press 345 p.

McCullough, D.R. (1974) Status of Larger Mammals in Taiwan. Tourism Bureau, Taipei, Taiwan, R.O.C. 36 pp.

- Patel, A.D. and Y.-S. Lin. (1989) History of Wildlife Conservation in Taiwan. Ecology Laboratory, Zoology Department, National Taiwan University, Taipei, R.O.C. 80 pgs.
- Pei, K. (1999) Hunting system of the Rukai tribe in Taiwan, Republic of China. Proceedings of the International Union of Game Biologists XXIV Congress, Thessaloniki, Greece. http://tk.agron.ntu.edu.tw/.
- Pyne, S. J., P. L. Andrews, and R. D. Laven (1996) Introduction to wildland fire. John Wiley and Sons Inc. New York. 769pp.
- Savilaakso S, Meijaard E, Guariguata MR, Boissiere M, Putzel L. (2015) A review on compliance and impact monitoring indicators for delivery of forest ecosystem services. CIFOR Working Paper no. 188. Bogor: Center for International Forestry Research (CIFOR) 52 p.
- Scholes RJ, Biggs R. (2005) A biodiversity intactness index. Nature 434:45-49.
- Show, S. B. and B. Clark (1953) Forest fire control. Food and Agriculture Organization of United Nations. 109 pp.
- Simberloff D. (1998) Flagships, umbrellas, and keystones: is single-species management passe´ in the landscape era? Biol Cons 83:247-257.
- USFS. (1981) Guide for Predicting Sediment Yields from Forested Watersheds. Ogden: U.S. Department of Agriculture, Forest Service, Soil and Water Management, Northern Region, Missoula, MT and Intermountain Region. 48 p.
- Waggener TR. (1977) Community stability as a forest management objective. J. Forestry. 75(11), 710-714.
- Wear DN, Hyde WF, Daniels SE. (1989) Even-flow timber harvests and community stability. J. Forestry 87(9):24-28.

CHAPTER

11 森林認（驗）證制度

撰寫人：林俊成　審查人：柳婉郁

11.1 森林認（驗）證制度興起背景

森林驗證 (Forest certification) 之興起，源自 1980 年代和 1990 年代，熱帶雨林毀林嚴重所引發各方的關注與擔憂 (Merry and Carter, 1996；Kiekens, 2003)。森林是陸域生態系的主體，具有豐富的生物多樣性，估計地球一半以上的野生物種棲息於熱帶雨林中 (Alfonso et al., 2001)。然隨著世界人口快速增長，熱帶雨林面臨龐大的開發壓力，全球每年熱帶雨林被破壞的面積達 1,700 萬公頃 (FAO, 1990)。為解決毀林問題，多個環保團體於 1988 年敦促國際熱帶木材組織 (The International Tropical Timber Organization, ITTO) 搭配「熱帶雨林行動計畫」(Tropical Forest Action Plan) 實施木材產品標籤制度，以識別來自永續經營森林的熱帶木材。

1992 年聯合國於巴西里約熱內盧召開「環境及發展會議」(The United Nations Conference on Environment and Development, UNCED)，又稱第一屆「地球高峰會議」(Earth Summit)，通過並簽署「里約環境與發展宣言」(Rio Declaration)、「21 世紀議程」(Agenda 21)、「聯合國氣候變化綱要公約」(Framework Convention on Climate Change)、「生物多樣化公約」(Convention on Biological Diversity) 及「森林原則」(Forest Principles) 等重要宣言及公約，以因應全球環境與永續發展之議題 (林俊成、王培蓉，2008)。雖然該次會議未訂出具有法律約束力的森林公約，但「森林原則」奠定了永續林業的里程碑。與此同時，森林驗證的概念亦在與里約熱內盧高峰會平行的非政府組織 (NGOs) 論壇中萌芽開展。

由於里約地球高峰會未達成遏止毀林的協議，促使一群非政府環保團體、林木公司、原住民代表及驗證公司，在 1993 年聯合起來，於加拿大多倫多正式成立「森林管理委員會」(The Forest Stewardship Council, FSC)，成為全球最早的森林驗證組織 (李炳叡等，2005)。此後陸續有多種不同的森林驗證制度創立，依適用的範圍可分成全球性驗證制度及國家層級的驗證制度，著重地區也由最初聚焦在熱帶雨林，擴展含括溫帶森林和北方針葉林 (Priyan and Richard P., 2006)。

11.2 森林認（驗）證制度種類

森林驗證係透過獨立第三方驗證生產木材的林地，檢視其整體經營管理是否符合所採用的森林驗證標準規範(Baharuddin and Simula, 1994)。目前世界上發展及運作的森林驗證制度主要分為國際型驗證制度及國家層級的驗證制度。國際型驗證制度以 1993 年創立的 FSC 以及 1999 年發展出的「森林驗證認可計畫」(The Programme for the Endorsement of Forest Certification, PEFC) 為代表；其他由國家所發展的森林驗證制度則有北美的「永續林業倡議」(Sustainable Forestry Initiative, SFI)、「中國森林認證委員會」(China Forest Certification Council, CFCC)、日本「綠的循環認證會議」(Sustainable Green Ecosystem Council, SGEC) 及「馬來西亞木材驗證委員會」(Malaysian Timber Certification Council, MTCC) 等 (莊媛卉，2014)。

11.2.1 森林管理委員會 (FSC)

FSC 成立的契機最早起源於 1990 年，一些木材使用者、貿易商、環境與民間組織的代表們，注意到森林過度砍伐、生態破壞的情形日趨嚴重，於是在美國加州開會討論並取得共識，強調需建立一個具公信力的驗證系統，來驗證受良善經營的森林，作為生產林產品的來源。兩年後，聯合國舉辦里約地球高峰會，促使一群非政府組織加入與支持；緊接著於 10 個國家進行密集的諮商，終在 1993 年集結多個環境組織、保育團體、林木公司、原住民代表及驗證公司，於加拿大多倫多正式成立 (李炳叡等，2005)。

FSC 的願景為使全球的森林在不損及未來世代權益下，達成社會、生態及經濟三個面向間權利與需求的平衡，並促進全球林業使用對環境適宜、對社會有益及具經濟可行性的方式經營森林。採用環境適宜的經營方式，能大幅減低施業對生物多樣性、生產力以及生態演進過程 (ecological processes) 造成的負面影響；對社會有益係指能幫助當地居民及整個社會，享受森林經營所帶來的長期利益，如：創造當地就業機會、提供生態系統服務 (ecosystem services)；而具有經濟可行性的森林經營，則是指在確保不損及森林資源、生態系統或影響當地社區的情況下，透過組織化及管理森林作業，產出經濟效益，並獲取充分的利潤 (林務局，2016)。

▲ 圖 11-1 FSC logo (https://www.fsc.org/)

FSC 提供的驗證種類，依林產品的生產以及後續之處理過程區分，總共可以分為 3 種。第一種為森林管理 (Forest Management, FM) 驗證，是針對森林本身進行驗證，檢視森林經營方式是否符合 FSC 標準的原則與準則規範，如表 11-1 所示。被驗證方需證明其森林經營管理方式，符合保護自然生態系、有益於當地居民與勞工的生活，同時確保經濟上的可持續經營等驗證標準規範。FSC 所制訂的各項原則為達成對環境適宜、對社會有益及具經濟可行性之森林經營方式的必要元素；準則是用來評斷原則是否履行的方法。獨立第三方透過原則與準則所組成的標準進行驗證，能促使經營者採用對環境適宜的方式經營森林，並為當地社區帶來福祉、增加林業經濟活力 (FSC, 2012)。

表 11-1 FSC 原則 (FSC FM 標準第五版)

原則 1：符合法律規定	原則 6：環境價值與影響
原則 2：勞工權益與雇用條件	原則 7：經營規劃
原則 3：原住民的權利	原則 8：監測與評估
原則 4：社區關係	原則 9：高保護價值
原則 5：森林帶來的效益	原則 10：經營活動的實施

資料來源：FSC(2015)

第二種是監管鏈 (Chain of Custody, CoC) 驗證，CoC 驗證是針對林產品進行驗證，以確保所有產品在製造、加工以及經銷等過程中皆符合 FSC 的規範，防範不明來源之原料混入。不過 FSC 有考量到經過驗證的原料或許無法滿足林產品的生產需求，因此允許混合使用一些非經過驗證之原料，但需要將其成分含量百分比嚴格的標示出來，且其百分比不可超過 30% (莊媛卉，2014)。

第三種則是管控木材 (Controlled Wood, CW)，由於 FSC 允許混合使用非經過驗證之木材原料，所以另訂有管控木材的標準，以避免廠商使用到 FSC 不接受來源之木材原料。FSC 管控木材標準規定 5 類不接受的木材來源為：非法採伐的木材、違反傳統與人權收穫的木材、收穫木材來自高保育價值受經營活動威脅的林地、收穫木材來自天然林轉變為人工林或非林業用途的林地，以及收穫木材來自種有基因改造樹種的森林 (FSC, 2017)。

11.2.2 森林驗證認可計畫 (PEFC)

由於歐洲部分私有林業主認為，FSC 是外來的驗證系統，且驗證費用過於昂貴，並不適合中小規模森林的驗證，於是 1999 年有 11 個歐洲國家的森林管理團體代表，在巴黎集會成立「森林驗證認可計畫委員會 (PEFC Council)」驗證體系，發展一套較適合中小規模森林產業，且較能反映森林業者利益的森林驗證系統，以促進赫爾辛基協議 (Helsinki Accords) 所定義之森林經營、環境及社會效益 (沈思韋、林裕仁，2008)。PEFC 原名「泛歐森林驗證 (Pan European Forest Certification)」，為歐洲的區域性驗證系統，其後為了提高國際接受程度，以及將其驗證範圍擴展至全球，2002 年底將組織改名為「Programme for the Endorsement of Forest Certification」(森林驗證認可計畫)，不過對外縮寫仍維持 PEFC。

PEFC 亦提供 FM 與 CoC 兩種驗證服務，若森林經營者想要取得 PEFC 的驗證，該森林經營者所在之國家，必須為 PEFC 的會員國，且必須建立一套通過 PEFC 審核的國家驗證體系，該森林經營者方可透過該國家的驗證體系及獨立第三方審核，取得 PEFC 的驗證證明。此外，PEFC 並未制定統一的驗證標準，僅提供制定標準過程與內容須遵守的基本要求 (表 11-2)，以使各國依這些要求發展出兼顧環境、社會、經濟三方面功能，且適用自己國家的驗證標準。

PEFC 亦提供 FM 與 CoC 兩種驗證服務，若森林經營者想要取得 PEFC 的驗證，該森林經營者所在之國家，必須為 PEFC 的會員國，且必須建立一套通過 PEFC 審核的國家驗證體系，該森林經營者方可透過該國家的驗證體系及獨立第三方審核，取得 PEFC 的驗證證明。此外，PEFC 並未制定統一的驗證標準，僅提供制定標準過程與內容須遵守的基本要求（表 11-2），以使各國依這些要求發展出兼顧環境、社會、經濟三方面功能，且適用自己國家的驗證標準。

▲圖 11-2 PEFC logo (https://www.pefc.org/)

表 11-2 PEFC 標準
標準 1：維持和適當地加強森林資源及其對全球碳循環的貢獻
標準 2：維持森林生態系的健康和生產力
標準 3：森林生產功能的維持和加強（木材和非木材林產品）
標準 4：森林生態系生物多樣性的維持、保護和加強
標準 5：維持及適當地加強森林生態系的功能（尤其是水跟土壤）
標準 6：其他社會及經濟功能的維持

資料來源：PEFC 網站 (https://www.pefc.org/)

相較於 FSC 森林驗證制度，PEFC 提供各國或區域性森林驗證標準之互認機制。欲申請與 PEFC 互認者，應先於國家成立發展森林驗證的組織，再向國際 PEFC 組織申請核備，開始發展驗證標準制定工作，接著應發展第三方認證實體與進行認證準備，並訂定執行方案與相關技術文件。申請與確認取得 PEFC 會員資格後，再進一步向國際 PEFC 組織提出相互認可及互認程序。PEFC 係根據各國或各區域性森林驗證標準所公告之技術文件內容，由獨立顧問進行國家認證體系的評估與認可。國家認證體系與國際 PEFC 互認後，即可於林產品上使用 PEFC 標章，國家體系項下的認證產品也可通行於所有 PEFC 互認的其他國家市場（吳俊賢等，2013）。

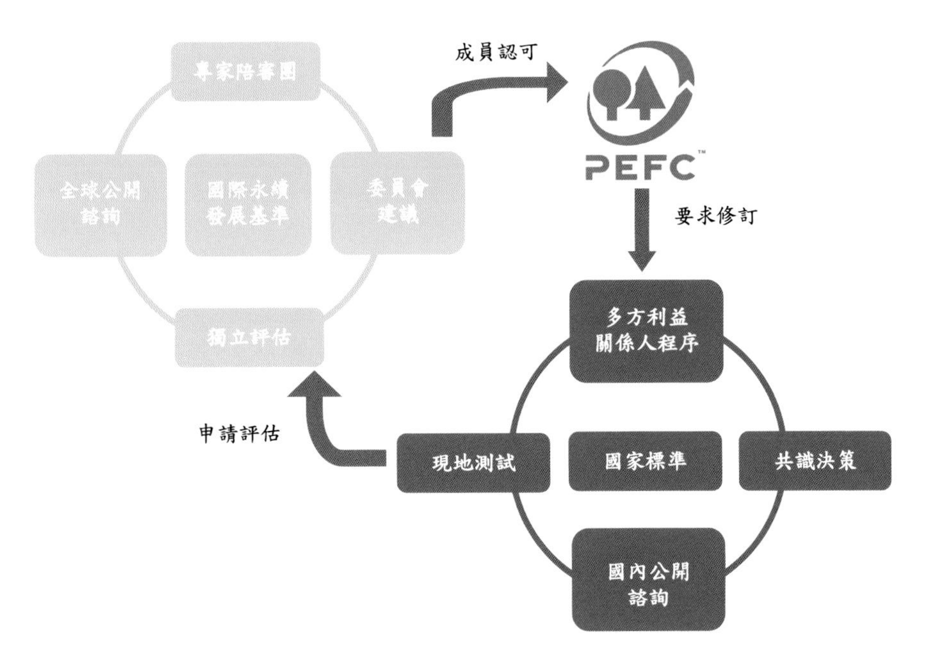

▲ 圖 11-3 國家認證體系與國際 PEFC 認證體系互認機制流程圖
資料來源：吳俊賢等 (2013)

11.2.3 永續林業倡議 (SFI)

SFI 是由美國林業及紙業協會 (American Forest & Paper Association, AF&PA) 所成立，1995 年起開始運作並於 2005 年與 PEFC 達成互認 (Sprang et al., 2006)。SFI 標準之制定主要針對美國及加拿大地區的大規模工業林，協會會員需根據所制定的標準來經營其森林，並經獨立第三方審核通過 SFI 驗證；不符合者將會被取消會員資格 (李炳叡等，2005；夏恩龍，2009)。

SFI 除了提供 FM 與 CoC 兩類驗證服務外，另提供木材纖維來源 (Fiber Sourcing) 之驗證。其中 SFI FM 標準與 SFI Fiber Sourcing 標準內容各具有由整體規範至細部要求共 4 個層級，分別為原則 (Principles)、目標 (Objectives)、績效量測 (Performance Measure) 及指標 (Indicators)。SFI 標準每五年會透過公開的公眾程序重新審查，使之能夠納入最新的科學資訊，並對問題做出回應。

SFI FM 標準訂有 13 項核心原則 (表 11-3) 搭配 15 個目標、37 個績效措施及 101 條指標。此標準要求主要針對水質保護、生物多樣性、野生動物棲息地、瀕危物種及特別具有保護價值的森林，以促進北美的永續森林經營 (SFI, 2015)。

SFI CoC 標準係追溯從已認證森林、已認證採購或認證回收系統取得的纖維，經過製造加工到最終成品，於產品中占多少百分比。被驗證方可以運用物理分離法 (physical separation method)、平均百分比法 (average percentage method) 或數量信用法 (volume credit method) 來追溯與溝通產銷監管鏈的宣告。

SFI Fiber Sourcing 標準則包含 14 項原則、13 個目標、21 個績效措施及 55 條指標。此標準要求是針對擴展生物多樣性保護層級、實施負責任森林管理機制以保護水質，並主動向林主提供森林管理及推廣專業砍伐服務。

表 11-3 SFI FM 原則

原則 1：永續林業	原則 8：遵守法律
原則 2：森林生產力與健康	原則 9：研究
原則 3：水資源之保護	原則 10：訓練與教育
原則 4：生物多樣性之保護	原則 11：社區參與及社會責任
原則 5：美學與遊憩	原則 12：透明化
原則 6：特殊場域之保護	原則 13：持續改進
原則 7：北美負責任之木材纖維來源	

資料來源：SFI 網站 (http://www.sfiprogram.org/)

▲ 圖 11-4 SFI logo (http://www.sfiprogram.org/)

11.2.4 馬來西亞木材驗證委員會 (MTCC)

MTCC 是由馬來西亞政府於 1998 年發起而成立之第三方驗證制度，經各方利益代表組成「託管理事會」所管理之營利性組織 (沈思韋、林裕仁，2008)，2002 年成功加入 PEFC 成為會員，並於 2009 年通過審核實現互認，成為第一個與 PEFC 互認的亞洲國家森林驗證制度。

MTCC 所使用之「馬來西亞森林管理驗證準則與指標」(Malaysian Criteria and Indicators for Forest Management Certification, MC&I) 初始是以國際熱帶木材組織 (International Timber Trade Organisation, ITTO) 之準則與指標為基礎，加入馬國法律的實質內容，後再依照 FSC 第四版原則與準則之架構與要求完成修訂 (夏恩龍，2009；Sprang et al., 2006)。MC&I 分為天然林與人工林兩種，原則與準則的部分大致與 FSC 相同，僅天然林標準中刪除「原則 10 人工林」；人工林標準中刪除「準則 10.9 1994 年以前之土地利用形態轉換」項目 (莊媛卉，2014)。

MTCC 所使用之「馬來西亞森林管理驗證準則與指標」(Malaysian Criteria and Indicators for Forest Management Certification, MC&I) 初始是以國際熱帶木材組織 (International Timber Trade Organisation, ITTO) 之準則與指標為基礎，加入馬國法律的實質內容，後再依照 FSC 第四版原則與準則之架構與要求完成修訂 (夏恩龍，2009；Sprang et al., 2006)。MC&I 分為天然林與人工林兩種，原則與準則的部分大致與 FSC 相同，僅天然林標準中刪除「原則 10 人工林」；人工林標準中刪除「準則 10.9 1994 年以前之土地利用形態轉換」項目 (莊媛卉，2014)。

▲ 圖 11-5 MTCC logo (https://mtcc.com.my/)

表 11-4 MC&I 天然林驗證原則
原則 1：遵守法律與原則
原則 2：森林所有權、使用權及責任
原則 3：原住民的權利
原則 4：社區關係與雇工之權利
原則 5：森林帶來的效益
原則 6：對環境造成的影響
原則 7：經營計畫
原則 8：監測與評估
原則 9：高保護價值森林之維護

資料來源：MTCC(2012)

11.2.5 中國森林認證委員會 (CFCC)

1999 年中國國家林業局與世界自然基金會 (World Wide Fund for Nature, WWF) 於北京聯合召開森林永續經營和認證國際研討會，促進中國政府、學術界和企業認識及瞭解森林驗證。一開始在 WWF 的積極推動下，FSC 於中國迅速發展，然由於 FSC 的部分驗證標準較不適用於中國林業部門之經營管理，且為了能降低昂貴的森林驗證費用、加強對基層森林經營企業之管理，並期能自行掌握國內森林驗證的狀況，因此中國開始發展適合自己國家的森林驗證制度 (林裕仁，2012)。

中國林業部門在建立國家森林驗證制度時，除了遵循永續發展原則外，亦參考並吸收其他森林驗證系統之優點，經多年研究及討論修訂，終於 2007 年成立中國森林認證委員會(CFCC)，並正式頒布實施「中國森林驗證標準」。該標準包含「中國森林驗證森林經營標準」(CFCC FM)與「中國森林驗證產銷監管鏈標準」(CFCC CoC)二項；CFCC FM是以FSC FM之原則為基礎，調整修改成適合中國森林驗證的9項原則，包含「法律法規框架」、「森林權屬」、「當地社區和勞動者權利」、「森林經營方案」、「森林保護」、「森林監測」等，如圖11-6所示；CFCC CoC則參照一般企業管理中生產與製造之基本產銷流程來制定，主要可分為「體系管理」、「原料管理」、「生產控制和紀錄」、「標誌要求」與「銷售單據和記錄」五大項規範(林裕仁，2012)。CFCC同樣是由獨立第三方驗證機構透過驗證標準，對營林者所經營的森林進行驗證。

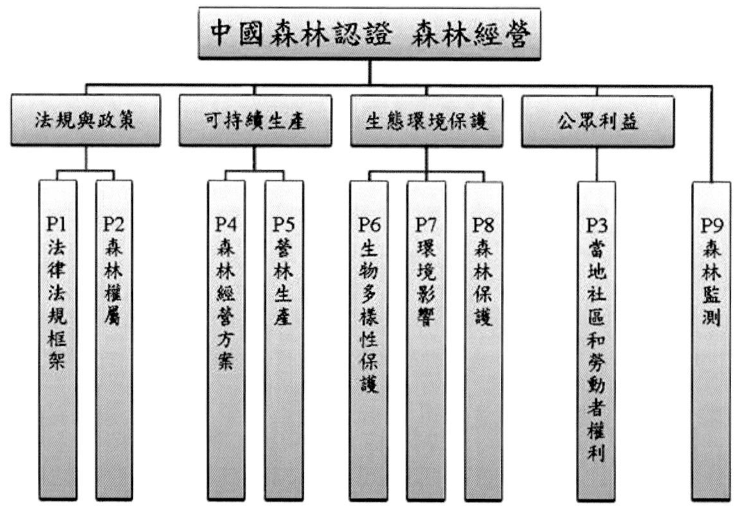

▲圖11-6 CFCC FM之9項原則 資料來源：林裕仁(2012)

CFCC進一步於2011年通過審核成為PEFC之會員，並在2014年獲PEFC批准實現互認，成為亞洲第二個成功與PEFC互認的國家森林驗證制度(章軻，2014)。

▲圖11-7CFCC logo
資料來源：CFCC網站(http://www.cfcs.org.cn/)

11.2.6 日本綠的循環認證會議(SGEC)

日本為因應森林永續經營之國際趨勢，並促進日本國內人工林資源之循環利用、振興地域材，於 2003 年由林業、木材工業、自然保護組織、消費者團體及學術各領域專家等，成立 SGEC 作為日本國內特定的森林驗證制度(林俊成，2012)。為進一步發展成國際型驗證制度，SGEC 在 2014 年通過審核成為 PEFC 之會員，並於 2015 年完成與 PEFC 互認的各項程序，2016 年正式成為亞洲第四個實現與 PEFC 互認的國家森林驗證制度(SGEC, 2016)。

SGEC 標準同樣分 FM 與 CoC，供獨立第三方驗證實施永續經營的森林，以及驗證管控後續加工、製造等產銷監管過程。SGEC FM 驗證標準著重環境保護、社會經濟利益、合法性及監測資訊公開化等方面，如表 11-5 所示。SGEC CoC 驗證標準，則為公民和消費者提供準確和可核實的關於永續經營、無環境爭議來源的森林產品資訊。透過相關的資訊傳播，鼓勵公民和消費者選擇購買來自永續經營的森林產品與環保產品，從而促進市場推動森林產品和服務之永續利用(SGEC, 2017)。

▲ 圖 11-8 SGEC logo
資料來源：SGEC 網站(http://www.sgec-eco.org/)

表 11-5 SGEC FM 標準
標準 1：驗證的森林需有明確的管理方針
標準 2：生物多樣性之保護
標準 3：土壤與水資源之保護及維持
標準 4：森林生態系健康及生產力之維持
標準 5：森林永續經營之法律和規章
標準 6：維護社會和經濟效益，提升對遏止全球暖化之貢獻
標準 7：監測和資訊公開化

資料來源：SGEC 網站(http://www.sgec-eco.org/)

11.3 森林認(驗)證制度標準與稽核

為落實經濟、環境與社會相互和諧之森林永續經營理念，引導臺灣人工林邁向永續經營，並符合國內外環保團體對林業經營的期許與關切，農委會林業試驗所與臺灣森林認證發展協會共同合作，著手發展「臺灣森林經營驗證標準」，以期臺灣森林經營規範與國際森林驗證接軌，提升國內森林經營效率、木材自給率及林產業之市場競爭力。

11.3.1 臺灣森林經營驗證標準

「臺灣森林經營驗證標準」之訂定，主要參考 FSC 森林驗證制度，依據 FSC 制訂國家區域型森林經營之驗證準則與指標流程，透過公開透明的制訂機制，先由標準發展小組 (Standards Development Group, SDG) 遵循 FSC 國際組織所公佈之 10 項原則 (Principle)，草擬各原則項下之準則 (Criteria) 與指標 (Indicator)，再將草案供國內林業相關之產、官、學及森林經營權益關係團體審視，並蒐集各層面意見進行討論修正，以凝聚理論與實務共識，發展適合臺灣森林經營驗證之標準(林試所，2016)。

SDG 已於 2012 年向國際 FSC 組織總部提出發展訂定臺灣森林驗證標準與指標的註冊申請，2012 年底獲得 FSC 總部註冊認可的回覆，標準草案第 1-0 版也在 2013 年 5 月 1 日至 6 月 30 日、2013 年 8 月 1 日至 9 月 30 日及 2014 年 10 月 1 日至 11 月 30 日於網站上公布。後為因應 FSC 內部國際通用指標 (International Generic Indicators, IGI) 工作小組於 2015 年 6 月 1 日公布 FSC FM 第 5 版森林驗證標準，SDG 再度修訂「台灣森林經營驗證標準」草案第 1-0 版，並於 2016 年 8 月 10 日至 10 月 9 日在網站上公布，透過所搜集到的建議，再次進行討論修改，形成「臺灣森林經營驗證標準」草案第 1-1 版，包含 10 個原則、70 個準則及 201 個指標，惟尚未定案。「臺灣森林經營驗證標準」草案版本於 2017 年底完成定稿(見本章附錄)，預計 2018 年底前送交 FSC，由其董事會批准通過備查。

11.3.2 森林驗證稽核要項

森林驗證稽核，係稽核員透過林地現場考察、相關文件審查(如：森林經營計畫、紀錄表單等)、權益相關方訪談等方式，確認被驗證方是否符合森林驗證標準的要求。截至 2017 年 8 月，臺灣已累積有 5 張通過 FSC 森林管理驗證證書。參考該些通過驗證評估報告中的稽核重點，以及「臺灣森林經營驗證標準」中準則及指標的細項要求，整理各個原則之稽核要項如下：

一、原則 1：符合法律規定

原則 1 規範被驗證方應符合所有適用之法律規章以及該國家認可之國際條約、

公約和協定。被驗證方需提供其合法註冊實施活動及合法所有權或租賃的相關文件，如：商業登記證、土地契約、林地租賃合約、稅務登記證、相關的稅務及費用繳交單據，以證明被驗證方對驗證範圍內經營管理與使用資源之合法性，所有與森林經營有關之法定規費也皆於期限內繳納。此外被驗證方可整理一份適用其森林經營之法律法規、國際公約及協議的清單，以利稽核員確認驗證範圍內所有的森林經營活動，是否均符合相關的法規規範。

針對未經授權或非法之活動，被驗證方需提供其預防及因應的措施。這部分被驗證方可制定其「林地護管」計畫、程序書及相關表單，並於稽核時出示計畫與程序書內容及所有相關的紀錄，以證明被驗證方具完善的護管機制來控制並防範驗證範圍內未經授權或非法活動的發生。

對於森林經營可能發生的糾紛爭議，被驗證方需提供其訂定的因應程序，如：「林地經營抱怨及衝突事件處理」程序書及相關表單，並於稽核時出示程序書內容，以證明被驗證方建有妥善的機制來因應經營時可能發生的爭議事件。若曾有糾紛爭議發生，被驗證方需提供相關的處理紀錄，包括已經解決的事件或尚在處理的情形。此外如果驗證範圍內存在具重大、長期或涉及多數利益的爭議區域，被驗證方需證明其未在該些區域內進行作業。

相較於 FSC 森林管理驗證標準第四版，第五版在此項原則下增加「反貪汙」相關的規範。被驗證方需訂定其反貪汙政策 / 機制，且為免費公開取得，以宣示被驗證方不進行或接受任何貪汙，同時也有相應的措施懲治涉及貪汙者。至於承諾長期遵守 FSC 標準的部分，被驗證方需提供其已簽署「關於 FSC-POL-01-004 的自我聲明」，並同樣為免費公開取得，以證明被驗證方對其森林經營活動符合 FSC 原則與準則及相關的 FSC 政策與標準之長期承諾。

二、原則 2：勞工權益與雇用條件

原則 2 規範被驗證方應維持或提高勞工之社會福利及經濟利益。被驗證方雇用勞工與提供就業條件時，需符合勞動基準法、性別平等原則、國際勞工組織公約及《林業安全與健康作業規程》等規範。稽核時被驗證方除了需提供勞動契約書證明其薪資待遇、福利措施、性騷擾防治及爭議申訴等規定，均達到或高於驗證標準的要求之外，亦需提供所制訂實施的健康和安全 (H&S) 程序，如：「職業健康安全與教育訓練管理」程序，搭配相關文件如為勞工購買社會保險及意外保險的紀錄、「年度職業健康安全教育訓練」計劃表與上課簽到單、勞工「個人防護裝備領用表」、「工安事件紀錄表」等，以證明被驗證方在勞工權益保障、教育訓練及林場安全衛生方面，皆符合此項原則的規範。

稽核員在稽核期間會抽樣訪談被驗證方的勞工，以確認其上工前清楚自身的保險權益資訊及相關安全注意事項，進行森林經營活動時，也了解並確實配戴必要的安全裝備，如：安全帽、手套、防割褲、安全鞋等。

三、原則 3：原住民族權利

原則 3 規範被驗證方應確認並支持原住民族在受經營活動影響土地之合法權與約定俗成的權利，包括所有、利用及其經營土地、領域及資源。被驗證方需界定驗證範圍內或範圍外，可能受經營活動影響之原住民族。若界定確認有原住民族存在，則被驗證方需提供與經營活動相關的原住民族之期望和目標、適用之法定權利、約定俗成的權利及義務，以及支持此等權利和義務之證明等。此外被驗證方需證明原住民族自願並事前知情，同意經營活動，如：被驗證方與原住民族達成具有約束力的口頭或書面協議紀錄，被驗證方也可進一步訂定如「原住民自由意志與資訊完整下的事前同意 (FPIC) 管理」的程序，以確保原住民族了解其對驗證範圍內資源之權利和義務。

對於驗證範圍內可能存在對原住民族具特殊文化、生態、經濟或宗教等意義之場址，被驗證方亦需界定驗證範圍內是否有該等場址存在，若驗證範圍內存在該等場址，則被驗證方需提供保護該場址之措施，如：「保護文化、生態或經濟和宗教等意義的特殊地點」程序，包括原住民和專家識別的保護區域、防止經營活動對其造成破壞或干擾等，以證明被驗證方符合驗證標準之規範。此外若被驗證方有使用原住民族的傳統知識或智慧財產權，也需有和原住民族之間具約束力的協議。

稽核員在稽核期間也會抽樣訪談相關的原住民族，確認被驗證方和所界定的原住民族之間，是否符合「自由意志與資訊完整下的事前同意 (Free, Prior and Informed Consent, FPIC)4」原則，並確認該些原住民族是否清楚經營活動對其資源和所有權的影響，以及其權利和資源是否有受到威脅。

四、原則 4：社區關係

原則 4 規範被驗證方應促進維持或增加當地社區之社會福利與經濟利益。被驗證方需界定驗證範圍內或範圍外可能受經營活動影響之當地社區，並於稽核時提供與經營活動相關當地社區的期望和目標、適用之法定權利、約定俗成的權利及義務，以及支持此些權利和義務之

(4) FPIC 原則係指被驗證方進行經營活動前，應在相關原住民族的自由意志下，事先徵詢取得其同意，以維護相關原住民族的權利與資源。

證據等。此外被驗證方不能侵犯當地社區管控經營活動的權利，同樣也需證明當地社區是自願並事前知情同意經營活動。

在維護或提高當地社區的長期社經利益方面，稽核員會透過利益相關方訪談確認被驗證方是否有提供當地社區居民就業機會、培訓和其他服務。針對驗證標準要求被驗證方應將社會影響評估結果納入森林經營計畫與經營活動，被驗證方需提供其所建立的相關機制，如：「社會及環境評估」程序及「森林經營活動對社區之社會環境影響調查」相關的問卷表單，並於稽核時出示「社會影響評估報告」、問卷紀錄及經營計畫中整合調查意見的內容。

對於驗證範圍內可能存在對當地社區具特殊文化、生態、經濟或宗教等意義之場址，被驗證方同樣需界定驗證範圍內是否有該些場址存在，並有相應的保護措施。若被驗證方有使用當地社區的傳統知識或智慧財產權，同樣也需有和當地社區之間具約束力的協議。

五、原則 5：森林帶來的收益

原則 5 規範被驗證方應有效地管理經營單元多樣化產品和服務之範疇，以維持或提升長期經濟可行性及環境和社會效益之範圍。被驗證方需確認有利於加強當地經濟的各類資源和生態系統服務範圍，提倡就地加工及在地服務，並在未牴觸相關法規的情況下使之多元化。在確保可永續經營的方面，被驗證方需提供其林木生長量調查結果、容許伐採量計算、年度實際木材伐採率與伐採量，以及後續的伐採規劃，以證明實際伐採量未超過容許伐採量、伐採率也未超過生長率。

森林經營需同時考量經濟效益及生產的環境、社會和營運成本，被驗證方在稽核時需出示其經營計畫中關於投入預算及收益預估的部分，以證明經營計畫之執行具長期經濟可行性。

六、原則 6：環境價值和衝擊

原則 6 規範被驗證方應維持、保育和 / 或復育經營單元之生態系服務和環境價值，且應避免、修復或減緩負面環境衝擊。被驗證方需確認驗證範圍內外潛在之環境價值，並在稽核時提供其在經營活動前後執行環境影響評估之證明，如：「環境影響評估」的程序內容、「森林經營環境影響評估調查表」之調查紀錄及「環境衝擊評估分析表」等，以符合驗證標準中相關的要求。

若驗證範圍內存在珍稀和瀕危物種及其棲地，被驗證方亦需界定經營活動對該些物種及其棲地的潛在衝擊，並於稽核時提供所制定的相關保護措施，如：「物種復育」計畫、「林地護管」計畫及程序等，以證明被驗證方在進行森林經營的同時，也有相應的措施保護經營活動可能衝擊到的珍稀和瀕危物種及其棲地。

針對驗證範圍內之原生生態系，此項原則要求被驗證方需界定並保護具有原生生態系代表性之樣區，若驗證範圍內有具代表性樣區存在，被驗證方需在稽核時提供識別的樣區位置及所採取的現地保護措施，稽核員會至現地考察以確認代表性樣區的整體狀態。即使代表性樣區不存在或現有的樣區不足以代表原生生態系統，被驗證方仍需在驗證範圍內保留部分比例之經營單元進行復育，以使其更接近自然狀態。

對於驗證範圍內存在的或未來可能發生的劣化地與崩塌地，以及森林經營活動可能會衝擊鄰近的天然水道、水體、濱水帶及其連結性、水量與水質，被驗證方需提供相應的保護及復育措施，如：「林地道路及水土保持工程維護」計畫與程序、「劣化地、崩塌地處理及復育」計畫與程序等，以證明被驗證方有最大限度地減少經營活動對森林的破壞，並積極保護水資源、復育劣化地及崩塌地。

在土地利用型轉換方面，被驗證方需證明其驗證範圍內無天然林轉換為人工林或非林地的情況發生，驗證範圍也不是1994年11月以後由天然林變更為人工林之區域。若符合此項原則中的例外情況，被驗證方同樣亦需提供其符合例外條件之證明，如：被驗證方對驗證範圍內的天然林變更為人工林區域沒有直接或者間接責任。

七、原則7：經營計畫

原則7規範被驗證方應依據經營活動之規模、強度與風險，訂定與其政策及目標相符合之經營計畫。經營計畫應被執行，並依據監測資訊持續更新，以增進適應性經營。相關之規劃及程序文件應足以指導員工、告知受影響及感興趣之權益關係者，並能說明經營決策之正當性。

被驗證方的「森林經營計畫」除了需訂定具體、可操作的經營目標與經營政策之外，亦需納入林地現況與周遭毗鄰地概況、環境及社會影響評估結果，以及為實踐經營目標的各項規劃方案與措施，如：伐採、造林及撫育、育苗、天然林復育、崩塌地復育、高保育價值維護、生態系服務維護、林地護管、林火防治、病蟲害防治、監測（林木生長及收穫、外來種、高保育價值、環境及社會影響等）、人力資源管理、文件管理等計畫。此外經營計畫也需包括評估各預定經營目標執行進度之可查核標的與查核頻率，以作為追蹤達成各經營目標的執行進度。驗證稽核前，被驗證方需提供可免費公開取得的「森林經營計畫摘要」。

「森林經營計畫」需定期修訂與更新，因此被驗證方需建立經營計畫修訂的規程，如：每年修訂一次，並依據前一年的監測及評估報告結果做更新修訂。所有經營規劃及相關程序書內容的修訂紀錄，則可制定「文件紀錄控管」程序來保存管理。

八、原則 8：監測與評估

原則 8 規範被驗證方應證明有依據經營活動之規模、強度及風險，監測與評估經營目標之執行進度、經營活動之衝擊以及經營單元之狀況，以實施適應性經營。此項原則要求文件化並執行監測程序，因此被驗證方除了建立監測計畫外，需進一步文件化「監測」程序與相關的表單，並於稽核時出示程序書內容及各監測項目所做的紀錄，以證明被驗證方有持續監測其經營計畫的實施情況。需監測的項目包括人工林生長及收穫、天然林樣區、外來種、劣化地及崩塌地、高保育價值、環境影響、社會影響、經營成本等，其中人工林及天然林監測可視細節必要再各別獨立出「人工林樣區監測」程序與「天然林樣區監測」程序。此外被驗證方同樣需在稽核前提供可免費公開取得的「監測結果摘要」。

在林產品之追蹤管理方面，被驗證方需依其經營活動規模、強度及風險程度來制訂並實施產銷履歷系統，以證明所有來自驗證範圍內被標記為 FSC 驗證的產品，其來源與材積有按照每年預定產量。此部分被驗證方需提供其所建置產銷監管鏈相關的文件，如：「FSC 林產物監管」、「倉儲控管」、「銷售控管」、「FSC 商標控管」等程序書，以及「FSC 原木入庫紀錄表」、「FSC 原木出庫紀錄表」、「FSC 原木出入庫統計表」、「FSC 產品一覽表」、「出貨單」等紀錄表單。

九、原則 9：高保育價值

原則 9 規範被驗證方應透過實施預防性措施來維持和 / 或提升經營單元內之高保育價值。被驗證方需界定驗證範圍內是否存在高保育價值，透過林地現況分析、訪談林地周邊之權益關係人或相關專家及學者，並請其協助完成「高保育價值調查表」與問卷，再將評估結果製成「高保育價值評估報告」。此外被驗證方需制定保護及復育高保育價值之經營策略與措施，如：「高保育價值維護及監測」計畫、「高保育價值評估及維護」程序等，以維護和提升所界定之高保育價值。

稽核員在稽核時會檢視被驗證方的「高保育價值評估報告」及所調查的問卷與訪談紀錄，若驗證範圍內界定有高保育價值存在，稽核員會進一步審查被驗證方的「高保育價值評估及維護」程序書、「高保育價值維護」及「高保育價值監測」計畫內容，並至現地確認高保育價值維護的情況。

十、原則 10：經營活動之實施

原則 10 規範被驗證方或經營單元實施之經營活動應依據組織在經濟、環境與社會之政策和目的來選擇與實施，並遵守全部原則與準則。此項原則為 FSC 森林管理驗證標準第五版新增的，部分準則規範係訂自原第四版驗證標準中的「原則6：環境衝擊」及「原則10：人工林」。

林地伐採更新及育林作業方面，被驗證方除了要避免伐採作業對林地留存木及其他環境價值造成破壞，也皆需及時更新其伐採跡地，且盡量選擇當地基因品系及在立地生態適應性佳的樹種進行更新，搭配適宜的育林作業以更新至採伐前或更加自然的狀況。此部分被驗證方可制定相關的計畫與程序，如：「伐採」計畫與程序、「育苗」計畫與程序、「造林及撫育」計畫與程序等，並於稽核時出示該些計畫、程序書內容及相關表單紀錄，以證明符合驗證標準中相關的規範。

被驗證方不得使用基因改造物種(GMOs)。關於外來樹種，被驗證方亦需證明其不種植或使用任何外來樹種，除非有實際經驗及/或科學研究結果顯示，入侵性影響可受到控制時，才能使用外來樹種。若驗證範圍內已有外來樹種存在，被驗證方需針對該些外來樹種訂定「外來種監測」方案及相應控制措施，以管控外來樹種擴散及其所造成或潛在的負面影響。

針對病蟲害防治，被驗證方需提供其預防及治理病蟲害的措施，如：「病蟲害防治」計畫與程序，其間也應盡量避免使用化學殺蟲劑和/或生物防治劑。不過若有必要施用該些藥劑，被驗證方需進一步訂定「化學品及生物防治劑使用」程序及相關紀錄表單，以證明被驗證方對所施用藥劑的採購、使用、作業安全及後續監測均符合此項原則之規範。此外如果被驗證方在育林作業上有施用肥料，所有肥料的施用也需納入「化學品及生物防治劑使用」程序中。稽核員會於稽核時檢視該些藥劑及肥料的施用紀錄及所存放的環境，以確認被驗證方適當施用與妥善保存該些藥劑與肥料。

對於經營活動所產生的廢棄物，包括化學品、容器、液體及無機固體廢物等，其收集、清理、運輸和處置可訂定「廢棄物處理」程序，被驗證方也需確保其驗證範圍內無棄置廢棄物。

11.4 森林認證制度實務與發展

11.4.1 森林驗證實務

FSC 森林管理驗證是針對森林本身進行驗證，森林經營單位或林地所有人需自行提出驗證申請，再透過獨立第三方且為 FSC 所核可之驗證公司進行驗證。驗證公司會先提供驗證所需要的相關資訊，並要求申請驗證的單位提供其森林經營活動的基本資訊，以初步估計驗證過程所需花費的費用與時間。與申請驗證的單位達成協議後簽訂驗證合約，若申請驗證的單位符合 FSC 所制定之森林管理原則及準則，且通過驗證審查，驗證公司將會授予證書，證明通過驗證的單位其林地經營方式符合 FSC 規範，所生產之林產品也源自於負責任管理的森林。FSC 森林管理驗證證書具有 5 年的時效性，驗證公司每年會派稽核員進行年度審查。

森林管理驗證起初偏向提供給大規模的森林經營單位，對於實施小規模或低強度經營的小型業者來說，驗證程序過於複雜且昂貴。為顧及這些小規模或低強度經營的森林經營單位，FSC 制定小規模及低強度森林經營 (Small and Low Intensity Managed Forests, SLIMF[5]) 驗證，允許符合 SLIMF 條件的經營單位使用較簡化之程序與標準進行驗證。符合 SLIMF 條件與否的判定依據分為兩種，其一是面積，當林地面積小於或等於 100 公頃之經營單位可被歸類為小規模，部分國家經 FSC 許可其面積上限可達 1000 公頃；另一種則是經營強度，當經營單位之採伐量低於作業範圍年平均生長量的 20%，且每年木材採伐量不超過 5,000 立方公尺，或證書有效期限內的平均年伐採量低於 5,000 立方公尺，只要符合前述規定即可歸類為低經營強度 (林試所，2016)。

此外 FSC 亦提供團體驗證 (Group Certification)，允許多個森林經營單位聯合提出申請，成員們共同分擔驗證費用，以降低小林農在成本上之負擔，而團體成員的人數並無限制，但團體必須有效地進行管理，並依照 FSC 的規定運作。

11.4.2 森林驗證現況

全球通過森林驗證的林地面積，至 2016 年 5 月止達 4.62 億公頃，與前 12 個月相比增加約 1,580 萬公頃，如圖 11-9 所示。若不計入重複驗證的面積，則全球通過森林驗證的林地面積合計約有 4.32 億公頃，約占全球總森林面積 10.7 % (UNECE/FAO, 2016)。以近 10 年增加驗證林地面積的速率推斷，且在未來全球森林面積未大幅變動的前提下，約再 80 年即可達到全球半數森林面積皆接受驗證的目標。

(5) 根據 SDG 小組討論結果，目前「臺灣森林經營驗證標準」之經營規模及強度設定如下：

規模：小規模 (經營面積小於或等於 100 公頃)；中規模 (經營面積介於兩者之間)；大規模 (經營面積大於 9,000 公頃)。

強度：低強度 (設定為年均伐採量低於生長量的 20%，並且年均採伐量不超過 5,000m3)；中強度 (設定為伐採率
高於每年平均生長量的 20%，但低於每年允許伐採率)；高強度 (設定為使用短輪伐期及使用化學藥劑的人工林及天然林的經營)。

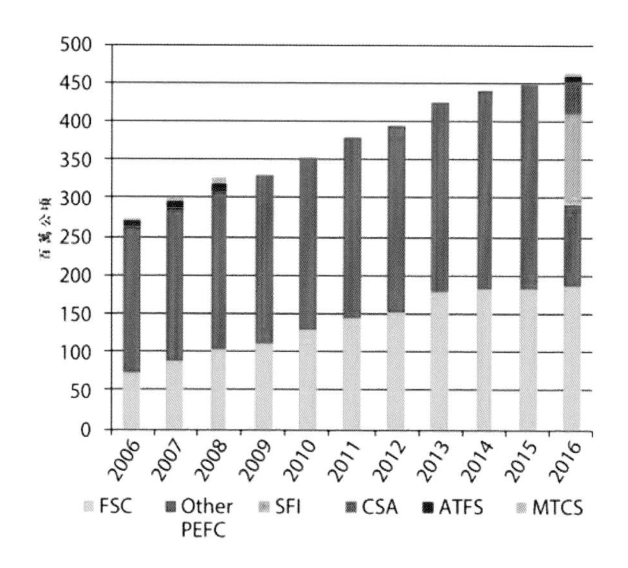

▲ 圖 11-9 2006-2016 年全球森林驗證面積
註：圖中數據未將重複驗證的面積扣除，約有 2,950 萬公頃 (UNECE/FAO, 2016)

2014 年至 2016 年 FSC 與 PEFC 在各大洲驗證森林面積變動的情形，如表 11-6 所示。驗證林地主要分布於西歐與北美洲，西歐地區經 FSC 或 PEFC 驗證的林地面積自 2014 年起突破六成，北美洲約有三成次之。值得注意的是，雖然非洲、拉丁美洲及亞洲驗證森林面積的比例目前皆不超過 5 %，但 2014-2016 年間驗證的森林面積均持續增加，是未來推展森林驗證的重要潛力區域。

表 11-6 2014-2016 年 FSC 與 PEFC 於各大洲驗證森林面積的情況

地區	總森林面積 (百萬公頃)	年度驗證森林面積 (百萬公頃)			年度驗證森林面積 (%)		
		2014	2015	2016	2014	2015	2016
北美洲	614.2	221.3	217.3	206.8	36.0	35.4	33.7
西歐	168.1	106.6	109.6	106.8	63.4	65.2	63.6
CIS	836.9	55.5	62.9	62.9	6.6	7.5	7.5
大洋洲	191.4	12.6	12.5	12.6	6.6	6.5	6.6
非洲	674.4	6.4	6.5	7.8	1.0	1.0	1.2
拉丁美洲	955.6	16.3	17.1	17.8	1.7	1.8	1.9
亞洲	592.5	14.1	13.1	18.3	2.4	2.2	3.1
全球總和	4,033.1	432.8	439.0	432.8	10.7	10.9	10.7

資料來源：UNECE/FAO (2016)

對 FSC 與 PEFC 而言，監管鏈驗證 (CoC) 產品最重要的市場為亞洲、歐洲及北美地區 (UNECE/FAO, 2016)。2008 年至 2016 年間，全球 FSC 與 PEFC 監管鏈驗證的數量呈穩定成長，如圖 11-10 所示。截至 2017 年 8 月，全球 FSC CoC 驗證數量共 32,802 張 (FSC, 2017)；PEFC CoC 驗證則計有 11,205 張 (PEFC, 2017)。

2007 年起，森林驗證中之 CoC 驗證開始在臺灣發展，並逐步成長 (林俊成等, 2013)。截至 2017 年 8 月，國內共有 FSC CoC 驗證 206 張 (FSC, 2017)；PEFC CoC 驗證則有 9 張 (PEFC, 2017)。而臺灣首度取得 FSC FM/CoC(森林管理與產銷監管鏈) 驗證合格證書者，是在 2014 年 11 月獲得 FSC 授權之第三方驗證公司審查通過，並於 2015 年 1 月 6 日授證。至 2017 年 8 月國內已有 4 家私人企業及 1 個政府林業單位取得 FSC FM/CoC 證書，分別為正昌製材有限公司、永在林業股份有限公司、台灣利得生物科技股份有限公司、愛農事業有限公司，以及隸屬於農委會林試所的蓮華池研究中心，合計通過驗證之林地面積共 1,677 公頃 (FSC, 2017)。

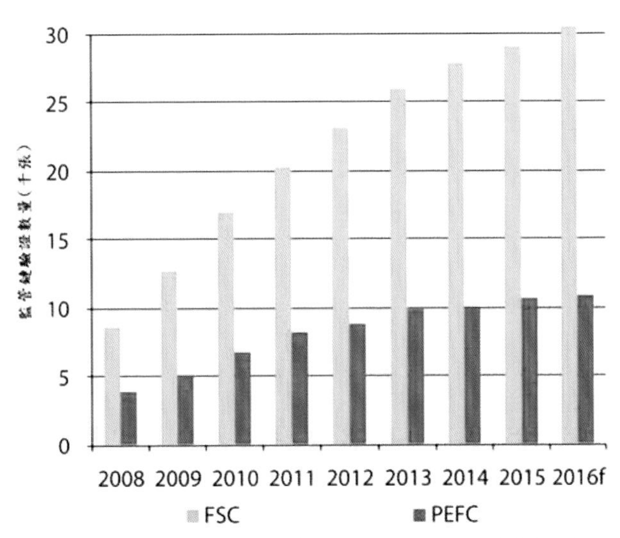

▲圖 11-10 2008-2016 年全球 FSC 與 PEFC 監管鏈驗證數量
資料來源：UNECE/FAO (2016)

11.4.3 森林驗證發展

隨著全球環保意識日漸高漲，有越多的消費者體認到使用非法或不明來源的木材，會間接導致毀林、生態環境破壞，進而開始選擇通過森林驗證的林產品，促進森林的永續經營。全球的森林覆蓋率約為 30 %，其中經驗證的森林面積目前僅約 10.7 %，代表未來森林驗證面積仍有很大的增長空間。森林驗證作為促進全球森林永續經營的工具之一，運作基礎主要建立在市場機制上，各驗證體系需考量其驗證制度對森林經營者所能帶來的市場價值及可能的成本投入，並持續向消費者宣導森林驗證之重要性，以提升大眾對森林驗證之認知。

經林試所及臺灣森林認證發展協會多年努力及多方協助，「臺灣森林經營驗證標準」草案已於 2017 年底完成，此國內森林驗證標準之建立，將可輔助與強化臺灣森林的永續經營，並作為後續擬定國內木材合法交易配套法規的基礎、打擊非法木材貿易。透過第三方驗證稽核，也能改善大眾對國內林業經營不信任的情況。然而目前國內對森林驗證制度及森林驗證產品的整體認知程度尚偏低，因此有必要持續推廣與宣導森林驗證，以提高國民對於「臺灣森林經營驗證標準」的認識與參與。另一方面，森林經營者可依驗證標準調整原經營管理模式，有效應用森林驗證來達到經濟可行、維護生態環境及符合社會公平正義的森林永續經營。

有鑑於生態系為人類帶來許多有形與無形之產品及服務，其所提供之服務價值近年來逐漸受到各國重視。FSC 於 2011 年 10 月起與聯合國環境規劃署 (United Nations Environment Programme, UNEP) 合作，選定智利、印尼、尼泊爾及越南 4 個國家，針對具備不同社會政治與環境條件之森林進行生態系服務試驗，擬推動森林生態系服務驗證 (Forest Certification for Ecosystem Services, ForCES)，希冀為森林經營者建立一個具市場潛力的生態系服務驗證機制，提升森林經營者保護生態系之意願，維護森林生態系服務價值。ForCES 計畫預計於 2017 年完成，並預期產出「經營 / 監測生態系服務之通用與國家指標」、「評估FSC驗證之社會與環境效益的方法學」及「獎勵生態系服務提供之可實行商業模式」，此將有助我國未來發展國內森林生態系服務驗證制度。

除此之外，FSC 和 PEFC 近年也開始將注意力擴展到非用材林產品 (Non-timber forest products) 的永續經營，期望能將滿足經濟、環境、社會三個面向平衡之永續經營概念，傳遞至非用材林產品之經營上，以使森林驗證發展能更加完善。

11.5 練習題

① 何謂森林驗證 (forest certification)? 森林之經營為何需獲得驗證？

② 全球目前主要之森林認驗證系統有哪些？試說明之。

③ 為顧及小規模或低強度經營的森林經營單位，FSC 制定小規模及低強度森林經營驗證 (Small and Low Intensity Managed Forests, SLIMF)，請說明參與此種驗證之資格限制？

④ 請說明 FSC 在森林經營驗證中，對外來種及農藥之規定？

延伸閱讀 / 參考書目

- 行政院農業委員會林務局 (2016) 林產物產銷推動架構規劃。林務局 105 年度主管科技計畫。204 頁。
- 行政院農業委員會林業試驗所 (2016) 台灣森林經營驗證標準草案第 1-1 版。2017 年 8 月 20 日檢自 https://www.tfri.gov.tw/。
- 李炳叡、李俊彥、黃金城 (2005) 台灣導入國際森林認證的探討。台灣林業 31(2):42-51。
- 吳俊賢、林俊成、林裕仁 (2013) 參訪瑞士國際 PEFC 森林認驗證組織總部與驗證林地。行政院農業委員會林業試驗所 102 年公務出國報告。37 頁。
- 沈思章、林裕仁 (2008) 淺談森林與林產品之認證。林業研究專訊 15(6):29-32。
- 林俊成、王培蓉 (2008) 聯合國森林論壇之近程優先行動方案。台灣林業 34(6):20-25。
- 林裕仁 (2012) 認識中國大陸 CFCC 森林認驗證系統。林業研究專訊 19(1):74-79。
- 林俊成 (2012) 植林及森林經營之碳匯效益計量與認證制度研究報告書。行政院農業委員會林業試驗所 101 年公務出國報告。32 頁。
- 林俊成、林裕仁、邱祈榮、王怡穩 (2013) 全球森林認證現況與未來發展。林業研究專訊 20(1):7-12。
- 夏恩龍 (2009) 中國竹林經營認證標準及其影響因素研究。中國林業科學研究院博士論文。
- 章軻 (2014) 中國森林認證體系 CFCC 與 PEFC 實現互認。2014 年 3 月 13 日檢自 http://www.cfcs.org.cn/zh/index.action
- 邱祈榮、陳乃維、莊媛卉 (2017) FSCTM 森林生態系服務驗證介紹與現況。林業研究專訊 24(2):83-87。
- 莊媛卉 (2014) 非用材林產品驗證標準之探討。國立臺灣大學森林環境暨資源學系碩士論文。
- Baharuddin, H.J., and Simula, M. (1994) Certification Schemes for all Timber and Timber Products. ITTO, Yokohama, Japan.
- FAO (1990) Global Forest Resources Assessment 2000 Main Report, FAO.

- FSC (1996) FSC International Standard - FSC Principles and Criteria for Forest Stewardship. FSC-STD-01-001 (V4-0) EN from http://ic.fsc.org/
- FSC (2011) FSC Standard for Chain of Custody Certification. FSC-STD-40-004 (V2-1) EN Retrieved on October 11, 2016, from http://ic.fsc.org/
- FSC (2012) FSC International Standard - FSC Principles and Criteria for Forest Stewardship. FSC-STD-01-001 (V5-0) EN Retrieved on November 29, 2013, from http://ic.fsc.org/
- FSC (2015) FSC International Standard - FSC Principles and Criteria for Forest Stewardship. FSC-STD-01-001 (V5-2) EN Retrieved on August 10, 2016, from http://ic.fsc.org/
- FSC (2016) FSC Facts ＆ Figures. Retrieved on October 11, 2016,from http://ic.fsc.org/
- FSC (2017) FSC Fact & Figures August 4, 2017. Retrieved on August 21, 2017, from http://ic.fsc.org/
- FSC (2017) Requirements for Sourcing FSC® Controlled Wood. FSC-STD-40-005 (V3-1) EN Retrieved on December 15, 2017, from http://ic.fsc.org/
- Kiekens, J. (2003) Forest certification in North America: selected developments. 12th World Forestry Congress, Canada.
- Merry, D.F., and Carter, D.R. (1996) Programs and markets for ecologically certified wood products. Southern Forest Economics Workshop, Gatlinburg, Tennessee, 1996.
- MTCC (2012) Malaysian Criteria and Indicators for Forest Management Certification (Natural Forest). Retrieved on August 17, 2017, from http://www.mtcc.com.my/
- PEFC (2016) PEFC Global Statistics: SFM ＆ CoC Certification. Retrieved on October 11, 2016, from http://pefc.org/
- PEFC (2017) PEFC Global Statistics: SFM & CoC Certification. Retrieved on August 21, 2017, from http://pefc.org/
- Priyan Perera and Richard P. Vlosky (2006) A History of Forest Certification. Louisiana Forest Products Development Center Working Paper #71.
- SFI (2015) SFI 2015-2019 STANDARDS AND RULES. Retrieved on August 16, 2017, from http://www.sfiprogram.org/
- Sprang, P., N. Meyer-Ohlendorf, R. G. Tarasofsky, and F. Mechel. (2006) Ecologic briefs: comparing major certification schemes: FSC, PEFC, CSA, MTCC and SFI. Ecologic Institute, Berlin, Germany.
- SGEC (2016) SGEC 認証制度の歩みと相互承認の実現 . Retrieved on August 16, 2017, from http://www.sgec-eco.org/
- SGEC (2017) 一般社団法人緑の循環認証会議 (SGEC) 文書 . Retrieved on Dec. 15, 2017, from http://www.sgec-eco.org/
- UNECE/FAO (2016) Forest Products Annual Market Review, 2015-2016. Aug, 9, 2017, https://www.unece.org/forests/

附錄

臺灣森林經營驗證標準

原則 (Principle)	準則 (Criterion)	指標 (Indicator)
原則 1：符合法律規定	準則 1.1 組織的法律地位	1.1.1 具合法註冊實施活動之證明文件 1.1.2 合法註冊為法定授權
	準則 1.2 經營單位的法律地位	1.2.1 具合法所有權之證明文件 1.2.2 合法的所有權是法定授權 1.2.3 清楚標記經營單元之邊界
	準則 1.3 遵守法規及施業的合法權利	1.3.1 所有施業活動需符合法律規範 1.3.2 期限內繳納相關法定規費 1.3.3 經營規劃需符合所有適用法律
	準則 1.4 避免未授權及非法之活動	1.4.1 防止未經授權或非法採伐之措施 1.4.2 與監管機構合作防範違法活動 1.4.3 採取適當措施處理違法活動
	準則 1.5 遵守運輸及貿易之規定	1.5.1 森林產品運輸和貿易之合法證明 1.5.2 符合 CITES 規定之證明
	準則 1.6 法庭外解決爭議	1.6.1 制訂公開的爭議解決程序 1.6.2 及時回覆可庭外和解之爭議 1.6.3 保留爭議紀錄 1.6.4 停止於存在特別爭議的區域作業
	準則 1.7 反貪污	1.7.1 制訂反貪污政策 1.7.2 反貪污政策符合或高於相關法律 1.7.3 反貪污政策為免費公開取得 1.7.4 不應發生貪污行為 1.7.5 若發生貪污即予以懲治
	準則 1.8 組織承諾長期遵守 FSC 原則	1.8.1 承諾長期遵守 FSC 原則之政策 1.8.2 該政策為免費公開取得
原則 2： 勞工權益與雇用條件	準則 2.1 維護勞工工作原則與權利	2.1.1 雇用符合國際勞工組織核心公約 2.1.2 勞工可建立或參加相關工會 2.1.3 勞資協議為集體談判的結果

原則 (Principle)	準則 (Criterion)	指標 (Indicator)
原則 2： 勞工權益與 雇用條件	準則 2.2 促進性別平等	2.2.1 提倡性別平等且避免性別歧視
		2.2.2 鼓勵女性積極參與各種工作職務
		2.2.3 女性工作保障與男性相同
		2.2.4 男女同工同酬
		2.2.5 確保女性安全領取其酬勞
		2.2.6 產假不得少於六週
		2.2.7 可請陪產假且不會受到處罰
		2.2.8 決策參與成員涵蓋女性及男性
		2.2.9 性騷擾等防治機制
	準則 2.3 保障健康與安全	2.3.1 制訂實施健康和安全程序
		2.3.2 勞工配有適當之個人保護裝備
		2.3.3 組織須強制勞工使用保護配備
		2.3.4 保存健康和工作安全程序的紀錄
		2.3.5 必要時修訂相關程序內容
	準則 2.4 達到最低工資	2.4.1 滿足或超過法定的最低工資率
		2.4.2 支付的工資符合或超過相關規範
		2.4.3 經文化適宜的參與方式確定工資
		2.4.4 準時支付工資、薪水和合約款
	準則 2.5 在職訓練	2.5.1 勞工參與在職訓練與監督管理
		2.5.2 更新並保存教育訓練記錄
	準則 2.6 解決申訴與補償	2.6.1 制訂文化適宜的爭議解決程序
		2.6.2 確認並回應勞工之申訴
		2.6.3 保留勞工最新申訴記錄
		2.6.4 提供勞工合理補償
原則 3： 原住民族 的權利	準則 3.1 確認原住民及其權利	3.1.1 界定可能受施業影響之原住民族
		3.1.2 確立原住民族的權利並讓其參與
	準則 3.2 維護原住民管控施業之權利	3.2.1 告知原住民族其施業相關的權利

原則 (Principle)	準則 (Criterion)	指標 (Indicator)
原則 3： 原住民族 的權利	準則 3.2 維護原住民管控施業之權利	3.2.2 不侵犯原住民族的權利 3.2.3 糾正侵犯原住民族權利的狀況 3.2.4 施業前使原住民知情、自願同意
	準則 3.3 訂定委託權力之協議	3.3.1 與原住民族達成具約束力之協議 3.3.2 保留具約束力協議之記錄 3.3.3 具約束力的協議包含監督條款
	準則 3.4 維護權利、傳統與文化	3.4.1 不侵犯原住民族之習俗和文化 3.4.2 書面記錄原住民族受侵犯的情況
	準則 3.5 確認、管理與保護特殊場所	3.5.1 界定對原住民族特殊之場址 3.5.2 保護此些場址之合宜措施 3.5.3 發現特殊場址即停止施業
	準則 3.6 保護、使用並補償傳統知識	3.6.1 保護傳統知識和智慧財產權 3.6.2 使用時提供回饋
原則 4： 社區關係	準則 4.1 確認當地社區與其權利	4.1.1 界定可能受施業影響之當地社區
		4.1.2 確立當地社區的權利並讓其參與
	準則 4.2 維護社區管控施業之權利	4.2.1 告知當地社區其施業相關的權利
		4.2.2 不侵犯當地社區的權利
		4.2.3 糾正侵犯當地社區權利的狀況
		4.2.4 施業前使社區知情、自願同意
	準則 4.3 提供就業、訓練等機會	4.3.1 溝通並提供合理之機會
	準則 4.4 促進社會及經濟發展	4.4.1 界定有助當地社經發展之機會
		4.4.2 施行有助於當地社經發展的活動
	準則 4.5 避免負面衝擊	4.5.1 避免及減緩負面衝擊之措施
	準則 4.6 解決申訴與補償	4.6.1 制訂公開可用之爭議解決程序
		4.6.2 及時回應受施業影響之申訴
		4.6.3 保留受施業影響之最新申訴紀錄
		4.6.4 停止於存在特別爭議的區域作業
	準則 4.7 確認、經營與保護特殊場所	4.7.1 界定對當地社區特殊之場址
		4.7.2 保護此些場址之合宜措施
		4.7.3 發現特殊場址即停止施業

原則 (Principle)	準則 (Criterion)	指標 (Indicator)
原則 4： 社區關係	準則 4.8 保護、使用並補償傳統知識	4.8.1 保護傳統知識和智慧財產權
		4.8.2 使用時提供回饋
原則 5： 森林帶來 的效益	準則 5.1 增加當地經濟多樣性	5.1.1 確認有利當地經濟發展之資源
		5.1.2 生產已確認之效益與產品
		5.1.3 遵循 FSC 推廣聲明的相關要求
	準則 5.2 永續收穫產品與服務	5.2.1 根據最佳資訊決定木材伐採水準
		5.2.2 決定木材最大年容許伐採量
		5.2.3 記錄年度實際木材伐採率
		5.2.4 計算永續收穫水準並遵守之
	準則 5.3 外部性	5.3.1 量化記錄所產生負面影響的成本
		5.3.2 界定記錄所產生正面影響的利益
	準則 5.4 增加在地價值	5.4.1 盡量使用當地的商品、服務等
		5.4.2 促進及協助增加在地價值
	準則 5.5 承諾長期經濟活力	5.5.1 分配足夠的資金執行經營計畫
		5.5.2 確保長期的經濟可行性
原則 6： 環境價值 和衝擊	準則 6.1 評估受影響的環境價值	6.1.1 確認所含及潛在之環境價值
		6.1.2 進行環境影響評估
	準則 6.2 確認及評估衝擊	6.2.1 確認施業對環境價值的潛在影響
		6.2.2 界定和評估施業對環境的衝擊
	準則 6.3 避免、減緩及修復負面衝擊	6.3.1 避免負面衝擊並保護環境價值
		6.3.2 施業應避免負面影響環境價值
		6.3.3 減緩與 / 或修復負面衝擊之措施
	準則 6.4 保護珍稀瀕危物種及其棲地	6.4.1 界定當地珍稀瀕危物種及其棲地
		6.4.2 界定施業的潛在衝擊並避免之
		6.4.3 保護珍稀瀕危物種及其棲地
		6.4.4 預防危及珍稀瀕危物種之活動
	準則 6.5 保育原生生態系代表性樣區	6.5.1 界定現存或可能之原生生態系
		6.5.2 現地保護具代表性樣區
		6.5.3 擇部分比例之經營單元進行復育
		6.5.4 樣區大小與經營單元規模成比例
		6.5.5 保育總面積占經營單元面積 10%

原則 (Principle)	準則 (Criterion)	指標 (Indicator)
原則 6： 環境價值 和衝擊	準則 6.6 維持生物多樣性	6.6.1 施業應維持範圍內的植群及棲地
		6.6.2 實施重建受破壞棲地的活動
		6.6.3 保持物種多元化及基因多樣性
		6.6.4 管控狩獵、捕撈等活動之措施
	準則 6.7 維護水資源	6.7.1 保護水資源之措施
		6.7.2 施業後必要復育水資源之措施
		6.7.3 復育曾受破壞水資源之措施
		6.7.4 避免水資源持續性惡化之措施
	準則 6.8 管理地景	6.8.1 地景應維持物種多樣性的組成
		6.8.2 必要復育地景之措施
	準則 6.9 現在及未來土地利用型轉換	6.9.1 將天然林變更為人工林之條件
	準則 6.10 1994 年前土地利用型轉換	6.10.1 1994 年後所有變更的準確資料
		6.10.2 1994 年後變更之可驗證的條件
原則 7： 經營計畫	準則 7.1 設定森林經營之政策與目標	7.1.1 制訂可滿足標準要求之經營政策
		7.1.2 制訂可滿足標準要求之經營目標
		7.1.3 計畫含經營政策及經營目標摘要
	準則 7.2 經營規劃	7.2.1 包含為實踐經營目標的經營活動
		7.2.2 森林經營計畫內需包含的項目
	準則 7.3 設立可查證之指標評估進程	7.3.1 建立可查核標的與查核頻率
	準則 7.4 定期更新並修改經營計畫	7.4.1 定期修訂與更新經營計畫
	準則 7.5 公開經營計畫摘要	7.5.1 可理解的經營計畫摘要並公開
		7.5.2 必要時提供經營計畫相關內容
	準則 7.6 權益關係者之參與	7.6.1 確保受影響之權益相關者之參與
		7.6.2 以文化適宜的參與方式進行活動
		7.6.3 權益相關者可影響其相關的施業
		7.6.4 權益相關者有機會參與相關活動
原則 8： 監測與評估	準則 8.1 監測經營計畫實施進度	8.1.1 監測程序已被文件化並執行

原則 (Principle)	準則 (Criterion)	指標 (Indicator)
原則 8：監測與評估	準則 8.2 監測與評估社會及環境衝擊	8.2.1 監測經營活動所造成的衝擊
		8.2.2 監測環境條件的變動情形
	準則 8.3 分析反映監測與評估之結果	8.3.1 執行適應性經營程序
		8.3.2 經營目標或活動等視必要調整
	準則 8.4 公開監測結果摘要	8.4.1 可理解的監測結果摘要並公開
	準則 8.5 追蹤系統	8.5.1 實施產銷履歷追蹤驗證產品
		8.5.2 彙整所有售出產品之相關資訊
		8.5.3 銷售發票上需包含之資訊
原則 9：高保育價值	準則 9.1 評估並記錄高保育價值	9.1.1 完成高保育價值評估
		9.1.2 權益關係者參與評估
	準則 9.2 發展維護高保育價值之策略	9.2.1 確認高保育價值的威脅
		9.2.2 維護高保育價值之策略與措施
		9.2.3 措施經權益相關者參與並同意
		9.2.4 措施能有效維護高保育價值
	準則 9.3 實施策略與措施	9.3.1 高保育價值維護及復育策略
		9.3.2 防止危害高保育價值之策略
		9.3.3 停止會傷害高保育價值之作業
	準則 9.4 監測及適應性經營	9.4.1 定期監測方案需評估事項
		9.4.2 監測方案包括權益相關者參與
		9.4.3 監測方案具足夠範圍和頻率等
		9.4.4 必要時調整高保育價值維護策略
原則 10：經營活動之實施	準則 10.1 進行更新	10.1.1 伐採跡地皆及時進行更新
		10.1.2 依規定進行更新作業
	準則 10.2 更新物種之選擇	10.2.1 盡量選擇原生樹種進行更新
		10.2.2 更新目標及經營目標一致
	準則 10.3 使用外來物種之條件	10.3.1 相當條件下才能使用外來樹種
		10.3.2 具降低外來樹種影響之措施
		10.3.3 須控制所引進入侵物種之擴散
		10.3.4 與監管機構合作控制入侵種

原則 (Principle)	準則 (Criterion)	指標 (Indicator)
原則 10： 經營活動 之實施	準則 10.4 禁止使用基因改造生物	10.4.1 不使用基因改造物種
	準則 10.5 育林措施之選擇	10.5.1 使用適宜的育林措施
	準則 10.6 避免施用肥料	10.6.1 避免或減少施用肥料
		10.6.2 需施用肥料時應具相當的效益
		10.6.3 記錄施用肥料的相關資訊
		10.6.4 防止施用肥料危害到環境價值
		10.6.5 減輕或修復肥料施用之損害
	準則 10.7 避免使用化學殺蟲劑	10.7.1 病蟲害綜合防治
		10.7.2 不能所禁止之化學殺蟲劑
		10.7.3 保存殺蟲劑使用紀錄
		10.7.4 使用殺蟲劑需遵循相關規範
		10.7.5 必要時最低量使用殺蟲劑
		10.7.6 防止殺蟲劑使用造成的危害
		10.7.7 使用殺蟲劑時應遵循的事項
	準則 10.8 管控生物防治媒介之使用	10.8.1 降低及監管生物防治劑之使用
		10.8.2 生物防治劑使用符合相關規範
		10.8.3 使用生物防治劑時需有紀錄
		10.8.4 防止生物防治劑造成的損害
	準則 10.9 減緩天然災害風險	10.9.1 評估自然災害潛在的負面衝擊
		10.9.2 經營活動減輕這些衝擊
		10.9.3 確認經營活動可能增加之風險
		10.9.4 降低經確認風險的措施
	準則 10.10 管控基礎設施與育林作業	10.10.1 妥善管理基礎設施
		10.10.2 妥善管理育林作業
		10.10.3 及時防止擾動或危害
	準則 10.11 管控收穫及運出活動	10.11.1 伐採收穫時保護環境價值
		10.11.2 伐採活動使物料達最佳利用
		10.11.3 保留足夠生物量及森林結構
		10.11.4 伐採作業避免不必要的破壞
	準則 10.12 環境適宜方式處理廢棄物	10.12.1 以環境適宜的方式處理廢棄物

資料來源：林試所 (2016)

CHAPTER

12 森林經營與地景生態系

撰寫人：劉一新　審查人：黃裕星

12.1 生態系功能與生物多樣性保育

生物多樣性係指生物之間的變異性，以及其所處生態系之複雜性，且可以生態系、物種與基因三個層級為背景，對之進行檢視者。世界上存有許多不同型態的森林生態系，而為地球上諸多動、植物及微生物生存之處。因此，生物多樣性的保育，可使森林保有其生產力及復元能力，從而使之能夠進行養分的循環，並提供清潔的水源、氧氣及其它維生所需的服務。

生物多樣性與森林生態系均處於動態的狀況之下，森林的族群、物種、林型及林齡級等，亦因干擾及更新的過程而形成目前的狀況。因此，生物多樣性的維持，需要在各種組合等級，以及不同時空尺度下，針對生態系進行檢測。更需在土地利用及資源經營決策制定的同時，將生物多樣性的考量一併納入：諸如限制將林地轉作農業或都市用地、劃定保護區、管理森林植物及動物的收穫、預防外來有害生物的入侵，以及經由謹慎的木材收獲，保護野生動物的棲息地等。

遺傳多樣性是造成物種及生態系變異性的基礎。它使生物能夠對環境的變遷做出反應，並塑造出生態系的特性。當個體與族群對氣候、食物供應以及掠食者等因子做出反應的同時，基因的分布也不斷改變。儘管有此複雜性存在，實際計量森林生態系型式及樹種族群的保育，仍將有助於其它物種遺傳多樣性的保育。

結構是生態系中屬於物理的、有形而可觸及的基本組成，它是可以摸得到、看得到、感覺得到的東西，這些東西可能是生物，也可能是非生物，可活動的或不能動的。相對的，功能則是由結構所表現出來的動作、角色及過程。生態系的功能可以被歸類成多種型態，惟大致可分為以下五項：

一、輸入 (input)

資源（生命體、物質、能量）被帶入系統之中（例如：光合作用、生物季節性遷入某地區）。

二、生產 (production)

資源在系統中被製造（例如：植物生長、動物繁殖、枯立木變成倒木殘材）。

三、循環 (cycling)

資源在系統中的輸送過程（例如：動物在系統中遷移、養分在林分中循環、冰雪消融成地表水或滲漏水）。

四、貯存 (storage)

資源被保存在系統之中(例如:沉積物堆積於濕地、碳或其它養分貯藏於倒木中)。

五、輸出 (output)

資源自系統中移出(例如:動物季節性遷出某地區、沖蝕、商業性收穫)。

一組結構通常擁有一種以上的功能,而一種功能的運作則常需一組以上的結構。舉例言之,某一種動物,可能是掠食者,同時也是被掠食者。或者,某一種動物,在棲地的需求上,可能同時需要草生地以提供其覓食場所,也需要森林覆蓋提供其庇護。這就引出了生態系的第三種組成分:交互作用。生態系中,各單元間的功能性交互作用,是形成生態系動態之原動力,欲窺其全貌,必須先瞭解各單元間的關係。這些關係大致可歸納為以下三種:第一種,各功能間的相互依存,舉例言之,欲保持生產功能,必須有輸入及循環功能之發生。第二種,結構與功能間的相互依存,以及第三種:各生態系間的交互作用,而這種關係,也牽涉到所謂的尺度或規模 (scale) 的考量。

就生態系間的交互作用而言,沒有任何一個系統是完全獨立的,欲完全瞭解生態系,必須瞭解其在結構上與功能上,與其它系統之關聯性。當基本模型逐漸複雜化後,新增的交互作用亦以不同的規模,亦即不同等級的空間尺度同步的發生。舉例言之,在一塊地景的範圍中,除了發生一些地景規模的過程之外,也有一系列以林分、族群、個體、乃至微生物等級的過程一并發生,這些過程中,部分係與其它過程合并或重疊。圖 12-1 表達了不同等級生態系間空間尺度的關係。

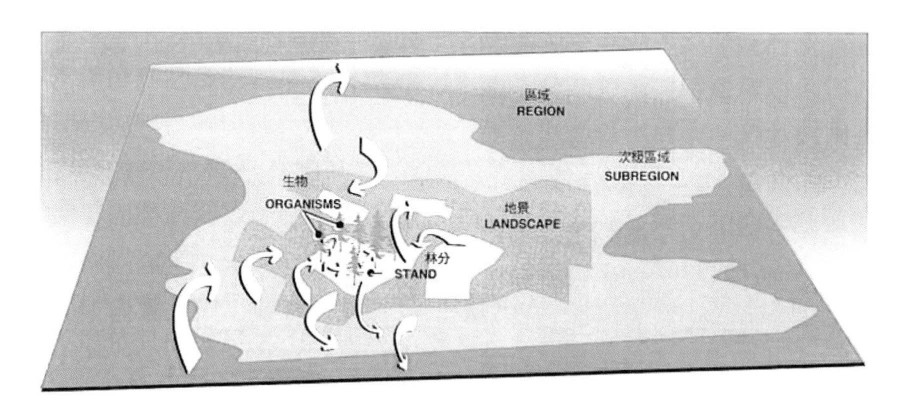

▲ 圖 12-1 生態系過程的組合等級與空間尺度的關係

生態系的回復力（resilience），是森林經營工作上非常重要的觀念。所謂的回復力，可以被定義為：遭逢干擾或改變時，生態系維持其功能（輸入、生產、循環、貯存、輸出）繼續運作的能力。因生態系種類之不同，其承受改變後，仍能保有其功能運作的能力亦各有所差。森林的回復力與森林原有之多樣性（diversity）及複雜度（complexity）有關，由於生態系的功能係來自於產生功能的結構，因此，若因某種原因移除或改變其中之特殊結構，則必將造成特定功能的喪失。因此，以維持生態復舊力為目的之經營作業，自應包括對各種結構單元、功能及其交互作用關係的界定、確認及保護，以維護其功能的整體性。由此可知，如果經營的目的，僅在於維持其生產力，或偏重經濟、景觀及公益性價值，而只挑出某種結構或功能為其作業基準，則必將在此心浮氣燥的作業下，喪失許多被定位為「不具價值」的結構與功能，而這些結構及功能，可能正是維持生態系健康的關鍵，自然發生的野火便是其中一個很好的例子。

12.2 森林地景

森林地景係由一群彼此間發生交互作用之生態系所組成之異質區域，其組合方式在該地區中以同樣型式重複出現者，森林地景可以被解讀為：一重要河川流之水系流經之區域，於其間具有相當一致的氣候因子、地質條件乃至自然植群。地景較林分為大，而較林區小，因此其大小差異甚大。事實上，嚴格且精確的去界定地景的面積，可能並不是那麼重要，相對的，瞭解地景中所發生的各種過程、各過程間的關係，以及需要何種結構來維繫這些過程，才是真正重要的課題。

一般而言，地景係由三種結構所組成，這三種結構亦可稱之為「地景單元」：地景本體（matrix）、通道（corridors）、區塊（patches）。而植群（常態或演替階段）則為地景單元最明顯的外觀，惟亦因土地型態及其他因素而發生改變。除了各地景單元之特性外，其組合方式及排列型態也相當重要。

地景本體是地景單元中最重要的部分，也就是所謂的植群型，我們可以用巧克力餅乾來做比喻，餅乾的部分即為本體，而巧克力碎片即區塊，大多數的森林地景本體原為成熟之林分，也為絕大多數地區最重要的地景單元。然而這種說法，在皆伐作業盛行，地景分割愈形嚴重的情形之下，也顯得愈來愈不真實。在某些特別嚴重的地區，簡直已經不能再稱之其為地景本體了。在大面積皆伐作業區，地景本體事實上早已由成熟林分，轉變成早期演替階段之林分。地景本體的重要的生態觀之一，在於其對所謂的地景流（landscape flow，包括物質的流動、能量的流動、生物的移動等）所發揮的強大控制力量，並提供各類棲息地間的聯絡網路。

我們毋需定義何者是地景本體而何者不是，因為這需視分析之尺度而定。舉例言之，一國有林的地景中間，成熟之林分是典型之地景本體，但是若擴大為行政區規模，則森林可能便成為都市 / 農地交錯地景中的一個區塊了。

區塊是一片無論在組成或演替階段上較均質之植群，且與其周圍之地景本體或其它區塊得以區分者。舉例言之，在森林地景中，皆伐跡地、濕地、岩石裸露地及碎石坡等，均為森林地景本體諸多區塊的一種。因此，在複雜的地景中，地景本體將變得不明顯，而森林林分亦成區塊之一。

通道係於形質相異之地景本體或聚合區塊群間，聯結形質相同區塊之地景單元。在皆伐跡地地景中，各成熟林分區塊，以成熟林中的濱岸帶（riparian zone）相聯結即為一例，為通道所聯結的各區塊亦稱之為節點（node）。林道亦可視為通道的一種，聯結演替早期階段之區塊（皆伐跡地）。不同種類的通道，促成不同物質及生物的流動或移動（循環功能），通道的功能並非絕對，一條通道（以林道為例），一方面是某些生物（人）的通道，而在另一方面卻是阻絕其他生物（蝸牛）移動的屏障。通道的聯絡效益，視其寬度、邊緣（edge）、崩毀頻率及間斷性等而定。

以森林地景的等級，瞭解生態功能的關鍵，在於地景流（landscape flow）的概念。在地景等級中，某些特殊的生態現象，會於其間移動、交互作用甚至操控其運作。例如：在林分或區塊間移動的野生動物或人類、野火、風、水等，均可視之為地景流。任何一種地景流，均會與特定之地景單元，或聚集而成的地景型產生交互作用，也就是這些交互作用，使得地景具有如生態系一般的功能。

再例如：早期演替階段之區塊，常為茂密的草生地（地景單元），而可提供麋鹿（地景流）覓食（功能：循環、貯存）之場所。濕地（地景單元）則對水流（地景流）具有調節（功能：循環、貯存）的功能。道路（地景單元）穿越某地區，帶領人類（地景流）到達遊憩區（功能：輸入、循環、輸出），一遭分割之森林地景（群聚地景單元）提供麋鹿（地景流）冬季覓食及蔽護場所（功能：生產、貯存）等等。

用生態系的觀點來瞭解地景，並未超越生態學之範圍，所有型態之地景流，對地景中各項功能間的關係，以及特性之確認均十分重要，地景分析如果忽略了其中任何一個主要的地景流，或者未能將其間的關

係作一整合，則該分析自然不完整。

如果生態系回復力，的確有部分係來自於其多樣性，則接下來的工作，便是如何確認一複雜地景之各項特徵。

地景多樣性有三個主要的特徵：組成上的、結構上的，以及過程上的（或者稱之為功能上的，在此使用過程一辭，係為避免與生態系功能的概念相混淆）。在地景層級上，所謂組成上的多樣性，即各型地景單元或植群型間的變異，及其在地景中所佔的相對比例、乃至其稀有度或普遍性而言。結構上的多樣性則係地景單元之大小及形狀，即型態之多樣性（或異質性）。最後，過程之多樣性則在表示地景流、功能及現行運作過程間的差異。以上三種型式，咸認在維繫太平洋西北地區地景之復舊力上，甚具重要性。

然而，一塊高多樣性，復原能力強的地景究竟是如何構建的呢？這是一個困難的問題，原因之一是各地景間的基本差異甚大，不能一概而論，另一則為對此一問題尚缺乏共識的觀點：我們到底要達到何種程度的多樣性？因此，要回答此一問題，需克服個人的價值觀與不確定性。

撇此不論，我們仍有一些通則化的論點，可以協助訂出森林地景之多樣性目標，最理想的狀況是：

一、包含因自然干擾所造成的不同地景單元型態（比例、頻度及排列方式），而有多 樣化的區塊大小、形狀、及型態。

二、在適當的地方，於地景本體中構建聯絡網路，將演替晚期森林（具核心棲地性質）以通道相聯接。

三、保護稀有、獨特，或能提升多樣性之地景單元（如稀有植物族群、濕地等）。

四、可能的話，將野火、風、昆蟲、樹病等干擾過程，視為地景型態在演化時的角色之一。

12.3 符合地景生態原則的森林經營理念

12.3.1 觀念上的改變

近三十年來，生態學無論在質與量上，均有極長足的進步，使林業經營及研究的生態觀，得以拓展到生態系的組成、結構及功能，以及干擾、復舊與穩定性，乃至地景生態學等較深層面，並將經營的重點指向濱水帶、老齡林、生物多樣性等以往受到忽略的部分，對於森林及森林地景，也以複雜性與重要性的角度重新定位。其中，在生態系功能方面，基於對集水區所作的研究，以及國際生物學與長期生態學等大型研究計畫所累積的結果，將森林結構與功能的探討，置於碳、能量、養分、礦物質及水的循環與流動，以及伐木後林地養分之流失與老齡林對洪水的遏止效益等層面。其次，除了生態系的功能外，對於生態系的組成與生物多樣性的研究也日益增加，除了野生動物（定義為脊椎動物）與森林的關係之外，對生物多樣性的關心，已逐步及於無脊椎動物、真菌以及其它體型雖小，但具重要功能的各類微生物。對於育林學家而言，如何保存生物多樣性及其組成單元，以維持森林之永續性，將是極大的挑戰。此外，基於生物多樣性的考量，有關病蟲害的界定，係一件重要而尚待解決的問題。最近的一些研究認為：所謂的有害生物（pest）與樹木病原體（pathogens），僅為種類繁多的無脊椎動物、真菌與微生物中極少的一些種類而已，至於其它的種類，則多在森林生態系中擔任非常重要的角色；而為消滅有害生物或樹病所進行的育林處理，則將可能對其它的有益生物造成極大的負面影響。

認識森林生態系在結構上的複雜性及其重要性，實為森林生態系經營學中最大的發現。毫無疑問，天然林各林分間，無論在結構上或空間配置上，均存有極大的異質性。而結構中的枯立木與倒木殘材，在生態系的功能上，其重要性亦不亞於生活的立木。因此，在森林生態系中，將沒有任何一種結構，可以再被當作廢棄物、野火潛在因子或機械作業時的障礙物來處理，而究竟應該留存多少的枯立木與大型木質殘屑在林地上，方可滿足其生態功能運作之所需，也成為森林學家的另一挑戰。

另一方面，林分在空間上的異質性，即所謂的區塊性（patchiness），也被證明是天然林生態系中非常普遍而重要的特質。這些區塊包括林冠孔隙、極鬱閉林冠、乃至複層林冠等等，也因為這些可利用生態棲位的開展，大幅增加了生物的多樣性。同時，森林生態系中的一些極為重要的次級系統，如濱水帶、樹冠層、地表下層等，其蘊藏的秘密也逐步的被揭露，這些次級系統均貯有豐富的生物相，更在生態系的運作過程中，擔任了決定性的角色。在這些次級系統中，濱水帶受到最大的重視，因其位於陸生與水生生態系之間，於其間存有極大的交互影響，研究顯示：溪流、河流對於森林的運作過程及生產力，均有極大的影響，也益增濱水帶研究的重要性。

雖然到目前仍有異議，但是生態學家與森林學家多已認定，森林係處於一長期的動態變化中。此一認知無論就任何觀點來看，都不是一項新的發現。因為在過去的幾十年間，對於干擾及復舊過程所累積的知識日益增加。研究發現，干擾所產生的影響絕非一致，其間多存有戲劇性的差異。其中，最特別當屬皆伐作業，其影響與任何因自然干擾所產生者均截然不同。其次，近年來，針對自然與人為干擾所做的比較性研究，也收獲良多；生態學家發現，各類型的干擾，無論在強度、空間型態乃至發生頻率上，均呈現極大的變異。最重要的是，干擾後所殘留的生物種類及其結構，更呈現極大的變化，這些干擾後的劫後餘生，係重組一新生生態系之資本，故稱之為生物性遺產 (biological legacies)；其型態與數量，對於干擾後新生生態系的組成、結構、功能，均將產生重大的影響。基於這些研究，當知皆伐作業之不可行，蓋其將生物性遺產降低到危險的等級以下。合理的作法是，開創新的育林體系，以期將更多的自然單元一併納入。

最後，有關林業經營的另一典範轉移，在於傳統林業多侷限於以林分為其規劃經營單元，而不是就較大的空間尺度進行考量；儘管這樣會造成諸多的分割及累積效應，惟因缺乏具體的數據，致未能調整此一心態。直到最近 20 年，由於地景生態學的發展，應用地理資訊與全球定位系統等科技，對於地景的組成、結構、功能各方面，均已能提出決定性的觀念與經驗性的數據。對於在地景尺度下，仍保有生態系運作法則的這個事實，不能再加忽視，否則將導致諸多潛在的資源危機。森林地景的重要觀念包括區塊的大小及形狀、高對比區塊間的邊緣效應、地景中的地貌本體、因通道所生之聯結性等。

12.3.2 育林體系

育林學是森林學中的科技集中點，是自然科學與機械工程學的交會點，也是希望能夠成功整合各類經營目標的聚合點，更是傳統林業與保育訴求的矛盾衝突點。現階段的育林學正招致前所未有的挑戰，經營目標如此複雜，森林生態系、地景生態學的新觀念逐一被提出，社會大眾要求林業人員整合彼此衝突的各類經營目標也日益殷切，而對於森林生物、結構、運作過程的必要知識卻又如此的匱乏。在這些壓力之下，育林學家必需針對木材收穫與育林替代方案、育林作業與林分形狀、育林體系與林分更新、輪伐期的延長、經營林地內昆蟲、樹病、菌根生態角色之整合、野火的經營，乃至森林遺傳學等主題，進行全面性的觀念革新，以取代以往林分形狀整齊化、樹種組成單純化、結構層次簡單化、經營考量單元化的傳統育林作業模式。

將輪伐期顯著的延長，延長的程度遠高過以生產工業用材為主的傳統經濟輪伐期，也高過以最高年收益均值為考量基準的所謂半生物性輪伐期。將輪伐期大幅延長，可謂林業上以環境考量為出發點的重大挑戰，以期避免在同一時間內，於地景上出現過多被收穫林地，及其所衍生的累積效應。延長輪伐期並配合不同的育林處理，將可建造一系列複雜的被經營林地。晚近針對森林生長與集約經營效益的研究發現，這種作業法對於延緩年收益均值的累積與森林地景產能的提昇上，均有極大的功效。

林分結構的保存，是一種與皆伐作業完全不同的育林體系，收穫時保留林分中重要的結構單元，使其併入收穫後重新發育的新生林分中，因保留的強度具連續性，較諸皆伐或其他的更新伐採，保存林分結構的育林體系存有無限的可變空間。不過，接受此一新觀念並不容易，特別是在皆伐作業行之久遠的地方，人們認為保存林分結構，受到技術上的限制，也不符合社會的期望。不過，此一作業的可行性，已逐步被林業人員發現，也慢慢的被育林學家所採用。保存林分結構的目的之一，在維護林分既有的生物及過程，以豐富新生林分之結構。至於被保留結構的型態與數量，以及保留時的空間配置等，都存有許多變化。其中，大的、老的、已經腐朽的生活立木，以及枯立木、林床上的倒木等結構，向為保存林分結構之育林作業的熱門重點。而所謂的聯合保存（aggregated retention），即於伐採單元中，保留小型森林區塊，以保存其結構的方式，其可行性也逐漸受到重視。

在林分結構的復舊方面，就目前的情況而論，多數的幼齡林，因稍早的作業方式或其他自然因素，致缺乏結構上的複雜性。所謂林分結構的復舊，乃在這些幼齡林或未成熟林中，利用育林處理，加速林分結構複雜性的發育。與前一作業相同，本類型的作業也存有極大的可變空間；諸如前商業性疏伐、商業性疏伐、製造枯立木、增加林床木質殘屑量、人造棲息地生態棲位、林下栽植、保存或促進灌木及草本植物層之生長等。其次，多種非傳統疏伐作業可以被採用，促使其成為一混合林與複層林，以增加林分結構上的異質性。

隨著間伐與收穫伐的多樣化，不同的伐採作業及其留存的結構，對於新生林的森林保護工作將產生何種影響，也成為被關心的課題，其中尤以林火的部分，特別引人注意。在傳統的森林火災防制工作中，燃料的移除或減量（如控制焚燒），為重要的措施之一；而新的育林作業是否亦能達到此一目的，目前尚無定論。其次，野火的發生，在保存某些樹種或結構上，有其絕對的重要性，次數頻仍的小規模野火，是某些林相或植群型維繫下去的主要因子；而新的育林作業，是否能運用機械的整治，取代控制焚燒而達到此一目標，也仍有待觀察。除育林作業之外，森林學家也將面臨一項重大的挑戰，即如何以一種新的觀點來看待昆蟲、真菌等生物。舉例而言，食土性的無脊椎動物，是森林能量與養分循環的主要單元，而真菌與菌根菌，則構成了生態系中基本吸收結構的半數以上。即使是植食性昆蟲、樹病、有害植物等所謂的有害生物 (pest)，在維持林分多樣性與生產力上，也都扮演了重要的角色。然而在過去，當森林學家企圖控制這些所謂的有害生物時，往往都忽略了這些生物所扮演的角色；更常見的是，因防治措施的施行，對於其它數量龐大的無脊椎動物、真菌等造成嚴重的衝擊，而這些生物正是使生態系各主要功能得以運作的原動力。或許，生態系經營對育林學最基本的貢獻，便是讓我們知道，我們所擁有的知識是多麼的有限。

12.3.3 經營面積

生態系經營的本質，是在時間與空間二個層面上，進行森林資源的經營。因此，森林學家一定會碰到大空間尺度的調適問題；舉凡生物多樣性的維持、濕地或濱水帶生態系的保護等主要的經營課題，都是這類大尺度的作業。1980 年代，美國林務署曾針對森林計畫編訂之需，發展了一套名為 FORPLAN 的電腦軟體；可是由於設計上的空間限制，使得該軟體並沒有發揮預期的功能，特別是在編定伐木計畫時，因為沒有考慮到相鄰林區的皆伐累積效應，致與經營計畫中其他的需求相衝突。汲取這個軟體及其它模式的失敗經驗，一個空間規劃明確而清晰的計畫，是絕對必要的。對於較大規模的空間配置型態，我們也需要更多的生態學知識。

以大尺度空間配置的基準，瞭解其與環境之間的前因後果，是地景生態學所要探討的主題。地景生態學的發軔雖然很早，但是針對環境的動態關聯性及功能上的探討，卻是很新穎的課題。進一步言之，由於對累積效應及棲息地分割現象的輕忽，乃有大面積功能隳敗地景的出現，也因而促成了現代地景生態學之產生。地景的基礎單元為區塊 (patches)，地景生態學則在探討：

一、各區塊在不同的地型與干擾的交互作用下，如何演化並維繫其存在？

二、區塊的大小、關聯，以及相鄰二區塊交界處的重要交互影響與邊緣效應。

三、同區塊拼花型式對不同資源的合成效果，如棲息地的可利用性、以及生產力與服務的提供等。

加大空間及時間尺度的整合性經營，為未來林業的一大挑戰，所幸新的科技與設備，也適時出現。地理資訊系統 (GIS)

的開發，使我們可以精準的經營大量的空間資料，而在影像處理上，也由早期的黑白空中相片，進步到多光譜掃描與電腦合成立體影像，乃至虛擬實境的程度。其次，全球定位系統 (GPS) 也提供了強大的地面定位功能。經由科技的進步所累積的龐大資料庫，使得新模式的發展成為可能，也為替代性的經營方案，提出較為精確的效益預估。因此，有關大尺度的空間及時間經營計畫，事實上已跨出了第一步。有關地景分析及設計的課題，也由理論進入實際執行的層面。不過，經營範圍的擴大，也引發出許多問題，包括如何整合非單一主權大型集水區的經營、地景規模下伐木預定案的編擬、伐木對集水功能所造成的衝擊等等，仍有待進一步的研究。

12.3.4 森林經濟：產業及政策

傳統上，林業經濟的重點多置於木材生產、銷售、木質纖維與木製品的配銷等範圍狹隘的課題上。當然，原木經濟至今仍保有其重要性，唯其位階正快速的退居為整體林業經濟中的一部分。隨著生態系經營的介入，林業經濟的領域，也因而急劇的擴張。新林業經濟所考慮的範圍，包括系統經濟架構的發展、經濟 - 生態複合模式的建立、鼓勵山村經濟發展、木材市場重新定義等。

早期林產工業的運作，需視粗原料供應量的多寡而定，故其可利用性完全決定於自然程序。然就生態系經營與新林業的觀點視之，森林將不再只是人們日用商品的來源。此一觀念上的改變，造成傳統的林產工業與生態系經營的理念之間，產生了必然的衝突。不過，此一情況正逐漸的改善中，木材的可利用性，除了取決自然的程序之外，社會與政策也開使介入。林產業界必需瞭解、接受此一情形，並逐步的調適。其次，就育林作業的角度來看，基於生態系經營理念所發展的新育林作業如保存性收獲伐採，在短期內必將增加作業的成本，並因而降低該林區在市場上的競爭力，因此，新育林作業的開發，必需精密評估作業的成本，並對低迷的木材市場價格做出必要的反應。而就長期的考量而言，其重點在如何創造基礎更穩固的自然體系。簡言之，生態系經營所引發的問題之一，在於我們應如何定義「木材」與「木材製品」的價值。如果我們能夠經由恰當的作業，使老齡林成為「可更新的」資源，那麼，何必將之改變成為規則性的林分。因此，長達幾個世紀的輪伐期的構想，也開始被提出。事實上，國有林或公有林，比較能夠接受此等超長輪伐期的作業理念，以生產大徑、高價良質材；而在私有林，則仍多規劃短輪伐期作業，以生產紙漿材與小徑木。再就產業的觀點來看，生態系經營對林產業界所提出的挑戰，在於如何以較少的原木，創造更多的經濟收益。由於保護生態系服務價值的訴求高漲，木材的商業性砍伐量必將逐年降低，林產業界也將因此而受到衝擊。爾後的運作，將無法再取決於原料的生產量，而需取決於其價值，「二份原料一份產品」的日子已經過去。為調適可利用商業性原木的質與量，除需跳脫容許銷售量(ASQs)的窠臼之外，林產業界必需積極開發新技術，以提昇產品的附加價值，並尋求可經由農業生產的木質纖維替代品，以重新定位木製產品與林產工業。

包括多種的野菜、藥草及其他植物在內的森林特產物，其重要性也不容輕忽。因潮流及風尚之所趨，社會大眾對這類健康植物，產生相當大的興趣，使這些植物無論在森林生態系中，或地方經濟的考量上，都佔有重要的位置。以美國西北太平洋地區而論，森林特產物的年產量總值，已超過二億美元，而為一重要的產業。由於生態系經營係整合社會、經濟、生物各方面的考量而成的經營體系，森林特產物的經營自應被納入此一體系之中，以期在不干擾生態系功能的原則下，確保收獲之永續，並發展可信的調查與監測系統，以瞭解市場導向並估算經營成本，從而決定投資金額。

12.4 練習題

① 生態系各單元間的功能性交互作用，是形成生態系動態之原動力，請說明各單元間所存在的不同類型關係。

② 請說明地景多樣性的三個主要內涵特徵。

③ 請說明森林地景之多樣性目標，最理想的狀況內容。

④ 試說明符合地景生態原則的育林體系調整理念。

⑤ 在地景生態原則下之森林經營，針對傳統上所稱病蟲害、森林火災之防治(制)，應以何種視野加以調整？

延伸閱讀 / 參考書目

- 劉一新 (1999) 森林地景分析及設計－地景經營的發展與實現 林業叢刊第 107 號 林業試驗所
- 鄔建國 (2003) 景觀生態學：格局、過程、尺度與等級，五南出版社。
- Forman RTT. & Godron M. (1986) Landscape Ecology. John Wiley & Sons, New York.

CHAPTER

13 整合式森林經營與里山倡議

撰寫人：林增毅、黃裕星、劉一新　審查人：林朝欽、黃裕星

13.1 森林地景經營（林增毅撰 林朝欽審稿）

過去的森林經營實務，一直是關於纖維生產或林木經營(Baskent 和 Jordan 1996)。當時的重點是最大化木材生產，人們幾乎沒有提出任何對於解決其他社會需求，或探索如何實現多元效益所需的不同森林條件的疑問。森林經營後來演變為整合式資源管理(Integrated Resource Management)。通過整合式資源管理，在保護瀕危物種以後，採取了不同的方法(Hansen 等，1993)，並保護了重要的自然遺跡，如關鍵棲息地、育樂區、歷史遺跡和生態敏感區。儘管考慮到其他利益，整合式資源管理仍然側重於木材資源的永續性，並將其他利益視為約束。因此，儘管它被稱為整合式資源管理，但並不真正管理除木材之外的價值(Baskent and Jordan, 1996)。整合式森林管理方法面臨著幾個批評：(1)不可能通過限制木材生產，來實現所有其他目標的優化管理計畫(Baskerville, 1991)；(2)只有分散且小規模的保護區；(3)行動趨向於在地化，而非考慮到對於森林未來價值的長期影響(Baskent and Jordan, 1996)。

以往的森林經營方法中，缺少的關鍵面向是地景空間結構的必要性。空間結構不僅影響價值可用性(value availability)而且影響生態演進過程(Turner, 1989)。Saunders 等人(1991)發現，透過保持地景中的空間結構，可以更妥善保護物種多樣性，而不是強調個體物種的保存。此外，空間分配上呈現補釘排列(patches)可以影響個體數量動態(Lamberson et al., 1992)。因此，主要的挑戰是找到處理與空間森林結構及其動態相關的所有森林價值的方法(Baskent and Jordan, 1996)。典範轉移導致森林經營有更全觀的森林地景經營方法(Franklin, 1993)。該方法透過控制空間結構及森林動態，管理木材生產和生態價值。控制森林地景的空間結構決定了木材、野生動物、遊憩、水和生物多樣性等森林價值的可用性；經由設計干預或進度規劃包括時間、數量、規則和空間。因此，森林地景的空間結構和森林價值將通過對林分發展的行為，及由此導致的森林狀況的鑲嵌空間影響而改變(Baskent and Jordan, 1996)。如何最適化控制森林地景空間結構，以實現森林地景多用途和多重效益，在亞熱帶的臺灣可透過兩個主要方法：整合式森林經營(Integrated Forest Management, IFM)及生物圈保護區模型(Biosphere Reserve Model, BRM)。

13.2 整合式森林經營(林增毅撰 林朝欽審稿)

一般認為，森林應該提供可以滿足社會需求的多元效益和用途。Gregory(1955)指出，多用途已經是普遍接受的理念，但將其作為經營工具的發展，卻遇到了許多挑戰。公眾和生態學家廣泛接受的概念之一是整合式森林經營(IFM)(Franklin, 1989; Booth 等 , 1993)。IFM 源自 McArdle(1953)提出的概念，其指出一個森林可以同時生產多種商品和服務，因此，整合式森林經營是指考慮到所有森林價值(木材、野生動植物、土壤保護、遊憩和美學)在土地利用決策中的做法；這是一個複雜的概念，不能僅僅由一個因素確定，它是基於特定場所及其相關目標的決策過程(Kreutzwiser & Wright, 1990)。

影響整合式森林經營實踐的因素，一般可歸入組織外部的因素，例如經營森林的林業公司以及組織內部的因素(Kreutzwiser & Wright, 1990)。外部因素包括社會政治、技術和經濟因素。經濟因素是重要的，因為它決定了組織在適應多用途 IFM 時的營利能力。然而，社會政治因素對 IFM 的可接受性是重要的，如政府法規和計畫以及公眾的看法。另外組織內部的因素包括決策者的態度、組織政策、員工專長以及林地的性質，其中一些因素相互交織在一起。例如，有利於保護的決策態度將導致同時考慮野生動物和木材管理的 IFM 做法(Rochelle 和 Melchios, 1985)。林地的規模和多樣性很重要；例如，大型和連續的森林產出更多的木材尺寸、年齡和質量，可以整合更多的森林利用和利益(Hintz 和 Lovaglio, 1987)。

儘管如此，實施 IFM 的挑戰之一，是如何量化構成整座森林的每個營林區提供的商品和服務，這個目標可能有些模糊和要求過高(Zhang, 2005)。由於不是每個林區都能同時提供一套預期的多元服務，因此需要在森林地景之間進行協調。

13.3 生物圈保護區模型(林增毅撰 林朝欽審稿)

生物圈保護區模型(BRM)由聯合國教科文組織引進並推動(UNESCO 2000)。根據 UNESCO(2017)的報告定義，BRM 試驗是「永續的科學試驗」，特別用於測試跨學科研究方法保護區使用跨學科方法學來了解並經營社會與生態系統之間相互作用，包含預防和經營生物多樣性的衝突。BRM 在全球已經設立涵蓋陸地、海洋、沿海生態系統的保護區。並試圖實現保育、發展和後勤的功能。BRM 是基於分區的想法，擁有三個主要分區，核心區 (core area) 由緩衝區 (buffer zone) 包圍，而兩者又被過渡區 (transition area) 包圍。核心區受到法律保護，必須包含一系列動植物種類的合適棲地，也應包含高階獵食者和一定程度的特有種。緩衝區圍繞核心區，活動和資源使用必須與核心區的保育狀況一致，但可能會有經濟手段，作為限制使用緩衝區的補償。Gregg et al. (1989) 建議緩衝區的帶狀寬度至少為 500 公尺。最後，過渡區是生物圈保護區的外圍區域，該區優先活動是由當地社區支持的永續發展。因此這個區域對於該地區的經濟和社會發展占有重要地位。

13.4 生物多樣性保育的森林經營措施（黃裕星撰）

生物多樣性公約強調兼顧保育與永續利用之精神，同時將「生物資源」明確定義為：對人類具有實質或潛在用途或價值的遺傳資源、生物體或其部分、生物族群或生態系中任何其他生物組成部分。因此，對於森林資源之經營管理，自可融入生物多樣性公約之精神規範，以追求森林生態系多元資源之保育與永續利用。

保育生物多樣性，最大的挑戰來自地球環境的改變。而環境改變的成因多起源於人類的不當活動，且經常具有跨國界的影響。因此，單純以保留自然保護區或試圖阻止自然或人為改變，並無法有效達成保育生物多樣性的目標。欲達成所有生命之永續，必須保護包括基因資源、物種、生態系之全變異性 (full variety)。因此必須先行了解各物種之族群以及各不同生態系類型之機能與運作方式。

臺灣近年來日漸重視生物多樣性的保存，具體行動包括野生動、植物種之調查與資料庫建立、各類保護（留）區之設立、森林生態系經營之推動等。其中森林生態系經營與自然保護區設立，兩者之間實有其顯著差異。自然保護區之劃設及管理，均以儘量保持原有棲地或生態系原貌、不加干擾為手段，可稱為嚴謹之自然保護；但生態系經營則是在進行森林的分級、分區之後，就不同的目標進行必要的經營；亦即由積極面合理介入生態系的演替，以滿足人類對自然資源的多元化需求。故生態系經營所摸索和追求的，是如何合理規範人類干擾，使森林生態系保持長期生產力及生物多樣性。

在以保育生物多樣性為前提之森林經營中，實務作業應注意下列事項：

一、永續性森林經營應重視生物多樣性(biodiversity)之維護，對於傳統林業認為無價值之殘材、枯立倒木，均適度遺留於林地，除可收養分回歸之效外，更可提供野生動物棲息之絕佳場所。於更新造林時，更應採用混合樹種造林，以育成更接近自然狀態的人工林。

二、森林生態系經營強調善用生物遺產(Biological Legacies)，一旦森林遭受火災、風災、其他自然力或人為破壞後，因林地上殘存大量種子、孢子、根株及其他有機遺留物，善加誘導即可逐漸復原。人力可從旁協助其復育過程，使之更符合人類需求，但絕不可不當地清除生物遺留物或全面整地。

三、林業是對樹木和森林(包括竹林)進行經營、管理，並對相關的野生動植物等生態環境進行保護、管制的行業和科學。永續性森林經營應將人類干擾視為大自然中必然存在的因素，積極規範合理的干擾方式與程度，而非消極的放任開發或封閉保留。

13.5 里山精神—人與自然的和諧共生(劉一新撰 黃裕星審稿)

13.5.1 里山倡議之由來

2010年10月，聯合國生物多樣性公約第10屆締約方大會(CBD COP 10)提出里山倡議(Satoyama Initiative)，是謀求生物多樣性和人類福祉雙贏的策略與工具，促使山村能夠在生產與生態中取得平衡點。其實早在2010年1月底，聯合國教科文組織(UNESCO)在法國巴黎總部，已先召開里山倡議的全球研討會，會中除了討論里山倡議之概念、架構、相關活動外，也發表了《巴黎宣言》，肯定並期盼藉由推廣日本的里山經驗，喚醒人們對自然的尊重。

里山倡議精神是以兼顧生物多樣性與資源永續利用，實現人類社會與自然和諧共處。基於里山倡議的精神，臺灣新林業發展，應不再以生產木材為主力，而是以保育生物多樣性、整合山村傳統知識和現代科技、發展生態服務功能的一種協同經營模式，開創林業與農業加值公共財，以達成永續性社會-生態生產地景(Socio-Ecological Production Landscapes)的調適性經營。

里山倡議的落實和實踐，最大的關鍵在於對自然資源瞭解的程度，如果在未建立完整的自然(生物、生物多樣性)資源前就貿然進行所謂的里山倡議行動，很可能造成負面效果，破壞了自然資源或生物多樣性。

里山 (satoyama) 並非特定地區，而是泛指錯落於定期收穫的農地、次生林與草生地間的傳統農村環境。在里山地景中，耕地、果園、稻田、池塘、溝渠、村落、林場等地景區塊，組成一複合式的農村生態系，並與不同樹種的次生林、草生地、濕地，形成錯綜複雜的鑲嵌地景，提供野生動物的棲地、防災、集水區保護等重要的生態系服務功能。因此，里山倡議乃以世界上類似日本里山地景的複合式農村生態系為對象，彰顯人類生活方式與大自然長期的交互作用；其願景在找出一條兼顧生物多樣性保護與自然資源永續利用的調適性經營模式。

里山地景是由人類長期經營與利用自然資源所塑造而成，並經由當地的居民的農耕及林業活動而維持之。常見的里山地景包括次生林地、稻田、灌溉用的池塘和溝渠、牧場和草原等區塊，這也是許多亞洲國家常見的農村地景。

一、次生林地

多採矮林或萌芽更新造林法進行經營管理，其樹種多為薪炭材樹種如：橡樹和松樹 (在臺灣則為相思樹或二葉松)。每 10~30 年進行擇伐或小面積皆伐。因林地持續維持透光及通風狀態，因此也成為許多野花理想的生長地點。

二、水稻田

稻米是亞洲人的主食，水稻田景觀的季節性變化，也深深地勾起人們的鄉土文化情懷。此外，春夏時節的水稻田波光嶙峋，成為大片的溼地，也是野生動物的重要棲地。

三、水體

水是水稻耕作的根源，水透過複雜的灌溉溝渠網路進入水稻田，成為水生植物與昆蟲如：蜻蜓、豆娘、蛙類、青魚的理想棲地。

四、草生地

包含飼養牲畜的牧場與大片的芒草或竹林，除提供屋頂、籬笆、圍欄的建材外，也是製作各類農具器皿的優良素材。草原的管理包括年伐與燒除，也為各種不同的野花、昆蟲、鳥類及小型哺乳動物創造出適生的棲地。大片秋芒閃耀在深秋夕照中，也是里山地景的經典主題之一。

13.5.2 里山倡議之理念與行動

里山倡議的核心概念是「社會 - 生態性生產地景的調適性經營」，係指人類與自然長期的交互作用下，形成的生物棲地和人類土地利用的動態鑲嵌斑塊 (mosaic) 景觀，並且在上述的交互作用下，維持生物多樣性，提供人類的生活所需。里山倡議的構想是採用所謂的三摺法 (three-fold approach) 來維持或重建社會生態的生產地景，包括願景、方法及關鍵行動面向。運用了五個生態和社會經濟層面的觀點，讓社會 - 生態性生產地景落實在永續利用與自然資源管理(李光中等，2012)。

一、土地利用策略是依據複合式生態系統架構：亞洲農村地景的特徵，是各種不同的森林和溼地等次生環境，以鑲嵌式的空間結構與當地地形緊密結合，此土地利用方式創造出複雜的生態系統，得以保存該區的生物多樣性，並且為當地居民提供十分重要的生態系服務，例如：集水區保護、防災、病蟲害防治、食物、燃料與木材。但是傳統鑲嵌式的土地利用型態轉變為單一作物連作後，複合式生態系統為人類帶來的益處消失或變質了。因此未來土地利用的策略，必須建構在認清複合式生態系統的重要性之上，力求兼顧生產與保護生物多樣性及生態系服務之間的平衡。在目標區建立一分物種清單，是擬定土地利用策略的第一步。

二、永續性資源利用是依據環境的承載能力與自然的恢復能力：永續的資源管理及土地利用策略，應考慮每個區域個別的環境承載力與自然恢復力，設定在合理的範圍，否則會造成當地森林和水資源耗竭、土壤性質惡化與侵蝕、喪失生物多樣性及生態系統服務功能。生態農業、生態林業以及輪替的土地利用方式，是永續策略中不可或缺的概念，並須加上建立及監測環境指標。

三、聚焦於當地社區的決策並以多方權益關係者的共識為基礎：永續經營管理策略的規劃、執行與評估，應以共識決策方式為基礎。以當地社區為主體，但也積極徵求更多的權益關係者投入，例如：當地政府、非政府組織和生態系服務所有的受益者，包括市區內的企業和消費者。以社區林業的概念為例，它提倡成立管理委員會，分區以達到利用、保育與更新三者間的平衡，同時提供環境教育。

四、開發與保育取得平衡：永續經營管理策略，解決農村貧困與開發的問題不能失敗。根據估計，全球75%的貧困者居住在農村，貧困及地景遭受破壞的惡性循環，打亂了維持他們生計所需的生態系統服務，若不先終止這個循環，毋庸再論保護生物多樣性。推廣生態旅遊以及創造當地對生物多樣性友善之產品價值，有助於農村的發展；在此同時，現代科技與傳統知識及智慧結合，以制定保育與經濟雙贏的策略。

13.6 小結（黃裕星撰）

臺灣山村地區不但是平原與都會地區賴以屏障的生態水源區，亦是山地農民生計所繫的農林生產基地，更是先民文化傳承的根據地。「里山倡議」概念受到世人推崇，實際上臺灣的山村社區就是一種里山地景，山村居民的生活與生產，必定要符合生態法則，

才能永續發展。多年來山村農林業之環境友善度不足；加上產值低，年輕人被迫外移，導致原有社會結構瀕臨瓦解。

全球重視生物多樣性議題，主要起因於熱帶雨林持續破壞造成的負面衝擊。永續性森林生態系經營必須整合傳統林業之永續生產理念，以及現代林業之生物多樣性保育理念，成為兼顧人類需求與環境保護之技術體系。生物多樣性公約標榜生物資源之保育、永續利用及公平分享，值得森林經營決策人員深切體認。

13.7 練習題

① 什麼是森林地景經營方法？
② 多年來，地景中的森林經營如何發展？
③ 比較生物圈保護區模型與整合式森林經營的差異？
④ 說明以保育生物多樣性爲前提之森林經營實務作業應注意哪些事項。
⑤ 簡述里山倡議的自然資源管理原則。

延伸閱讀 / 參考書目

- 李光中 (2012) 臺灣自然保護區經營的新思維與新類型 台灣林業 38(1):44-49。
- 陳美惠 林穎楨 (2017) 整合協同經營與里山倡議的森林治理 - 以阿禮與大武部落生態旅遊及資源保育為例 台灣林業科學 32(4): 299-316。
- 黃裕星 (2000) 生物多樣性與森林生態系經營 農政與農情 :101 行政院農業委員會 https://www.coa.gov.tw/ws.php?id=1800。
- Andison DW. (2003) Tactical forest planning and landscape design. In: Burton PJ, Messier C, Smith DW, Adamowicz WL, editors. Towards sustainable management of the boreal forest. Ottawa: NRC Research Press. p. 433-480.
- Bauhus J, Puettmann K, Messier C, (2009) Silviculture for old-growth attributes. For Ecol

Manage 258:525-537.

- Bettinger P, Boston K, Siry JP, Grebner D. (2009) Forest Management and Planning. 1st edition. USA: Academic Press p. 360.
- Booth DL, Boulter DW, Neave DJ, Rotherham AA, Welch DA. (1993) Nature forest landscape management: a strategy for Canada. Forest Chron 69:141- 145.
- Franklin JF. (1989) Towards a new forestry. Am. Forest. 95:37-44.
- Franklin JF. (1993) Preserving biodiversity: species, ecosystems, or landscapes? Ecol Appl 3(2): 202-205.
- Gregg Jr WP, Krugman Jr SL, Wood Jr JD. (1989) In: Proceedings of the Symposium On Biosphere Reserves, Fourth World Wilderness Congress, September 14-17, 1987, Estes Park, Colorado. US Department of Interior, National Park Service, Atlanta.
- Haas GE, Driver BL, Brown PJ, Lucas RC. (1987) Wilderness management zoning. J Forest 85:17-21.
- Hunter Jr. (1993) Natural fire regimes as spatial models for managing boreal forests. Biol Conserv 65:115-120.
- Kreutzwiser RD, Wright CS. (1990) Factors influencing integrated forest management on private industrial forest land. J Environ Manage 30:31-46.
- Lamberson RH, McKelvey R, Noon BR, Voss C, (1992) A dynamic analysis of northern spotted owl viability in a fragmented forest landscape. Conserv Biol 6(4):1-8.
- Redelsheimer CL. (1996) Enhancing forest management through public involvement: an industrial landowner’ s experience. J Forest 94:24-27.
- Seymour RS, Hunter Jr ML. (1992) New forestry in eastern spruce-fir forests: principles and applications to Maine. Maine Agric Exp Sta Univ Maine Misc Publ 716.
- Turner MG. (1989) Landscape ecology: the effect of pattern on process. Annu Rev Ecol Syst 20: 171-197.
- UNESCO. (2000) Biosphere Reserves: Special Places for People and Nature. UNESCO, France.
- UNESCO. (2017) Biosphere Reserves - Learning Sites for Sustainable Development. http://www.unesco.org/new/en/natural-sciences/environment/ecological-sciences/biosphere-reserves/ [access 17 March 2017]
- Zhang Y. (2005) Multiple-use forestry vs. forestland-use specialization revisited. For Pol Econ 7:143-156.

NOTE

筆記

NOTE

筆記

林業實務專業叢書

森林經營

國家圖書館出版品預行編目(CIP)資料

森林經營 = Forest Management / 邱祈榮, 李桃生, 陳朝圳, 王兆桓, 邱志明, 林增毅, 林俊成, 林朝欽, 裴家騏, 劉一新, 黃裕星撰稿. -- 初版. -- 臺北市 : 行政院農業委員會林務局, 民111.03
232 面 ; 19x26 公分. -- (林業實務專業叢書)
ISBN 978-986-5455-46-0(平裝)

1.CST: 林業管理

436 110012368

總編輯 黃裕星
主編 羅紹麟、陳朝圳
撰稿 邱祈榮、李桃生、陳朝圳、王兆桓、邱志明、林增毅、林俊成、林朝欽、裴家騏、劉一新、黃裕星
審稿 羅紹麟、顏添明、陳朝圳、王兆桓、林朝欽、李桃生、盧道杰、柳婉郁、黃裕星、邱志明
編審單位 中華林學會
(本書各章節圖表由撰稿人引自參考書目或撰稿人授權提供)
出版機關 行政院農業委員會林務局
10050 台北市中正區杭州南路一段 2 號
Tel :02-2351-5441
網址 https://www.forest.gov.tw
印刷設計 碼非創意企業有限公司
展售處 國家書店 10455 台北市松江路 209 號 1 樓 (02)2518-020
五南文化廣場 40042 台中市中區中山路 6 號
出版日期 中華民國 111 年 3 月 初版
ISBN 978-986-5455-46-0
GPN 1011100248